꽃을 공부합니다

꽃을 공부합니다

박원순

가드너의 꽃, 문화, 그리고
과학 이야기

꽃을 사랑하는 모든 이에게

필립 라이너글(Philip Reinagle, 1749~1833년)의 「푸른 시계꽃(Blue Passion Flower)」(1800년).

꽃 공부를 시작하며

　　오랫동안 정원 일에 종사하면서 끊임없는 호기심에 이끌려 늘 꽃을 찾아다녔다. 처음엔 그저 다양성과 아름다움에 반해 새로운 꽃을 찾았다면, 점점 꽃의 배후에 담긴 이야기에 더 많은 궁금증을 갖게 되었다. 사람에게 꽃은 어떤 존재일까? 단순히 의식주를 위한 식물의 효용성을 넘어 꽃이 인간의 문명 속에 의미 있는 존재로 자리 잡고, 영감과 치유의 원천이 되는 근본적인 이유는 무엇일까? 하나하나 꽃의 이야기를 공부하는 과정은 매 순간 흥미진진한 모험이었고, 그것을 알고 나면 꽃이 달리 보였다.

　　1억 3000만 년 전부터 지금까지 지구 상에는 40만 종에 달하는 꽃식물이 존재해 왔다. 지구는 하나의 거대한 꽃밭이나 다름없는 셈이다. 꽃의 다양성은 딱정벌레와 개미, 벌과 파리, 나비와 나방 등 곤충과 새를 비롯한 여러 동물과의 공진화(共進化)에서 비롯되었다. 꽃가루 매개자는 식물의 꽃이 제공하는 꿀과 꽃가루 등을 필요로 하고, 식물은 이들의 도움을 받아 씨앗을 만들어 다음 세대를 준비한다.

식물은 먹이 피라미드의 가장 아래쪽에 있지만, 그 위에 있는 모든 동물의 삶을 지탱하는 자양분이자 서식처, 지구 생태계의 조절자 역할을 한다. 끊임없이 새롭게 진화하는 식물은 어쩌면 동물보다 훨씬 더 거시적인 차원의 생존 전략, 혹은 목적을 가지고 있을지 모른다. 초록별 지구라는 하나의 거대한 생명체를 어떻게든 존속시킨다는 것 말이다.

반면, 상상할 수 없을 만큼 오래된 식물 진화의 역사 속에서 인간은 겨우 4만 년 전 수렵 채집을 시작했고, 1만 년 정도 전부터 농사를 짓기 시작했다. 그리고 꽃에 의존하는 다른 수많은 꽃가루 매개자들처럼 꽃이 주는 여러 효능과 매력에 점점 더 빠져들게 되었다. 꽃은 세계 곳곳의 다양한 역사와 문화 속에서 신화와 전설, 민담, 그리고 약초학 책 들을 통해 세대에서 세대로 전해지며 사람들의 삶에 지대한 영향을 미쳤다.

이 책은 인간이 써 내려 온 문명사 속에서 가장 빛났던 스물아홉 가지 꽃을 엄선해 수록했다. 전반적으로 꽃의 형태학적, 생태학적, 생리학적 이야기뿐 아니라 문화와 예술 속에서 피어난 꽃의 인문학적 이야기를 담았다. 고대 이집트 시대부터, 그리스 로마 시대, 중세와 르네상스를 거쳐 바로크와 빅토리아 시대, 그리고 현대에 이르기까지 각각의 꽃이 인간의 문명 속에 등장하게 된 배경과 의미, 가치와 상징성에 대해 살펴본다. 특히 꽃과 관련된 문화와 예술이 크게 부흥하고 전 세계에서 수집된 수많은 식물의 데뷔 무대가 되었던 유럽에서 사람들의 문화와 감성 속으로 깊이 파고든 꽃의 활약상도 엿본다.

먼저 1부에서는 인간의 욕망을 대변하는 꽃들에 관한 이야기를 소개한다. 천상의 아름다움과 향기로 숭배받으며 신성한 장소나 영생을 꿈꾸는 죽은 자의 무덤에 놓인 꽃, 신화 속 인물을 통해 표출될 만큼 강렬한 자기애의 표상이 된 꽃, 광기 어린 투기의 중심에 선 꽃, 그리고 왕가의 결혼식에서 가장 고귀한 신부들이 원하는 부케의 꽃에 관한 이야기가 펼쳐진다.

2부는 사람들에게 강렬한 예술적 영감을 선사한 꽃들의 이야기다. 태양과도 같은 절대 권력을 지닌 통치자의 이미지를 가진 꽃, 19세기 유럽 전역을 휩쓴 인기 오페라 주인공의 화신이 된 꽃, 많은 예술가가 감탄할 만한 가장 순수하고 깊은 파란색을 보여 준 꽃 들에 관한 이야기를 살펴본다.

3부는 애절한 사랑과 관련된 꽃들을 소개한다. 어떤 꽃은 가장 뜨거운 사랑을 전하는가 하면, 어떤 꽃은 밀어(蜜語)가 되어 사람들 사이에서 비밀스러운 정보와 감정을 주고받는 데 사용되었다. 크고 작은 전쟁과 휘몰아치는 정치적 격동 속에서도 어마어마한 권력을 지닌 황제들과 황후들의 특별한 사랑을 받았던 꽃이 있었고, 한 소녀의 순수한 사랑으로부터 시작되어 전 세계 크리스마스 시즌을 대표하게 된 꽃도 있었다.

마지막으로 4부는 우리 몸과 마음을 치유해 온 꽃들에 관한 이야기다. 수천 년 전 초기 약초학자들의 기록에 등장하며 각종 질병과 전염병을 물리치는 데 도움을 준 불멸의 꽃, 시공간을 초월하여 불교 수양의 상징이 된 꽃, 마녀의 저주를 풀어 준 꽃이 있었다.

이 책에서 소개하는 스물아홉 가지 꽃 중에는 접시꽃, 무궁화, 작약, 동백, 원추리와 같이 우리 역사에서 많은 사랑을 받아 온 꽃들도 다수 포함되어 있다. 이 꽃들은 그저 때가 되어 피어난 단순한 꽃이 아니라 자신의 빼어난 능력을 알아주지 않는 세상에 대한 안타까움을 대변하거나, 집 떠난 남편에 대한 그리움을 표현하는 등 인간이 가질 수 있는 온갖 마음을 담는 그릇이자 거울이 되어 주었다.

꽃의 아름다움은 인간이 꿈꾸는 이상향과 낙원의 이미지를 닮아 예나 지금이나 늘 우리에게 우주와 자연의 섭리를 일깨워 주고 험난한 세상 속에서 희망과 용기를 잃지 않게 해 준다. 이 책은 꽃을 단지 인테리어 소품이나 볼거리 정도로만 여기지 않고 적어도 그 이름을 불러 주며 저마다 꽃이 지닌 사연을 들어 보고자 하는 사람들을 위한 꽃의 자서전이다. 적어도 인간이 사랑한 꽃의 이야기는 인간 문명의 발자취와 궤를 같이하므로, 그들의 이야기를 통해 우리를 돌아보는 시간도 가져 볼 수 있을 것이다.

한 편 한 편 꽃에 관한 내용을 정리하면서 필자는 꽃을 잘 모르거나 관심이 없는 사람들도 쉽게 꽃을 이해하며 하나하나 공부하는 기쁨을 느낄 수 있을 만큼 편안하게 쓰고자 노력했다. 아무쪼록 이 책을 통해 독자들이 지금까지 가져 왔던 식물에 대한 관점을 새롭게 바꾸고 꽃을 매개로 한 진정한 삶의 의미를 발견할 수 있기를 바란다.

거기에 우리가 왜 앞으로 식물을 더욱더 중요하게 다루고 생물 다양성을 보전해야 하는지, 특히 점점 더 심각해지는 기후 위기의 시대 꽃과 정원이 어떤 역할을 할 수 있을지 통찰해 보는 시간도 함께 가져 보면 더할 나위 없이 좋을 것이다.

꽃 공부를 시작하며　　　　　　　　　　　　　7

1부　꽃에서 욕망을 읽다

- 1장 · **파란수련** 환생을 꿈꾼 파라오의 꽃　　　　17
- 2장 · **수선화** 지독한 자기애의 상징　　　　　　27
- 3장 · **붓꽃** 신성한 왕권의 부여자　　　　　　　37
- 4장 · **난초** 수집가와 사냥꾼의 트로피　　　　　47
- 5장 · **튤립** 광기 어린 투기 열풍의 주인공　　　59
- 6장 · **다알리아** 눈부신 신품종의 향연　　　　　69
- 7장 · **은방울꽃** 공주의 손에 들린 부케　　　　　79

2부　예술가들이 사랑한 꽃들

- 8장 · **아칸서스** 건축 디자인의 모티프　　　　　91
- 9장 · **해바라기** 예술가의 찬란한 희망　　　　　101
- 10장 · **동백** 한 고아 소녀를 매혹한 아름다움　　113
- 11장 · **수국** 신선들의 벗　　　　　　　　　　　125
- 12장 · **접시꽃** 시골집 어귀에 피어난 따뜻한 위로　137
- 13장 · **백합** 순교자와 순결한 성인의 상징　　　147
- 14장 · **델피니움** 순수하고 깊은 자연의 파랑　　157

차례

3부 꽃에게 사랑을 묻다

- 15장 · **카네이션** 비밀스러운 메신저   169
- 16장 · **장미** 달콤한 사랑의 전령   181
- 17장 · **작약** 사랑의 증표   193
- 18장 · **아네모네** 이루지 못한 애처로운 사랑   205
- 19장 · **포인세티아** 크리스마스 이브의 꽃   215
- 20장 · **제비꽃** 나폴레옹의 죽음과 함께한 꽃   225
- 21장 · **무궁화** 끊임없이 피는 꽃   237

4부 인간을 달래는 꽃의 힘

- 22장 · **국화** 외로움을 이겨 내는 고고함   249
- 23장 · **샐비어** 불멸의 허브   261
- 24장 · **앵초** 천국의 열쇠라는 아름다운 약초   271
- 25장 · **시클라멘** 겨울에 강한 꽃   281
- 26장 · **연꽃** 시공간을 초월하는 씨앗   291
- 27장 · **원추리** 슬픔을 달래고 마음을 위로하고   299
- 28장 · **양귀비** 폐허 속에 붉게 피어난 꽃   309
- 29장 · **설강화** 마녀의 저주를 푼 해독초   319

    감사의 글   328
    용어 해설   329
    참고 문헌   335
    도판 서작권   344
    찾아보기   345

1부

꽃에서 욕망을 읽다

가드닝은 인간이 자신의 온 마음을 바쳐도
절대 만족할 수 없는 열정이다.
—카렐 차페크(Karel Čapek, 1890~1938년)

18세기 말과 19세기 초 사이에 활동한 피터 찰스 헨더슨(Peter Charles Henderson) 그림, 「파란 이집트 수련(The Blue Egyptian Water Lily)」, 『식물의 사원 또는 자연의 정원(The Temple of Flora, or Garden of Nature)』(1804년)에서 발췌, 메트로폴리탄 박물관 소장.

· 1장 ·
파란수련
환생을 꿈꾼 파라오의 꽃

    정원사로서 가끔 연못에 들어가 수련을 관리하다 보면 아주 가까이서 그 꽃을 마주하게 된다. 아침 일찍 잔잔한 수면 위로 햇빛이 비치기 시작하면 환상처럼 물안개가 피어오른다. 검푸른 물 위에 점점이 떠 있던 수련들도 서서히 모습을 드러낸다. 동그랗게 펼쳐진 초록의 잎들 사이로 수련의 꽃봉오리가 점점 고도를 높이는 태양과 함께 아름다운 꽃잎을 펼친다. 꽃은 오전의 중반에 이르러 활짝 펴지기 시작하여 급기야 호위병처럼 빙 둘러선 수술들 안쪽으로 눈부신 빛깔의 암술이 모습을 드러낸다. 그곳에는 투명한 수분액이 보석처럼 맺혀 있는데, 마치 천상의 것과 같이 그윽하고 깨끗한 향기가 난다.

    고대 이집트 인들이 귀하게 여겼던 파란수련도 나일 강 저지대 혹은 정원의 연못 속에서 아마도 이러한 모습으로 여름 내내 꽃을 피웠을 것이다. 그렇다면 이집트 사람들은 왜 파란수련을 좋아했을까? 파란수련의 의미를 보다 깊이 이해하기 위해서는 이집트 신화를 들여다볼 필요가 있다. 특히 태양의 도시를 뜻하는 헬리오폴리스(Heliopolis, 현재의 카이로 근교)의 창세 신화에 따르면 물과 어둠으로 덮여 있던 세계에 태양신이 등장하는데, 고대 이집트 인들은 그 태양신이 바로 파란수련의 꽃 속에 깃들어 있다고 여겼다. 케프리(Khepri), 라(Ra) 혹은 아툼(Atum)으로 불리는 그 신은 태초의 물에서 솟아오른 파란수련의 꽃에서 새벽마다 새롭게 태어나 세상을 밝히고 밤이면 다시 꽃 속으로 숨는다고 전해진다. 태양신의 젊은 버전인 네페르템(Nefertem)도 세계가 창조될 때 파란수련에서 나왔다. 이집트 인은 동트기 전 가장 강렬한 꽃의 향기가 바로 그 신의 존재를 의미한다고 믿었다. 그래서 네페르템은 아름다움과 향기, 치유를 상징하는 신으로 불린다. 네페르템은 그림 속에서 종종 머리 위에 파란수련이 달린 모습으로 묘사되었는데, 고대 이집트 인들은 네페르템의 작은 조각상을 행운의 상징으로 지니고 다녔다.

    공교롭게도 수련은 꽃식물 진화의 역사 속에서도 가장 이른 시기에 등장한 꽃들 가운데 하나다. 수련은 꽃가루와 밑씨를 생산하는 꽃식물 가운데 가장 초기에 진화했는데, 지구에 등장한 시기는 무려 1억 4700만 년 전이다. 공룡들이 활개를 치던 육상에 침엽수, 속새류, 양치류처럼 꽃이 피지 않는 민꽃식물이 주를 이루는 가운데, 수중 생태계에서 수련이 조용히 모습을 드러낸 것이다. 수련은 화려한 꽃과 향기로 곤충을 유혹하며 진화를 거듭했다.

이집트 신화에서 아름다움과 향기, 치유를 상징하는 신, 네페르템. 머리 위에 파란수련이 달려 있다. 이집트 제18왕조의 파라오 호렘헤브(Horemheb, 기원전 1319~1292년)의 무덤 벽화다.

　　수련이 이토록 아름답고 향기로운 꽃을 만들어 낸 것은 인간이 아닌 꽃가루받이를 도와줄 곤충을 유혹하기 위해서다. 수련은 자가 수정을 하지 않기 때문에 다른 꽃으로부터 꽃가루를 받아 수정하는 전략을 개발했다. 가장 확실한 방법은 꽃 안에 있는 수술과 암술이 서로 다른 시기에 성숙하도록 하는 것이다. 수련의 꽃 한 송이는 사흘 정도 피어 있는데, 첫째 날에는 수술이 꽃가루를 만들지 않고 암술만이 활성화된다. 암술 부위에는 투명한 꿀처럼 생긴 액체가 사발에 담긴 듯 고여 있는데, 이 액체가 달콤한 꿀을 찾는 벌이나 딱정벌레를 유혹한다. 넓은 착륙장을 제공하는 화려한 꽃잎, 그와 대비되는 색깔로 마치 꿀물이 고여 있는 듯 위장한 암술과 치명적 향기에 곤충은 그 액체 속으로 주저 없이 빠져든다. 하지만 보기와 달리 그 액체는 꿀이 아닌 그저 점성이 있는 화합물일 뿐이다. 곤충은 달콤한 꿀을 찾아 안쪽 깊은 곳까지 샅샅이 수색해 보지만 헛수고에 그치고 만다. 그 과정에서 곤충이 몸과 다리에 묻혀 온 다른 꽃의 꽃가루들이 씻겨지고 수분액이 점점 줄어든다. 그렇게 다른 꽃으로부터 온 꽃가루는 고스란히 암술머리에 내려앉아 수정이 이루어진다. 둘째 날 수련은 꽃가루를 만들어 내지만 수분액은 만들지 않는다. 곤충이 날아와 수련의 꽃가루를 묻혀 다른 꽃으로 옮겨 주면서 수련의 타가 수정 메커니즘은 성공적으로 완성된다.

많은 이가 연꽃과 수련을 혼동한다. 둘 다 수련과(Nymphaeaceae)라는 점은 같지만 많은 부분이 다르다. 연꽃은 꽃대가 수면 위로 높이 솟아올라 개화 후에도 꼿꼿이 서 있다. 반면 수련의 꽃은 수면 가까이에서 피고 개화가 끝나면 수면 아래로 가라앉는다. 연꽃의 잎은 갈라지지 않지만, 수련의 잎은 깊게 갈라졌다. 씨앗도 다르다. 연꽃은 연자라는 씨앗이 아주 단단한 종피(種皮)에 싸여 수천 년 이상 생존할 수 있지만, 수련의 씨앗은 가종피(假種皮)에 싸여 그리 오래 가지 못한다.

원래 수련의 '수'는 물을 뜻하는 수(水)가 아니라 잠잘 수(睡)다. 아침에 꽃이 열리고 해가 질 무렵에 닫히는 습성 때문이다. 하지만 열대 수련 중에는 밤에 열리고 아침에 닫히는 야간 개화 수련도 있다. 파란수련과 함께 이집트 미술에 자주 등장하는 흰 수련이 이 야간 개화 수련의 대표적인 예이다. 하지만 이집트 인들은 태양과 같이 아침에 피고 저녁에 지는 파란수련을 더 귀중하게 여겼다.

파란수련의 학명은 님파이아 카이룰레아(Nymphaea caerulea)다. 님파이아는 그리스 신화에 등장하는 물의 여신 님프(Nymph)를 뜻하고, 카이룰레아는 파란색을 뜻한다. 파란수련은 특히 다른 수련 종류보다 진하고 매력적인 향을 지녔다. 그 향기 속에는 아포모르핀(apomorphine)과 누시페린(nuciferine) 같은 알칼로이드 성분이 들어 있어, 아로마테라피(aromatherapy, 향기 요법)를 위한 향수와 오일의 원료로 사용되었다. 명확한 기록은 없지만, 파란수련은 강장제와 진통제, 각성제 같은 용도 외에도 포도주와 함께 음용되어 황홀한 상태에 이르게 하는 환각제, 최음제, 성 기능 향상제 등으로 사용됐다는 이야기도 있다. 분명한 것은 축제나 종교 의식 등 중요한 영적 의식이 거행되는 곳에 파란수련이 사용되었다는 점이다.

1922년 발굴된 고분에서 이집트 제18왕조의 파라오였던 투탕카멘(Tutankhamen)의 시신은 파란수련의 꽃잎으로 덮여 있었다. 다산과 갱생의 상징이었던 그 꽃으로 영적 환생을 꿈꾸었던 것일까? 파란수련이 각종 그림과 조각, 사원, 건물 기둥, 항아리 등 이집트 미술과 건축에 등장하는 것을 볼 때 이 꽃은 실생활과 문화 전반에 걸쳐 아주 다양하게 쓰였음을 알 수 있다.

그렇다면 파란수련이 자라던 이집트의 정원은 어떤 모습이었을까? 고대 이집트 정원은 오늘날 우리가 즐기는 정원의 가장 원조 격으로, 이집트 경제가 풍족해지면서 중산층을 중심으로 정원이 발달

고대 이집트 테베에서 발견된 네바문의 무덤 벽화에 그려진 이집트 정원의 모습.

했다. 과수원이나 채마밭같이 생활에 필수적인 먹을거리를 재배하는 곳이 아니라 단순히 즐거움을 얻기 위한 관상용 정원을 갖고 있던 사람들은 분명 삶의 여유가 있었을 것이다. 예를 들어, 기원전 1350년경 왕의 필경사이자 곡물 저장소를 담당하는 관리였던 네바문(Nebamun)이라는 사람이 살았다. 이집트 테베에서 발견된 네바문의 무덤 벽화에는 이집트 정원이 그려져 있는데, 이 벽화를 통해 이집트 정원의 형태와 식재된 식물을 유추해 볼 수 있다.

벽화 속 정원은 원근감이 결여된 채 평면도와 입면도가 묘하게 결합한 구도로 묘사되어 있다. 가령 정원 배치도는 위에서 바라본 조감도이면서, 사람과 동식물, 다른 물체는 측면 혹은 정면에서 바라본 모습이다. 이러한 그림은 오히려 그 구조뿐 아니라 세부 사항을 파악하기에 좋다. 다양한 벽화에 등장하는 정원에는 항상 직사각형 연못이 있다. 그 연못에 파란수련도 자리를 잡았다. 연못 가장자리에는 파피루스와 같은 수변 식물이 자라고 물속에는 물고기와 오리가 노닐고 있다. 정원 주변은 대추야자, 돌무화과나무, 포도나무와 같은 나무들이 줄지어 식재되어 있고, 하부에도 수레국화, 양귀비 등 다양한 꽃식물이 아름답게 장식돼 있다. 물을 최대한 활용하기 위해 진흙으로 테를 두른 정사각형 모양의 화단도 만들어졌다. 때때로 정원은 바람과 야생 동물의 접근을 막기 위해 담장으로 둘러싸이기도 했다. 이러한 환경은 파란수련이 자라기에 완벽한 조건이었다. 정원에 사용된 관상용 식물은 태양신을 상징하는 파란수련을 비롯해 저마다 의미를 가지고 있었다. 가령 돌무화과나무에는 죽은 자의 영혼을 사후 세계로 인도하는 하토르 여신이 깃들어 있다고 믿었다. 파피루스는 다산과 갱생을 뜻했고 고대 이집트에서 기둥을 장식하는 문양으로 사용되었다. 이 시기에 국가를 상징하는 식물의 개념이 거의 처음 등장했는데, 각각 파란수련은 상(上)이집트, 파피루스는 하(下)이집트의 상징이었다.

고대 이집트 정원의 모습은 파라다이스의 전형이다. 생명 같은 물, 맘껏 따 먹을 수 있는 열매, 그늘이 있는 쉼터까지, 모든 즐거움을 위한 낙원이었다. 이런 정원을 만든 사람들은 저마다 자신만의 파라다이스를 갖고자 했을 것이다. 많은 것이 변했지만, 오늘날의 사람들도 누구나 자신만의 케렌시아(Querencia, 피난처, 안식처 등을 뜻하는 스페인 어)에서 파라다이스를 꿈꾼다. 담장으로 둘러싸인 정원 안에 큰 나무가 만든 그늘과 연못이 있고, 사계절 다채로운 꽃이 피어나는 넓고 근사한 곳은 아니더라도, 내가 사는 공간에 식물을 들이고, 그 속에서 평안과 기쁨을 누릴 수 있다면 그곳이 바로 자신만의 파라다이스가 아닐까.

한때 나일 강 삼각주를 따라 번성하며 영화를 누리고 어마어마한 존재감을 자랑했던 파란수련은 안타깝게도 이제 심각한 멸종 위기에 처해 있다. 인공 댐을 조성하고 화학 비료를 지나치게 사용한 결과 지난 수천 년을 이어 온 나일 강의 유기적 환경이 파괴되고 자연의 계절적 주기가 사라진 것이다. 무분별한 개발과 환경 파괴로 점점 더 많은 식물이 급속도로 야생에서 사라지고 있다. 지구 생태계가 위협받는 이 시대에 파란수련과 이집트 정원 이야기로 살펴본 인간과 식물, 자연 생태계와 문화의 조화, 모두의 즐거움과 안녕을 위한 정원의 필요성은 앞으로 더욱더 중요한 관심사가 될 것이다.

파란수련 *Nymphaea nouchali* var. *caerulea*

수련과에 속하는 다년생 초본 식물로, 아프리카 북부와 중부, 이집트가 원산지다. 고대 이집트에서 파란수련의 꽃은 창조와 갱생의 상징으로 신성하게 여겨졌다. 주간에 개화하는 별 모양의 꽃은 7월부터 늦여름까지 개화한다. 섭씨 -1도 밑으로 떨어지지 않는 기후대에서 월동 가능하며, 수온이 섭씨 20도 이상인 고요하고 따뜻한 물을 좋아한다.

이집트 파란수련을 닮은 수련 '미세스 에드워드 휘태커'(*Nymphaea* 'Mrs. Edward Whitaker'). 여기서 따옴표는 품종을 나타낸다.

1649~1659년에 그려진 식물 세밀화로, 가운데가 포에티쿠스수선화(*Narcissus poeticus*)다. 『고토르프 문서(*Gottorfer Codex*)』에 수록된 한스 사이먼 홀츠베커(Hans Simon Holtzbecker)의 그림.

·2장·
수선화
지독한 자기애의 상징

　　윌리엄 셰익스피어(William Shakespeare)가 「겨울 이야기(The Winter's Tale)」에서 "제비가 돌아오기도 전에 피어나 3월의 바람을 아름답게 사로잡는다."라고 찬사를 보냈듯, 수선화는 이른 봄꽃의 대명사다. 한번 심은 자리에 해마다 믿음직스럽게 다시 모습을 드러내는 수선화는 봄의 정원을 빛나게 하는 소중한 꽃이다. 춥고 긴 겨울 끝에 화사한 꽃으로 얼굴을 내밀고 사람들에게 이제 따뜻한 봄이 오고 좋은 일이 많이 생길 것이라는 희망을 전한다.

　　수선화 하면 노란 수선화가 가장 먼저 떠오른다. 아마도 윌리엄 워즈워스(William Wordsworth)의 시 「수선화(Daffodils)」, 영화 「닥터 지바고(Doctor Zhivago)」, 양희은의 번안곡 「일곱 송이 수선화」에 나오는 황금빛 수선화의 이미지가 너무 강해서일 것이다. 수선화는 언제부터, 어떻게 사람들의 마음을 사로잡았을까? 인류의 수선화 예찬은 문명의 가장 이른 시기까지 거슬러 올라간다. 하지만 그때의 수선화는 샛노란 꽃이 아니었다. 수선화 대부분은 이베리아 반도를 중심으로 한 지중해 지역이 원산지인데, 아주 이른 시기부터 전 세계로 퍼져나가 재배되었다. 전 세계적으로 수선화 원종만 50여 종, 그간 개발된 품종은 2만 종이 넘는다. 꽃 색깔도 흰색과 노란색 위주의 원종으로부터 초록색과 분홍색, 주황색과 붉은색 등 매우 다양한 농도와 채도를 가진 품종들로 분화되었다.

수선화는 우리가 편의상 꽃잎이라고 부르는 꽃덮이조각(구분하기 힘든 꽃받침조각과 꽃잎을 합쳐 부르는 용어다.), 그 가운데에 컵 또는 나팔 모양으로 생긴 덧꽃부리(부화관, paracorolla)를 가지고 있다. 영국 왕립 원예 협회(Royal Horticultural Society)는 꽃덮이조각과 덧꽃부리의 색깔과 모양, 크기의 상대적 비율에 따라 수선화를 13개 그룹으로 나누고 있다. 가령 1번 그룹은 트럼펫처럼 생긴 덧꽃부리가 꽃덮이조각보다 긴 특징이 있다. 대표 품종으로 노란색 수선화로 유명한 '더치 마스터(Dutch Master)'가 있다. 4번 그룹은 겹꽃 수선화인데, 노란색 겹꽃에 짙은 주황색 덧꽃부리가 있는 '타히티(Tahiti)'라는 품종이 잘 알려져 있다. 6번 그룹은 시클라멘을 닮아 꽃덮이조각이 뒤로 젖혀지고, 수선화 중에서 가장 아래를 향하는 특징이 있다. 대표 품종으로 '페브루어리 골드(February Gold)'가 있다.

고대 신화와 전설, 역사 속에 등장하는 세 종류의 대표적인 수선화 원종으로는 타제타수선화(*Narcissus tazetta*), 존퀼라수선화(*Narcissus jonquilla*), 포에티쿠스수선화가 있다. 타제타수선화는 수선화 가운데 키가 가장 크다. 하나의 튼튼한 꽃대에 세 송이에서 스무 송이까지 꽃이 달리며, 흰색 꽃덮이조각과 노란색 덧꽃부리를 가졌다. 금잔옥대 혹은 금잔은대로 불리는 수선화도 타제타수선화의 변종(*Narcissus tazetta var. chinensis*)이다. 우리나라에서는 오래전부터 제주에 널리 자라며 눈이 내리는 겨울에 꽃을 피워 설중화(雪中花)라고도 불렸다. 꽃덮이조각과 덧꽃부리가 모두 노란색인 존퀼라수선화는 작은 꽃이 다섯 송이까지 달린다. 덧꽃부리가 넓은 편이고 꽃덮이조각은 활짝 펼쳐지거나 뒤로 젖혀진다. 포에티쿠스수선화는 하나의 꽃대에 한 송이 꽃이 달린다. 6장의 꽃덮이조각은 순백색이고 덧꽃부리가 매우 짧으며 보통 중심이 노란색이고 테두리는 붉게 장식되어 있다.

이 세 종류의 수선화 가운데 포에티쿠스수선화가 가장 특별하다. 이 수선화는 최근 유전자 지도가 최초로 밝혀지기도 했다. 포에티쿠스수선화는 인류 역사상 가장 이른 시기에 재배된 수선화 가운데 하나로, 고대 그리스 신화에 등장하는 수선화로 여겨진다. 종명인 포에티쿠스는 시인을 뜻하는데, 그만큼 많은 시인이 자주 이 수선화를 노래했기 때문에 붙여졌다. 수선화의 속명은 나르키수스다. 이 속명에는 그리스 신화가 얽혀 있다. 매력적인 숲의 요정 에코(Echo)의 구애를 외면한 죄로 보복의 여신 네메시스(Nemesis)가 내린 벌을 받아 평생 연못에 비친 자기 자신과 사랑에 빠져 헤어나지 못하고 결국 죽음에 이르러 수선화가 된 나르키소스(Narcissus) 이야기다. 자기애를 뜻하는 나르시시즘(narcissism) 역시 여기서 나왔다.

19세기 영국 화가 존 윌리엄 워터하우스(John William Waterhouse)의 「에코와 나르키소스(Echo and Narcissus)」(1903년).

원래 나르키소스는 무감각을 뜻하는 그리스 어에서 나온 말이다. 수선화가 스스로 보호하기 위해 독성 물질인 알칼로이드를 지니고 있기 때문이다. 특히 사람이나 동물이 잘못하여 수선화 알뿌리, 좀 더 정확히 말하자면 비늘줄기(인경, bulb)를 먹었다간 중독 증상으로 해를 입을 수 있다. 또한 수선화 꽃줄기는 어떤 꽃들에게는 독이 되거나 물 흡수를 방해하는 성분을 함유하고 있어, 함께 물에 담그면 주변 꽃들을 시들게 할 수도 있다. 이러한 독성은 신화 속에서 지독한 자기애에 빠져 주변의 관심을 모두 거부한 나르키소스의 모습을 떠오르게 한다. 한편 수선화를 부르는 영어 이름인 대퍼딜(daffodil)은 지중해 지역에서 자라는 꽃 이름인 아스포델(asphodel)에서 유래했다.

중국과 우리나라에서 이 꽃을 부르는 이름인 수선화의 수선(水仙)은 말 그대로 물가의 신선이라는 뜻이다. 수선화는 동양 문화권에서 신선이라 칭해질 정도로 선비들의 높은 칭송을 받았다. 중국 북송 시대에는 황정견(黃庭堅) 등 걸출한 시인들이 수선화를 예찬하는 시를 썼고, 조선 시대 후기에 들어서 김흥국(金興國), 김창업(金昌業) 등 문인들이 수선화에 관한 시를 읊었다. 특히 추사(秋史) 김정희(金正喜)의 수선화 사랑은 유명하다. 그는 수선화를 매화와 비교하며 물가에 핀 해탈한 신선이라고 극찬했다.

수선화는 이슬람 문화에서 특히 중요하게 다루어졌다. 예언자 무함마드(Muhammad)는 빵 두 조각이 있다면 하나는 몸을 위해 먹고 다른 하나는 수선화와 바꾸어 마음의 양식으로 삼으라고 가르쳤다. 이슬람교도는 서로마 제국의 멸망 이후 고대 그리스 로마의 중요한 약초학 책을 아랍 어로 번역하여 고전 시대의 지식을 보존했다. 또한 정원 디자인의 역사에서 중요한 역할을 수행했다. 특히 이들이 공고하게 기틀을 잡은 사분 정원(四分庭園, Chahar Bagh)은 이탈리아, 프랑스 등 유럽 정형식 정원의 기본 형태가 되었다. 사분 정원은 사각형 화단 4개로 이루어지는데 물과 포도주, 젖과 꿀을 상징하는 4개의 수로가 흐르고, 향기 나는 열매, 그늘을 제공하는 나무들, 여러 가지 꽃으로 무성하다. 양귀비, 히아신스, 붓꽃, 카네이션 등 오늘날 재배되는 많은 꽃들이 바로 이슬람 정원을 가꾼 아랍이 유럽에 소개한 종류들이다.

이슬람 문화에서 정원은 지상에 구현된 천국을 의미했고, 식물은 코란의 가르침을 상징하는 존재였다. 이슬람 정원에서 포에티쿠스수선화가 특별한 이유는 두 가지였다. 첫 번째로 사람들은 이 꽃에 볼 수 있는 능력이 있다고 믿었다. 6장의 순백색 꽃잎 가운데 붉은색

무굴 제국의 초대 황제 바부르(Babur, 1483~1531년)의 회고록 『바부르나마(*Baburnama*)』에 실린 사분 정원의 모습.

으로 테두리가 화려하게 장식된 짧은 덧꽃부리가 영락없이 꿩의 눈을 닮아서였다. 8세기에 활동한 아랍의 시인 아부 누와스(Abu Nuwas)는 이 수선화를 "금을 녹인 눈동자를 가진 은빛 눈이 에메랄드빛 줄기와 결합되어 있다."라고 묘사하며, 사랑을 알아보는 시인의 눈과 같다고 했다. 포에티쿠스수선화의 두 번째 매력은 히아신스와 재스민이 섞인 듯한 향기다. 이슬람 정원에서 향기는 꽃의 색깔만큼이나 중요한 기쁨을 주는 요소였다. 계절별로 수선화와 장미, 재스민, 라벤더가 향기를 담당했다. 포에티쿠스수선화가 만발한 정원에 산들바람이 불면 그 향기가 이루 말할 수 없이 좋았다. 그래서 이 꽃에서 향수 원료로 가장 인기 있는 수선화 오일을 추출하기도 했다. 향이 어찌나 강한지 밀폐된 공간에서 많은 양을 흡입할 경우 두통과 구토를 유발할 수도 있다.

향기로운 수선화로 가득한 이슬람 정원을 상상해 본다. 그 정원은 4개의 사각 화단이 4개의 수로로 나뉘어 있다. 가운데에는 수로가 교차하는 사각 연못이 있다. 화단은 길보다 낮게 조성되어 길가에서 과일나무에 달린 열매를 쉽게 딸 수 있다. 과일나무 밑에는 향기로운 수선화가 가득하다. 향기롭고, 편안하고, 세련된 이슬람 정원은 수세기 동안 지구에서 가장 아름다운 정원으로 가꾸어졌다.

수선화를 정원에 들이는 것은 아주 쉽다. 수선화는 물 빠짐만 좋다면 토양을 가리지 않는다. 늦가을에 볕 잘 드는 정원 한편에 수선화 알뿌리를 원하는 만큼 심어 놓으면 끝이다. 다른 봄꽃들보다 꽃대의 키도 크고 관상 가치가 높아 정원에 사용하기 그만이다. 3월과 4월 꽃이 피고 진 다음에는 꽃대를 잘라 주고 잎은 노랗게 시들 때까지 그대로 둔다. 그래야 잎을 통해 광합성이 이루어져 새로운 잎과 꽃을 내기 위한 양분이 알뿌리에 모인다. 수선화가 가득 피어난 정원에서는 시든 꽃대를 일일이 정리하는 일이 결코 쉽지 않다. 영국의 유명한 그레이트 딕스터 가든(Great Dixter Garden)에서 평생 정원을 일구었던 크리스토퍼 로이드(Christopher Lloyd, 1921~2006년)는 이 작업을 독특한 방식으로 해결했다. 그는 정원을 거닐며 지팡이를 양옆으로 휘둘러 수선화의 시든 꽃들을 손쉽게 떨어뜨리곤 했다. 알뿌리 하나는 4~5년 동안 생존하지만 해마다 새롭게 생겨나는 새끼 알뿌리가 계속해서 뒤를 이으며 봄의 화사한 꽃을 보장해 준다.

    수선화는 자아 도취, 허영심, 죽음이라는 다소 부정적인 의미도 있지만, 탄생, 갱생, 봄, 고결함, 추모, 새로운 시작, 힘과 용기 등을 상징하여 긍정적인 뜻으로 더 많이 쓰여 왔다. 실제로 수선화는 캐나다 암 협회(Canadian Cancer Society) 등 전 세계 수많은 자선 단체의 상징이기도 하다.

    이른 봄 수선화가 피지 않는 정원을 상상할 수 있을까? 매년 3월 말이면 추사 김정희 선생 고택 담벼락에 가득 피어난 수선화를 보며, 한 송이 한 송이에 담긴 수많은 이야기를 떠올려 본다. 언젠가는 전쟁이 끝나 우크라이나의 수백만 제곱미터에 달하는 수선화 계곡을 가득 덮은 순백색 포에티쿠스수선화의 장관을 감상하게 될 날도 고대해 본다. 지구 곳곳의 땅속에 아주 오래전부터 자리 잡은 수선화 알뿌리들이 파헤쳐지지 않는 한, 앞으로도 수선화는 시인과 정원사 들에게 영감을 주며 언제나 지구의 봄을 환하게 밝혀 줄 것이다.

포에티쿠스수선화 *Narcissus poeticus*

시인의 수선화, 꿩눈 수선화로 불리며, 그리스 신화의 나르키소스가 죽고 난 자리에 피어난 꽃으로 알려져 있다. 여러해살이 알뿌리 식물이다. 스페인, 오스트리아, 우크라이나 등 유럽 중남부가 원산지며, 영국, 튀르키예, 뉴질랜드, 미국 등 여러 나라에 귀화했다. 4월경 30~40센티미터로 자라는 꽃대에 꽃이 한 송이씩 달린다. 6장의 꽃덮이조각은 흰색이며, 가운데 납작하게 형성된 덧꽃부리 중심부가 노란색이고 가장자리는 붉은색을 띤다.

포에티쿠스수선화.

피에르조제프 르두테(Pierre-Joseph Redouté)가 그린 노랑꽃창포 세밀화.

· 3장 ·

붓꽃
신성한 왕권의 부여자

　　해마다 봄이 오면 정원에 여러 종류의 붓꽃이 피어나 장관을 이룬다. 아직 추위가 가시지 않은 이른 봄 청초한 보랏빛 꽃을 선보이는 각시붓꽃부터 연한 하늘색으로 마음을 사로잡는 타래붓꽃, 뒤를 이어 청자색 제비붓꽃과 꽃창포도 이어달리기하듯 꽃을 피운다. 꽃잎에 수염이 난 독일붓꽃의 풍성하고 화려한 꽃은 튤립과 수선화가 소임을 다한 봄꽃 화단에 패션쇼를 하듯 차례차례 모습을 드러낸다.

　　다른 어떤 꽃에서도 볼 수 없는 독특한 형태적 아름다움을 지닌 붓꽃은 오래전부터 사람들의 관심과 사랑을 받아 왔다. 붓꽃을 묘사한 최초의 기록은 4,000년 전 그리스 크레타 섬에 위치한 크노소스의 미노아 궁전 프레스코 벽화에서 찾을 수 있다. 고대 그리스 신화 속에서 무지개 여신으로 등장하는 이리스(Iris)는 땅과 하늘을 연결하는 신의 전령사였는데 헤라(Hera) 여신이 불어넣은 축복의 숨결로 붓꽃이 되었다.

　　붓꽃은 중세 시대 이후 프랑스에서 큰 영향력을 발휘했다. 5세기 말 클로비스 1세(Clovis I)가 프랑크 족을 통일시키며 붓꽃을 양식화한 상징을 왕가의 문장(紋章, 귀족이나 왕의 집안을 상징하는 그림)으로 채택하면서부터였다. 이후 이 문장은 19세기까지 프랑스 국장(國章)에 사용되었고, 영국 링컨, 이탈리아 피렌체, 독일 비스바덴 등 다른 유럽 도시의 상징으로도 널리 퍼졌다. 정확히 말하자면 그 붓꽃은 강가의 얕은 물에서 자라는 노랑꽃창포(Iris pseudacorus)였다.

　　노랑꽃창포는 어떻게 야만과 혼돈의 중세 시대 프랑스 왕정을 사로잡았을까? 프랑크 왕국의 전설에 따르면 클로비스 1세가 고트 족과 전투에서 공세에 밀려 퇴각하다 강을 만났다. 더 이상 후퇴할 수 없게 되었을 때 노랑꽃창포를 발견했고, 덕분에 수심이 얕은 지점을 찾아 무사히 강을 건널 수 있었다. 이 꽃이 아니었으면 군대가 몰살될 수도 있었다. 이후 클로비스는 이 꽃을 귀하게 여겼고, 그 꽃이 들어간 문장을 국가적 상징으로 사용했다. 그 후 이 문장은 왕의 즉위식이 거행될 때 깃발과 휘장에 그려졌고, 성유가 담긴 성배에도 새겨졌다.

　　붓꽃을 형상화한 이 문양을 플뢰르드리스(Fleur-de-lis 또는 Fleur-de-lys)라고 하는데, 프랑스 어로 플뢰르(Fleur)는 꽃, 리스(lis 또는 lys)는 강을 뜻한다. 그런데 리스는 동시에 백합을 뜻하기도 하여 많은 사람이 플뢰르드리스가 백합 꽃을 상징한다고 믿기도 했다. 하지만 플뢰르드리스는 색깔과 모양, 배경이 백합과 전혀 관련이 없으며 오랜 역사에 걸쳐 전해져 온 대로 노랑꽃창포를 상징하고 있다는 견해가 지배적이다.

이를 논리적으로 밝힌 학자가 있다. 18세기 자연주의자이자 사전 편찬자였던 피에르오귀스탱 브와시에 드 소바주(Pierre-Augustin Boissier de Sauvages)다. 그는 오래전 프랑스 인이 살았던 플랑드르(현재의 벨기에 북부) 지방의 리스 강가에 노랑꽃창포 자생지가 있었다는 점을 근거로 꼽았다. 그의 설명에 따르면 이 꽃은 노란색인 데다가 생긴 모양도 정확히 플뢰르드리스와 일치한다. 6장의 꽃덮이조각 중 안쪽에 있는 꽃덮이조각 3장은 곧추서서 윗부분이 합쳐지고, 나머지 바깥쪽 꽃덮이조각 3장은 뒤로 젖혀지며 아래쪽으로 향하고 있다. 그중 하나의 꽃잎은 줄기와 하나를 이루는 것처럼 보이고 나머지 2장이 각각 왼쪽과 오른쪽을 향해 있다. 이에 반해 백합은 색깔과 모양이 플뢰르드리스의 디자인과 동떨어져 있다. 문장학자였던 프랑수아 벨데(François Velde)의 주장도 흥미롭다. 그는 노랑꽃창포의 독일 이름이 리슈블룸(Lieschblume)이라는 점에 착안했다. 이 이름이 중세에는 리스(Lies) 혹은 레이스(Leys)라고 쓰였는데, 독일과 인접한 북프랑스 지역에서 이 꽃을 플뢰르드리스라고 불렀을 가능성이 크다는 것이다.

붓꽃을 형상화한 플뢰르드리스가 본격적으로 프랑스의 국장으로 쓰인 것은 12세기부터다. 루이 6세(Louis VI)는 구전되어 온 클로비스의 전설을 문헌으로 기록하고, 상징적 의미 등을 체계적으로 스토리텔링하여 국장 디자인에 활용했다. 강물을 배경으로 피어난 노랑꽃창포를 표현하기 위해 파란색 바탕에 플뢰르드리스가 흩어져 있는

1223년 랭스에서 열린 루이 8세(Louis VIII)와 블랑카 데 카스티야(Blanca de Castilla) 왕녀의 대관식. 깃발과 휘장, 예복 등이 플뢰르드리스로 장식되었다. 장 푸케(Jean Fouquet)가 1455~1460년경에 그린 그림으로 프랑스 국립 도서관에 소장되어 있다.

디자인으로 표현했다. 플뢰르드리스는 정치적, 예술적 상징 외에 종교적 의미도 지녔다. 양식화된 세 꽃잎은 믿음, 지혜, 기사도를 뜻하기도 했지만, 기독교의 삼위일체를 상징하기도 했다. 프랑스의 군주들은 이러한 상징을 사용함으로써 통치에 신성한 권리를 부여했다.

그렇다면 중세 시대 정원은 어떤 모습이었을까? 서로마 제국이 멸망하고 1,000년 동안의 암흑 시대를 거치며 종교의 권위가 정치권력을 압도했던 중세 시대에는 노랑꽃창포 외에도 많은 식물이 교회의 상징으로 쓰였다. 특히 프랑스는 가톨릭 국가였으므로 동정녀 마리아의 순결을 뜻하는 새하얀 백합 꽃도 비중 있게 다루었다. 가령 예수의 탄생을 예언한 대천사 가브리엘이 들고 있던 백합 세 송이는 동정녀 마리아의 순결을 의미했다. 제비꽃은 마리아의 겸손을 상징했고, 붉은 장미는 순교자의 피를 뜻했으며, 은방울꽃은 예수의 죽음을 보고 흘린 마리아의 눈물에서 자란 꽃이었다. 칼 모양의 잎 때문에 독일붓꽃 종류는 성모 마리아의 슬픔과 고통을 상징하는 통고(痛苦)의 칼로 불렸다. 중세 시대 그려진 성화를 보면 성모 마리아는 담장으로 둘러싸인 정원 안에서 신자들과 함께 그려져 있는 모습을 흔히 볼 수 있다. 평화롭다. 그러나 그 정원에는 백합, 은방울꽃, 작약, 그리고 붓꽃 종류도 포함되어 있다.

한편 그리스와 로마 고전 시대의 수준 높은 식물 지식은 중세 수도원을 중심으로 유지, 보전되었다. 채마밭과 약초원으로 주로 쓰였던 수도원의 정원에서는 식물의 실용적 가치가 귀하게 여겨졌다. 수도원장은 의학과 식물에 관한 최고의 지식을 갖추었고, 수도사는 약초와 의학에 관한 로마 시대의 지침서에 정통했다. 야생과 분리되어 담장으로 둘러싸인 수도원의 정원은 아름다우면서도 실용적인 낙원이었다. 제단에 올릴 꽃과 함께 각종 채소류와 허브류를 재배하는 직사각형 화단들은 십자 형태로 구획되었고, 그 중심에는 분수와 연못이 있었다. 호르투스 콘클루수스(Hortus conclusus)라고 불렸던 중세 시대 수도원 정원은 이슬람 정원과 마찬가지로 천국에 대한 비유로서 지상에 구현된 천국을 의미하기도 했다. 중세 시대에는 이 수도원들을 통해 과실수 접목, 트렐리스(trellis) 재배 등 다양한 원예 기술이 발달했고, 정원에서 실용적으로 재배할 수 있는 채소 작물의 목록도 크게 확대되었다. 이것이 르네상스를 거쳐 오늘날 서양 정원 가드닝(gardening)의 근간이 되었던 것이다. 하지만 중세 시대 수도원 정원은 개인의 소유욕 내지는 향락을 위한 공간이 아니라 육신과 영혼의 수양과 기도를 위한 장소였다. 6세기 베네딕도회 수도사들은 정원에서 일하며 헌신했고, 11세기 카르투시오회 수도사들은 외부와 단절된 거주 공간에서 과일과 약초를 재배했다.

20세기 영국 화가 세드릭 모리스(Cedric Morris)는 독일붓꽃의 매력에 심취해 직접 재배하며 수많은 신품종을 탄생시켰다. 화가의 섬세한 시선으로 선발한 품종들답게 예술적 색감과 형태를 지닌 꽃들이다. 그가 제자들을 가르치며 거주했던 유서 깊은 벤톤 하우스(Benton House)의 이름을 따서, 그의 독일붓꽃 품종들은 '벤톤 컬렉션'으로 불린다.

붓꽃이라는 우리 이름은 꽃봉오리가 먹물을 머금은 붓처럼 생겼다고 해서 붙은 것이다. 붓꽃은 아이리스, 꽃창포라고도 불리는데 워낙 종류가 많다. 붓꽃 속은 300종류 가까이 되는 원종이 북반구 온대 지방 전역에 걸쳐 살아가는데, 서식지 환경도 고산 암반 지대부터 건조한 반사막 지역, 초원, 강둑, 저지대 습지까지 매우 다양하다. 게다가 이 붓꽃 원종들로부터 수천 가지 품종이 만들어져 전 세계 정원에서 사랑받고 있다.

붓꽃은 서식 환경에 따라 연꽃처럼 뿌리줄기(근경, rhizome)가 옆으로 기면서 자라는 종류가 있고, 양파나 마늘처럼 비늘줄기(인경, bulb)로 자라는 종류가 있다. 아이리스가 무지개를 뜻하는 만큼 꽃의 색깔과 모양은 매우 다양한데, 특히 바깥쪽으로 젖혀진 외꽃덮이(외화피, outer sepal)에 있는 무늬는 붓꽃의 종류마다 독특한 식별 포인트가 된다. 가령 붓꽃은 이 무늬가 짙은 호피 무늬로 되어 있고, 꽃창포는 노란색 역삼각형으로 되어 있다. 심지어 이 무늬에 금빛 수염(bearded) 같은 잔털이 나 있는 독일붓꽃 종류도 있다. 이러한 무늬를 꿀 안내선(honey guide)이라 하는데 벌이나 나비 등 꽃가루받이 매개 곤충을 꿀이 있는 곳으로 유인하기 위한 것이다.

우리나라에는 솔붓꽃, 금붓꽃, 노랑붓꽃, 부채붓꽃 등 약 20종의 붓꽃 종류가 자생하고 있다. 그중 습지에 자라는 붓꽃 종류는 꽃창포라는 이름을 갖고 있다. 화투패 중 5월을 상징하는 꽃도 많은 사람이 난초로 알고 있지만 꽃창포다. 창포(*Acorus calamus*)와 비슷한 모습으로 물가에 자라면서 예쁜 꽃을 피운다 해서 붙은 이름이다. 우리 선조들은 단옷날 창포 잎을 삶아 머리를 감았다. 귀신을 쫓고 액운을 몰아낸다고 생각했기 때문이다. 이 창포는 천남성과에 속하며 꽃은 소시지 모양으로 핀다.

프랑스의 상징인 노랑꽃창포도 우리나라 곳곳의 물가와 습지에 살고 있다. 종소명인 프세우다코루스(*pseudacorus*)는 가짜 창포(false acorus)를 뜻한다. 오래전 관상용으로 수입된 개체들이 야생으로 퍼져 귀화한 것이다. 우리나라 습지에서 자라는 애기부들이나 꽃창포 같은 자생 식물의 고유한 터전을 파고들게 되면 걱정이지만, 수질 정화가 필요한 인공 수변 지역에서는 어느 정도 제 몫을 하고 있다.

오늘날 플뢰르드리스는 어떤 의미가 있을까? 왕실의 문장과 종교의 상징으로 고귀하게 쓰였던 붓꽃 문양은 오늘날에도 세계 곳곳에서 다양한 목적으로 명맥을 유지하고 있다. 유럽 거리 곳곳에서, 패션이나 디자인 장식으로, 펜스나 철문의 기둥 상단 마감이나 액자 테두리 혹은 패브릭을 꾸미는 단순한 패턴으로도 쓰인다. 플뢰르드리스는 보이 스카우트를 상징하는 엠블럼이기도 하다. 여기서 꽃잎 3장은 이제 삼위일체가 아니라 스카우트의 세 가지 약속, 즉 신에 대한 의무, 자신에 대한 책임감, 다른 사람을 위한 봉사 정신을 담고 있다.

국립 세종 수목원에는 총길이 2.4킬로미터의 청류지원이 있다. 금강의 물줄기가 수목원의 정원을 자연스럽게 휘감아 돌도록 설계된 곳이다. 그 주변으로 수많은 붓꽃이 뿌리를 내렸다. 자생 종류뿐 아니라 다양한 희귀 붓꽃이 어우러져 이른 봄부터 초여름까지 꽃 물결로 장관을 이룬다. 그중 물가에 핀 노랑꽃창포는 역사 속 존재감을 과시하며 진한 노란색으로 눈길을 끈다. 전 세계의 다양한 붓꽃은 과거의 상징성과 정원의 아름다움을 뛰어넘어 앞으로 다양한 생물의 보금자리가 되고 지구 환경을 건강하게 만드는 데 핵심적인 역할을 할 것이다. '선물' 혹은 '기쁜 소식'이라는 붓꽃의 꽃말처럼 말이다.

노랑꽃창포 *Iris pseudacorus*

붓꽃과에 속하는 노랑꽃창포는 유럽, 북아시아, 북아프리카 원산으로, 북아메리카, 특히 동부 지역에 귀화하여 널리 자라고 있다. 노랑 깃발이라는 뜻의 영어 이름을 가지고 있는데, 중세 시대부터 플뢰르드리스라는 이름으로 불리며 프랑스 국장에 사용되었다. 내꽃덮이와 외꽃덮이가 모두 노란색이며 외꽃덮이에 잔털은 없다. 습지나 연못가에서 군락을 이루며, 키는 1미터 가까이 자란다. 창 모양의 잎과 뿌리줄기가 천남성과의 식물 창포를 닮았다.

노랑꽃창포.

제임스 베이트만(James Bateman)이 1845년 저술한 『멕시코와 과테말라의 난과 식물(*Orchidaceae of Mexico and Guatemala*)』에서 발췌한 시크노케스 에게르토니아눔(*Cycnoches egertonianum*) 그림.

· 4장 ·
난초
수집가와 사냥꾼의 트로피

    이탈리아의 과학자 스테파노 만쿠소(Stefano Mancuso) 박사 연구진에 따르면, 자신이 처한 상황 속에서 스스로 생존의 문제를 해결하는 측면에서 본다면 식물도 지능을 가지고 있다. 그중에서 난초류는 소름이 돋을 정도로 영리하게 진화했다. 특히 번식을 위해 다른 곤충과 동물을 이용하는 데 있어서 타의 추종을 불허한다. 인간 역시 난초의 치명적인 유혹에서 자유롭지 않다. 난초에 얽힌 수많은 이야기와 미술 작품뿐 아니라 난초를 소재로 한 여러 소설과 영화만 보아도 이 범상치 않은 식물의 영향력이 얼마나 컸는지 알 수 있다.

    역사적으로 난초는 아름다움과 세련됨, 다산과 힘, 사랑 등 강한 상징성을 지녀 왔다. 난초류는 약 1억 년 전 공룡이 살던 시대에 처음 등장했다. 그동안 수많은 동식물이 멸종하거나 다른 종으로 대체

되었지만, 난초류는 끊임없이 세를 확장하며 산과 습지, 나무 위나 바위틈, 초원이나 우림 등 가리지 않고 번성해 왔고, 지금은 관다발 식물 가운데 가장 큰 과(family)를 이루며 전 세계에 약 2만 8000종이 분포하고 있다.

난초의 영어 이름 오키드(orchid)는 고환을 뜻하는 그리스 어 오르키스(órkhis)에서 유래했다. 일부 종에서 볼 수 있는 둥근 가짜비늘줄기(가인경 또는 위인경, pseudobulb)의 모양에서 비롯된 이름이다. 진화의 역사가 오래된 만큼 생김새도 천차만별이다. 대부분 좌우 대칭으로 꽃받침조각 3장과 꽃잎 3장을 가지는데, 그중 가운데 위치한 꽃잎 하나는 입술 모양으로 생겨 입술꽃잎 또는 순판(脣瓣)으로 불리며 꽃가루 매개자를 인도하는 착륙장 역할을 한다. 이 꽃받침조각과 꽃잎의 크기와 배치, 모양, 그리고 색깔과 무늬의 조합에 따라 무수히 많은 종류의 난초 꽃이 탄생했다. 춤추는 무희를 닮은 난초, 벌이나 나비 모양을 한 난초, 큼직하게 부풀어 오른 주머니 혹은 슬리퍼처럼 생긴 난초도 있다. 심지어 원숭이 얼굴을 닮은 난초, 벌거벗은 사람처럼 생긴 난초도 있다.

모양이 이렇게 다양한 데에는 다 이유가 있다. 각각의 종류마다 자신이 서식하는 주변에 특정 곤충들을 적극적으로 끌어들이는 맞춤형 꽃가루받이 전략이라고 할까. 다른 일반적인 꽃처럼 단순히 꿀이나 꽃가루를 만들어 놓고 마냥 기다리는 게 아니라 난초류는 특정한 표적만을 위한 교묘하고 복잡한 메커니즘을 개발했다. 특히 꽃가루 매개자 곤충의 성적 파트너 흉내를 내는 경우가 많다. 꿀벌난초

(*Ophrys apifera*)는 매우 정교하고 세밀하게 암벌의 모습을 하고 있다. 수벌이 자신과 교미 행위를 하도록 유발하는 것이다. 미국의 논픽션 작가이자 환경 운동가이자 마이클 폴란(Michael Pollan)이 표현했듯 이 난초는 고도의 성적 속임수를 쓰고 있는 셈이다. 온시디움 헤네케니(*Oncidium henekenii*)는 암벌에게서 나는 페로몬과 똑같은 향을 발산하는 꼼수까지 부린다. 여기서 한술 더 떠서 꽃잎에 갈색 무늬를 넣고 바람에 흔들릴 때마다 벌의 천적처럼 보이도록 하여 수벌로 하여금 자신을 공격하게 만든다. 영문도 모르는 곤충이 난초를 상대로 아무 의미 없는 교미 행위 혹은 공격 행위를 할 때 꽃가루가 들어 있는 꽃가루덩이(화분괴, pollen mass)가 벌의 머리나 몸통, 뺨을 때려 달라붙게 되는 것이다. 훨씬 더 교활한 난초도 있다. 우리나라에서는 복주머니란으로 불리고, 영어로는 레이디스 슬리퍼(lady's slipper)라 불리는 시프리페디움(*Cypripedium*) 속 난초다. 이 난초는 입술꽃잎이 물통 혹은 주머니처럼 생겼는데 벌이 헛수술에 앉으면 미끄러져 주머니 안쪽으로 떨어지고 만다. 그곳을 빠져나가기 위해 유일한 출구를 찾아 간신히 통과하다 보면 벌은 자연스럽게 꽃가루를 묻혀 또 다른 꽃으로 가게 된다.

난초류는 각자 치밀한 전략이 담긴 노력 끝에 무수히 많은 씨앗을 만들어 내는데 개개의 씨앗은 너무 작아서 발아하는 데 필요한 자체 양분을 지니고 있지 않다. 대신에 난초는 주변 흙이나 나무뿌리에 사는 특정 균류의 도움으로 싹을 틔운다. 다양한 꽃가루 매개자를 교묘하게 이용하도록 진화한 난초류의 번식 메커니즘은 상상을 초월할 만큼 오랜 세월 동안 만들어진 것이다.

인류 문명의 역사 속에서 난초가 처음 모습을 드러낸 것은 수천 년 전으로 보고 있다. 동양에서는 기원전 6세기에 공자(孔子)가 사람이 찾지 않는 깊은 숲에서도 꽃을 피우는 난초에 빗대 자신의 외롭지만 고고한 처지를 표현한 기록이 있다. ("깊은 산 속 영지와 난초는 사람이 찾지 않는다고 해서 향기가 없는 것은 아니다. (芝蘭生於深林, 不以無人而不芳.)") 서양에서는 기원전 13년 로마의 전통 신들에게 기원하기 위해 건설된 아우구스투스의 평화의 제단에서 타래난초 속의 일종인 스피란테스 스피랄리스(Spiranthes spiralis)가 묘사된 돌을새김을 볼 수 있다. 남아메리카 등 다른 대륙의 관상 가치가 높은 화려한 난초가 유럽에 본격적으로 상륙한 것은 19세기 초였다. 당시 영국은 급속한 성장과 팽창이 이루어지는 제국주의의 시기에 접어들면서 선교사, 탐험가, 무역상이 주축이 된 식물 사냥꾼들이 과테말라, 브라질, 마다가스카르 등 먼 나라까지 파견되어 수많은 식물을 들여왔다.

난초류는 윌리엄 존 스웨인슨(William John Swainson)이라는 영국 박물학자를 통해 도입되었다. 그는 브라질에서 이국적인 식물을 수집했는데, 기나긴 항해를 통해 운송할 식물을 포장하는 재료로 다른 흔한 식물들의 뿌리나 덩굴 따위를 사용했다. 그중에는 아직 꽃이 피지 않은 난초류의 덩이줄기(괴경, tuber)도 있었는데, 그가 영국에 돌아올 때쯤 이 난초는 아름다운 꽃을 피워 많은 사람의 감탄을 자아냈다. 곧 난초류는 큰 관심과 인기를 얻게 되었고, 이렇게 해서 오르키델리리움(Orchidelirium)이라고 하는 난초 열풍이 생겨났다. 부유한 귀족 사이에서는 난초 사냥꾼을 고용하여 희귀 난초류를 수집하는 수요가 크게 늘었다. 난초 사냥꾼은 원주민 가이드와 짐꾼을 대동하여 탐험하며 식물과 정보를 수집했다.

유리 온실의 발달도 난초 열풍 확산에 큰 역할을 했다. 열대 아열대 지방이 원산지인 난초를 키우기 위해 유리 온실은 최적의 재배 환경을 제공했기 때문이다. 특히 조지프 팩스턴(Joseph Paxton)이 온실 건축의 황금기를 주도했다. 그가 1830년대 데번셔 공작인 윌리엄 캐번디시(William Cavendish)를 위해 지은 우아한 온실 구조가 기폭제가 되어 유리 온실과 난초 재배 문화가 상류 사회에 널리 확산되었다. 너새니얼 백쇼 워드(Nathaniel Bagshaw Ward)가 오늘날 테라리움(terrarium)의 전신인 워디안 케이스(Wardian case)를 개발한 것도 난초 같은 섬세한 식물을 안전하게 운송하고 관리하는 데 크나큰 도움이 되었다.

1851년에는 벤저민 새뮤얼 윌리엄스(Benjamin Samuel Williams)가 『난초 재배가의 매뉴얼(Orchid Grower's Manual)』을 저술하여 애호가들의 갈증을 해소해 주었다. 곧 영국 북부는 난초 문화의 중심지가 되었고 희귀한 난초류는 경매를 통해 아주 비싼 가격에 거래되었다. 일부 난초는 수천 파운드대의 가격을 형성했는데, 이는 17세기 알뿌리 하나 가격이 집 한 채와 맞먹을 정도로 치솟았던 튤립 파동(Tulip mania)과 비슷한 현상이었다. 열성적인 수집가인 왕족과 귀족, 부자를 고객으로 둔 난초 사냥꾼의 활약은 더욱 대담하고 조직적으로 전개되었다. 그들 중 일부는 돈벌이에 혈안이 되어 위험한 모험을 감행하다가 각종 질병과 사고, 암투와 배신으로 죽임을 당하기도 했다. 전 세계 토착 난초 서식지에 대한 약탈과 파괴도 점점 더 심각해졌다. 난초왕(Orichid

1890년경 난초 등 희귀 식물을 싣고 영국 왕립 식물원인 큐 가든(Kew Gardens)에 도착한 워디안 케이스.

King)으로 불렸던 프레더릭 샌더(Frederick Sander)는 가장 유명한 난초 사냥꾼이었다. 그는 20명이 넘는 난초 사냥꾼을 고용하여 지구 곳곳으로 파견했다. 그는 영국 세인트 올번스에 대규모 난초 농장을 차렸고 재배와 번식을 위한 온실을 60개나 만들었다. 1886년 빅토리아 여왕은 그를 공식적인 왕실 난초 재배가로 임명하기도 했다.

난초 열풍이 워낙 뜨겁다 보니 생물학자와 박물학자, 예술가도 난초에 큰 관심을 가졌다. 스태퍼드셔 지방에 비덜프 그레인지 정원(Biddulph Grange Garden)을 조성한 제임스 베이트만도 열정적인 난초 수집가였는데, 1845년 『멕시코와 과테말라의 난과 식물』이라는 책을 저술했다. 독실한 기독교 신자였던 베이트만은 신이 식물을 만들

때 양치류와 민꽃식물을 초기에 만든 반면 난초류는 그 꽃의 아름다움을 누릴 자격이 있는 인간이 지상에 등장할 무렵에 맞춰 창조했다는 창조론을 펼쳤다. 그의 친구였던 찰스 다윈(Charles Darwin)의 진화론과 정면으로 대치되는 견해였다. 한편 다윈은 1862년 『난초의 수정(Fertilisation of Orchids)』이라는 책을 저술하여 곤충을 통해 수정하는 다양한 난초의 세계를 소개하며 난초가 창조주의 개입이 아닌 진화의 산물이라는 사실을 보여 주었다.

베이트만은 1862년 다윈에게 마다가스카르에서 온 앙그라이쿰 세스퀴페달레(Angraecum sesquipedale) 난을 선물했다. 꽃받침조각 뒤쪽으로 달팽이 더듬이처럼 생긴 좁고 기다란 꽃뿔(距, spur)이 30센티미터 정도로 뻗어 있었고 그 끝에 꿀이 들어 있는 난이었다. 다윈은 마다가스카르에 그 꽃의 꿀을 먹을 수 있는 긴 주둥이를 가진 꽃가루 매개자가 분명히 존재하리라고 예측했다. 이 꽃이 흰색이고 밤에 짙은 향기가 나는 것으로 보아 꽃가루 매개자는 나방의 한 종류일 것이라고 생각했다. 그로부터 130년 후인 1992년 다윈이 예상한 나방의 실제 야간 영상이 촬영되었다. 그리고 앙그라이쿰 세스퀴페달레는 '다윈난'이라는 별명을 얻게 되었다. 한편 생태학이라는 단어를 처음 사용한 과학자이자 의사, 화가였던 에른스트 헤켈(Ernst Haeckel)은 1906년에 출간한 『자연의 예술적 형태(Kunstformen der Natur)』라는 책을 통해 난초를 포함한 생물 수백 종의 예술적 삽화를 선보이기도 했다.

주로 열대와 아열대 지방이 원산지로 유럽에서 열풍을 일으킨 팔라이놉시스(Phalaenopsis) 속, 시프리페디움 속, 카틀레야(Cattleya) 속 등

에른스트 헤켈의 『자연의 예술적 형태』(1906년)에 수록된 난초류의 채색 판화.

의 난초류를 편의상 서양란이라고 한다면, 한국, 중국, 일본 등 동양에 자생하는 온대성 난 종류를 동양란이라고 한다. 관상용 동양란은 심비디움(*Cymbidium*) 속이 대부분이다. 심비디움은 보트를 뜻하는 킴보스(kymbos)에서 유래했는데, 입술꽃잎의 모양이 배를 연상시킨다. 봄을 알리는 꽃이라는 뜻의 보춘화(報春花) 또는 춘란(春蘭), 한란(寒蘭) 등이 여기 속한다. 석곡속(*Dendrobium*)과 풍란속(*Neofinetia*)도 대표적인 동양란이다. 우리나라에서는 11세기에 씌어진 『삼국유사(三國遺事)』에서 난초에 관한 첫 기록을 찾아볼 수 있다. 고려 말기부터는 매화, 대나무, 국화와 함께 사군자의 하나로서 문인화에 자주 등장한다. 동양에서 난초는 남이 알아주지 않아도 늘 고귀한 향기를 지니며 지조와 절개를 지키는 군자의 덕을 상징한다.

난초 하면 누구나 자연스럽게 향을 떠올린다. 전 세계적으로 아이스크림과 빵 만드는 데 가장 많이 쓰이는 향으로 유명한 바닐라(*Vanilla planifolia*)도 난초의 일종이다. 멕시코 동부 해안의 토토나카(Totonaca) 족이 처음으로 바닐라를 재배했는데 15세기 아즈텍 인들이 이곳을 점령하며 바닐라를 얻었고, 16세기 스페인이 아즈텍을 정복하면서 유럽에 소개되었다. 바닐라는 10미터 높이까지 길게 자라는 덩굴성 난초로 지름 10센티미터 정도의 연노랑 꽃을 피우고 열매를 맺는데 이 열매의 꼬투리에서 향 결정체를 추출한다. 하지만 바닐라 난은 몇 년에 한 번 아주 짧은 시간 동안만 꽃이 피고 특정 벌이나 벌새의 도움을 받아야만 꽃가루받이가 일어나기 때문에 자연 상태에서는 열매가 아주 귀하다. 바닐라 향신료가 전 세계적으로 사프란 다음으로 비싼 이유였다. 그런데 1841년 인도양 레위니옹 섬에 사는 한 소년이 작은 막대기와 엄지손가락을 이용하여 바닐라 꽃을 인공 수정하는 방법을 개발했다. 이후 마다가스카르, 인도네시아 등지에 바닐라 농장이 생겨나 열매의 수확량이 크게 늘 수 있었다.

난초 열풍의 불씨는 아직도 사그라지지 않았다. 여전히 전 세계 많은 사람이 다양한 난꽃을 즐긴다. 조직 배양 등 대량 증식법이 개발되고 유통의 혁신으로 다양한 난초 품종을 누구나 꽃시장에서 쉽게 접할 수 있는 세상이 되었다. 멸종 위기에 처한 야생 동식물 종의 국제 거래에 관한 협약(Convention on International Trade in Endangered Species of Wild Flora and Fauna, CITES)에 따라 야생에서 난초를 수집하는 것은 불법임에도 불구하고 난초 사냥꾼도 여전히 극성이다. 심지어 영국 큐 가든 같은 유명 식물원의 온실에서도 이따금 희귀 난초가 도난당하는 사건이 발생하기도 한다.

혹자는 난초를 곤충과 함께 지구에서 마지막까지 살아남을 식물이라고 이야기한다. 그만큼 다른 생물 종을 비롯한 주변 환경을 잘 이해하고 그들과 공생하는 전략을 잘 갖추고 있다는 의미일 것이다. "자연을 깊이 들여다보면 모든 것을 좀 더 잘 이해할 수 있을 것."이라는 알베르트 아인슈타인(Albert Einstein)의 말처럼, 오랜 진화의 역사 속에서 현명하게 살아가는 난초의 전략과 지혜를 다시금 깊이 들여다볼 필요가 있다.

앙그라이쿰 세스퀴페달레 *Angraecum sesquipedale*

다른 나무에 붙어 자라는 착생란 종류로 마다가스카르에서만 자란다. 속명인 앙그라이쿰(*Angraecum*)은 난초를 뜻하는 말레이 어인 앙그렉(angrek)에서 유래했고, 종명인 세스퀴페달레(*sesquipedale*)는 45센티미터 정도 되는 길이를 뜻한다. 찰스 다윈이 이 난꽃의 유난히 긴 꽃뿔 끝에 꿀샘이 있는 것을 보고 이와 똑같이 긴 주둥이를 가진 나방이 존재하리라 예측했는데 약 130년 후 그 가설이 실제 촬영으로 입증되어 '다윈난'이라는 별명을 갖게 되었다.

다윈난과 그 긴 꽃뿔에 맞춰 진화한 마다가스카르 섬의 크산토판박각시나방(*Xanthopan morganii praedicta*). 앨프리드 러셀 월리스(Alfred Russel Wallace)의 묘사를 바탕으로 토머스 윌리엄 우드(Thomas William Wood)가 1867년에 그린 그림이다.

17세기 가장 비싼 가격을 형성했던 튤립, 셈페르 아우구스투스(*Semper Augustus*).

· 5장 ·

튤립
광기 어린 투기 열풍의 주인공

봄을 기다리게 하는 수많은 꽃이 있지만, 그 가운데 튤립이 빠질 수 없다. 튤립은 총천연색 꽃으로 완전한 봄이 왔음을 세상에 알린다. 튤립보다 먼저 피는 설강화, 복수초, 크로커스 같은 꽃도 있지만, 튤립만큼 확실하게 봄을 '선언'하는 꽃은 드물다.

만화 영화 속에서 요정이 날아다니며 대지에 요술 가루를 뿌리자 갑자기 온갖 색상의 꽃들이 피어나기 시작하는 장면을 기억한다면, 튤립이 만발한 정원의 풍경이 어떤 모습일지 그려 볼 수 있다. 빨강, 노랑, 분홍, 하양, 보라, 주황, 초록, 그리고 이러한 색깔들이 농도와 채도를 달리하며 제각각 둘 혹은 셋씩 조합을 이룬 복색, 또는 줄무늬가 들어가거나, 꽃잎의 가장자리만 색깔이 달라지는 등 꽃 색깔 조합의 다양성은 이루 다 열거하기 어렵다. 색깔뿐 아니라 모양도 여러 가지다. 홑꽃과 겹꽃은 기본이고, 키가 큰 품종과 작은 품종, 에스 (S) 라인을 이루는 백합 모양의 튤립도 있고, 꽃잎 가장자리가 예쁜 술 장식처럼 갈라져 있는 튤립도 있다. 게다가 3월과 5월 사이 꽃이 피는 시기에 따라 아주 일찍, 중간쯤, 그리고 아주 늦게 피는 품종들이 따로 있으니 가드너에게 이렇게 선택의 폭이 다양한 꽃이 또 있을까.

정원마다 튤립을 보여 주는 스타일도 다양하다. 같은 요리라도 식당마다 맛이 다른 것처럼 튤립 정원도 정원마다 그 느낌이 천차만별이다. 영국의 유명한 정원 디자이너 거트루드 지킬(Gertrude Jekyll)이 만든 정원과 같이 색채 이론을 충실하게 따라 하나의 색조에서 다른 색조로 다채롭게 변화하는 튤립 정원이 있는가 하면, 고요한 숲속 정원처럼 벚나무, 꽃사과나무 아래 얼레지, 수선화, 앵초, 자주괴불주머니 등 온갖 종류의 봄꽃들과 함께 자연스럽게 튤립이 피어나는 정원도 있다. 가정에서는 집 마당이나 베란다 공간에 다양한 크기와 디자인의 화분을 놓고 튤립을 즐기기도 한다. 이렇게 튤립은 이른 봄꽃이 귀한 시기에 거의 모든 색깔의 크고 화려한 꽃을 보여 주기 때문에 봄꽃의 대명사가 되었다. 역사적으로 튤립은 아름다움을 넘어 부유함과 고귀함을 상징하며 디자인과 예술에도 큰 영향을 미쳤다. 무엇보다 경제사에 큰 획을 그은 튤립 파동을 남겼는데, 이는 오늘날에도 만연한 투기와 거품이 반복되는 경제 현상의 원조라 할 만하다.

튤립 하면 먼저 네덜란드를 떠올리지만 원래 튀르키예 지역이 원산지다. 11세기 이전까지만 해도 단 한 종류의 튤립만이 알려져 있었다. 점차 동아시아와 중앙아시아로부터 다양한 야생 튤립이 도입되면서 새로운 품종이 생겨났다. 특히 튤립은 오늘날 튀르키예의 전신인 오스만튀르크 제국 술탄의 정원에서 큰 사랑을 받았다. 특히 15세기와 16세기 사이에는 꽃의 허리 부분이 잘록한 백합 모양의 튤립이 인기가 많았다. 유약을 바른 아름다운 타일에는 튤립이 그려졌고, 각종 도자기에도 튤립 문양이 새겨졌다. 16세기 쉴레이만 대제(Süleyman the Magnificent)의 아들 셀림 2세(Selim II)가 시리아에 조성한 황실 정원에도 튤립이 만발했다. 17세기 초 아바스 대제(Abbas I)가 이스파한에 지은 눈부신 모스크는 튤립이 그려진 매우 정교한 모자이크 타일로 장식되었다. 쉴레이만 대제의 딸 미흐리마 공주(Mihrimah Sultan)의 남편이자 재상이었던 뤼스템 파샤(Rüstem Pasha)의 모스크는 방대한 규모의 이즈니크 타일로 아주 유명하다. 튤립을 비롯한 여러 종류의 아름다운 꽃무늬가 기하학적 문양에 따라 벽과 기둥, 현관 외부까지 장식하고 있다. 17세기 후반 술탄 메흐메트 4세(Mehmed IV)는 튤립 목록을 만들어 각각의 꽃에 대한 설명과 육종가의 이름을 수록하고, 튤립 연구회를 구성하여 새로운 품종을 평가할 정도로 열성이었다. 인도 무굴 왕조를 일으킨 바부르(Babur) 황제도 야생에서 직접 수집한 튤립을 정원에서 즐겼다.

튤립을 처음으로 유럽에 들여온 사람은 오기에르 기셀린 드 뷰스벡(Ogier Ghiselin de Busbecq)으로 알려져 있다. 그는 1554년 신성 로마 제국 페르디난트 1세(Ferdinand I)의 명을 받아 오스만튀르크 제국 술탄에게 파견된 왕실 대사였다. 뷰스벡은 **콘스탄티노플** 들녘에 가득 피어 있는 난생처음 보는 튤립에 큰 감동을 받았는데, 때마침 튤립을 머리에 꽂고 있었던 안내인에게 그 꽃의 이름을 물었다. 안내인은 자신이 쓰고 있는 터번에 대해 물어보는 줄 알고 "튈벤트(Tülbend)"라고 대답했고, 뷰스벡은 그 이름을 꽃에 부여해서 이후 튤립으로 널리 불리게 되었다고 한다. 만약 그 안내인이 제대로 대답했다면 튤립이 아니라 원래 이름인 랄레(lâle)로 불리게 되었을 것이다. 아무튼 1562년 앤트워프의 상인들에 의해 튀르키예에서 서유럽으로 도입된 튤립 알뿌리들은 실용적 측면에서 양파로 오해받는 등 관상용으로는 별다른 주목을 받지 못했다.

하지만 스페인 독립 후 해상 경제를 지배하며 엄청난 자본을 축적하고 초강대국이 된 네덜란드에서는 장차 일어날 튤립 파동의 씨앗이 싹트고 있었다. 그 시작은 의사이자 식물학자였던 카롤루스 클루시우스(Carolus Clusius)에 의해서였다. 그는 새롭게 설립된 레이던 대학교의 식물원 감독관으로 지중해 동부에서 유입되는 새로운 알뿌리에 지대한 관심을 가졌다. 그는 1590년대 피렌체의 식물 애호가로부터 이란 원산의 튤립 알뿌리를 받았다. 그리고 직접 그 알뿌리를 식물원에 심어 꽃을 보았다. 사람들은 난생처음 보는 매력적인 꽃에 큰 관심을 가지는가 싶더니 겨울에 상당 부분의 튤립 알뿌리를 훔쳐 가고 말았다. 이것은 시작에 불과했다.

네덜란드 사람들은 점점 더 새롭고 희귀한 튤립 품종에 집착했다. 1630년대에는 공급에 비해 수요가 급속도로 늘다 보니 가격도 천정부지로 치솟았다. 유명 화가의 튤립 그림도 고가에 거래되었다. 튤립 알뿌리 가격이 치솟자 그림으로 대리 만족하려는 사람들이 늘어난 것이다. 가장 비싼 알뿌리는 불꽃처럼 화려한 패턴과 줄무늬를 가진 종류였는데, 가령 셈페르 아우구스투스(Semper Augustus)라는 품종은 당시 암스테르담에서 가장 비싼 대저택 한 채 값에 맞먹을 정도였다. 하지만 훗날 이 품종 특유의 무늬는 바이러스가 일으킨 브레이킹(breaking) 현상이라는 것이 밝혀졌다.

아무튼 희귀 튤립 알뿌리가 워낙 귀하다 보니 미리 가격을 정해 놓고 매수 권리를 사고파는 선물 거래와 옵션까지 등장했다. 하지만 어느 순간 거래 물량이 뚝 떨어지면서 팔려는 사람들만 많아지고 사려는 사람들이 사라졌다. 결국 1637년 거품이 꺼지며 가격은 완전히 폭락하고 말았다. 이 짧은 몇 년 동안에 튤립을 매개로 일어난 일련의 사건은 오늘날에도 빈번히 발생하고 있는 투기와 거품 경제 현상의 단면을 그대로 보여 준다. 고수익을 위해 장세의 변화에 따라 신속하게 움직이는 '스마트 머니(smart money)'를 중심으로 거래가 이루어지는 잠복 단계부터 기관 투자자가 그 종목을 인식하는 단계, 그리고 투자 지수가 일정 수치 이상을 넘어가는 탐욕과 환상의 단계, 대박이 났다는 언론 보도가 급증한 후 급기야 새로운 패러다임이 정점을 찍는 광기의 단계, 마지막으로 투자자들이 모든 희망을 버리고 주식을 매도하는 투매와 좌절로 이어지는 붕괴의 단계까지. 오늘날 볼 수 있는 주식 혹은 가상 화폐 시장의 흐름과 너무나도 유사한 것이다.

이러한 튤립 파동을 소재로 한 소설과 영화를 보면 그 시대 튤립 열풍이 어느 정도인지 실감할 수 있다. 먼저 프랑스 소설가 알렉상드르 뒤마(Alexandre Dumas)는 소설 『검은 튤립(La Tulipe noire)』에서 사람

프랑스 화가 장레옹 제롬(Jean-Léon Gérôme)이 1882년 그린 「튤립의 어리석음(Le Duel à la tulipe)」. 튤립 시장을 안정시키기 위해 동원된 군인들이 튤립 화단을 짓밟고 있다.

의 목숨보다 귀한 대접을 받았던 튤립에 대한 집착과 광기를 그리고 있다. 2017년에 개봉된 영화 「튤립 피버(Tulip Fever)」 역시 17세기 중반 튤립 투기가 한창이었던 시절 네덜란드의 분위기를 생생하게 묘사한다. 17세기 초 유럽에서 튤립, 수선화, 아네모네, 히아신스 등 알뿌리는 주로 대규모 식물원 또는 부유한 귀족들의 정원에 식재되었고, 17세기 중반에는 500여 품종이 튤립 카탈로그에 수록될 정도로 선택의 폭이 커졌다.

오스만튀르크 제국에서도 튤립의 인기가 이어졌다. 18세기 초 술탄 아흐메드 3세(Ahmed III) 통치 시기에는 그들만의 튤립 전성기가 펼쳐졌다. 랄레 데브르(Lâle Devr)라고 불리는 이 튤립 시대에는 전문

플로리스트(florist)들이 술탄을 위해 튤립을 재배했고, 꽃 피는 계절에는 밤마다 호화로운 튤립 파티가 열렸다. 높은 탑과 피라미드가 튤립으로 장식되었고 참가자는 모두 튤립 의상을 입었다고 하니 그 규모와 분위기를 가히 짐작할 만하다. 이때 주로 사용된 튤립은 전형적인 이스탄불 튤립이었다. 길고 가느다란 꽃잎이 뾰족하고 날렵하게 생긴 이 우아한 튤립은 1725년 발간된 『튤립 앨범(*Tulip Album*)』에 많이 등장하고 있다. 19세기 초에 이르러서야 유럽에 도입되어 파리 왕실 정원에 식재된 이 튤립은 툴리파 아쿠미나타(*Tulipa acuminata*)라는 학명을 부여받았다.

이렇게 오랜 역사를 통해 주목받아 온 튤립은 오늘날 품종 수가 3,000가지가 넘으며 꽃의 특징에 따라 15개 그룹으로 나뉜다. ① 싱글 얼리(Single Early, 홑꽃 조생종), ② 더블 얼리(Double Early, 겹꽃 조생종), ③ 트라이엄프(Triumph, 컵 모양 홑꽃), ④ 다윈 하이브리드(Darwin Hybrid, 타원형 홑꽃), ⑤ 싱글 레이트(Single Late, 홑꽃 만생종), ⑥ 릴리 플라워드(Lily-flowered, 고블릿 잔 또는 백합 모양 홑꽃), ⑦ 프린지드(Fringed, 가장자리에 술이 달린 컵 모양 홑꽃, 만생종), ⑧ 비리디플로라(Viridiflora, 초록색 혹은 줄무늬 복색이 들어간 컵 모양 홑꽃, 만생종), ⑨ 렘브란트(Rembrandt, 바이러스로 인해 줄무늬 또는 깃털 무늬 복색이 들어간 컵 모양 홑꽃, 만생종), ⑩ 패럿(Parrot, 꽃잎이 주름이 진 앵무새 깃털 무늬 컵 모양 홑꽃, 만생종), ⑪ 더블 레이트(Double Late, 그릇 모양 겹꽃, 만생종), ⑫ 카우프마니아나(Kaufmanniana, 원종 튤립의 일종으로, 종종 두 가지 이상의 색이 합쳐진 복색(複色)을 가진 그릇 모양 홑꽃, 조중생종), ⑬ 포스테리아나(Fosteriana, 원종 튤립의 일종으로 그릇 모양 홑꽃, 중생종), ⑭ 그레이기(Greigii, 암석원에서 잘 자라는 원종 튤립의 일종으로, 보라색 또는 초록색 복색 잎을 가진 그릇 모양 홑꽃), 그리고 ⑮ 기타 그룹이 있다.

　튤립은 다년생 알뿌리 식물이지만, 여름이 무덥고 습한 기후에서는 건강하게 생육하기가 어렵다. 따라서 웬만큼 규모가 있는 정원 대부분은 매년 10월 말과 11월 사이에 새로운 알뿌리를 구해 심는다. 보통 알뿌리 크기의 3배 깊이로 화단에 심는다. 그러면 큰 이변이 없는 한 이듬해 4월 중순 건강하고 풍성한 꽃을 만날 수 있다. 튤립 알뿌리들이 잠들어 있는 겨울 정원의 땅속은 장차 피어날 화려한 꽃들의 요람이다. 눈에 보이지 않지만, 사부작사부작 흙 알갱이를 밀쳐 내며 자라는 새하얀 뿌리털은 지렁이처럼 땅속을 파고든다. 추운 겨울에 알뿌리를 더 따뜻하고 안전한 곳에 자리 잡게 하기 위해서다. 튤립 알뿌리를 심는 일은 다시 찾아올 예쁜 봄을 기약하는 가장 확실한 방법이다. 가드너에게, 튤립 알뿌리 하나 심어 두지 않은 봄만큼 휑한 정원도 없다.

　튤립 파동이라는 엄청난 사건을 겪고도 네덜란드를 비롯한 유럽에서 튤립의 인기는 한 번도 약해진 적이 없다. 2020년 이후 코로나로 인해 시장이 크게 위축되기는 했지만, 네덜란드에서만 매년 43억 구가 넘는 튤립 알뿌리가 생산되어 전 세계로 유통되고, 쾨켄호프 같은 정원에서는 700만 구가 넘는 알뿌리가 해마다 상춘객을 맞이한다. 튤립은 분명 인류가 사랑한 봄의 전령사이자, 완벽하면서도 깊은 사랑의 상징, 가드너의 봄맞이 '필수템'이다.

튤립 *Tulipa* spp.

양파처럼 비늘줄기로 이루어진 알뿌리 식물로, 원산지는 튀르키예를 비롯한 중앙아시아 지역이다. 봄에 꽃이 피고 난 후에는 잎을 통해 광합성을 하여 알뿌리에 양분을 저장하고, 여름에 건조하고 서늘한 곳에서 휴면한다. 가을에 다시 뿌리를 내린 다음, 겨울철 10~16주 동안 섭씨 5도 이하의 추위를 겪으며 새롭게 꽃눈을 만들고, 이른 봄에 잎과 함께 꽃을 피운다. 무덥고 습한 곳에서는 여름을 나기 어려우므로, 낙엽수 그늘 밑 배수가 잘 되는 곳에서 키우는 게 좋다.

다양한 튤립 품종이 섞여 있는 꽃밭.

벨기에 식물학자 장 쥘스 린덴(Jean Jules Linden)이 1884년에 발행한 『원예 삽화집(*L'Illustration horticole*)』에 수록된 다알리아 코키네아(*Dahlia coccinea*).

· 6장 ·
다알리아
눈부신 신품종의 향연

여름에서 가을에 걸쳐 다알리아는 풍성한 잎들 사이로 부지런히 꽃대를 올린다. 각각의 꽃대 끝에는 도토리 혹은 알밤만 한 꽃망울이 달리는데 색을 내비치다가 이내 꽃잎을 하나둘 펼친다. 다채로운 색깔과 모양의 꽃은 크고 화려하기까지 하다. 다알리아 꽃의 향연은 늦가을까지 쉼 없이 이어진다. 따사로운 햇볕 속에서 꽃을 피워 내는 다알리아의 원산지는 멕시코, 엘살바도르, 코스타리카처럼 이름만 들어도 뜨거운 정열이 느껴지는 중앙아메리카 나라들이다. 원래 이 지역에 살았던 아즈텍 인들은 여기저기 잡초처럼 자라는 다알리아의 덩이줄기를 먹기도 하고, 간질 등 질병 치료를 위한 약으로 쓰기도 했다. 아즈텍 인들은 아코코틀리(Acocotli), 코코소치틀(Cocoxochitl) 등 여러 가지 이름으로 불렀는데, 물 지팡이 또는 물 파이프라는 뜻이다.

다알리아의 줄기가 속이 비어 있는 데에서 비롯된 이름이었다.

아즈텍 문명에 감춰져 있던 다알리아를 발견하여 처음 유럽에 소개한 사람은 스페인 왕 펠리페 2세(Philip II)의 주치의이자 식물학자였던 프란시스코 에르난데스(Francisco Hernández)였다. 펠리페 2세는 신세계의 자연사와 고대사 연구를 위해 1570년 에르난데스를 멕시코로 파견했다. 스페인 궁정이 아즈텍의 놀라운 식물상에 관심을 두게 된 것은 그보다 20년 전쯤 멕시코 산타 크루스 대학의 마르티누스 드 라 크루스(Martinus de la Cruz)가 집필한 『인도의 약초에 관한 작은 책(Libellus de medicinalibus indorum herbis)』이라는 저술의 영향이 컸다. (당시 스페인 사람들은 중남미를 인도로 여겼다.) 1570년 멕시코로 건너간 에르난데스는 7년간 아즈텍의 전통 의학과 식물상을 연구한 후 1577년 16권에 달하는 방대한 기록물을 가지고 돌아왔다. 이 기록물에는 화가 3명이 그린 삽화와 함께 3,000종이 넘는 식물에 대한 귀중한 정보가 담겼다. 바닐라, 옥수수, 카카오뿐 아니라 그가 직접 쿠아우나우악 산 근처에서 발견한 바람개비처럼 생긴 다알리아 꽃에 대한 기록도 포함되었다. 이 중요한 저술은 라틴 어와 스페인 어 판본으로 출판되어 유럽의 식물학자들에게 큰 영향을 미쳤다. 원본 중 일부는 에스파냐의 수도 마드리드 서북쪽에 위치한 수도원 엘에스코리알에 소장되어 있었는데, 안타깝게도 1671년 화재로 소실되었다.

이후 18세기 말까지 유럽에서 다알리아에 대한 이렇다 할 기록은 나오지 않았다. 그러던 중 1776년 멕시코로 탐사 여행을 떠난 프랑스 식물학자 니콜라조제프 티에리 드 메농빌(Nicolas-Joseph Thiéry de

Menonville)이 1787년 공식 보고서에서 다알리아를 "이상하게 아름다운 꽃"이라 기록했다. 그 무렵인 1788년 멕시코시티 식물원 원장이었던 비센테 세르반테스(Vicente Cervantes)는 스페인 마드리드 왕립 식물원의 안토니오 호세 카바닐레스(Antonio José Cavanilles)에게 다알리아 씨앗을 보냈다. 식물 분류학자였던 카바닐레스는 프랑스에서 지내다가 혁명을 피해 스페인으로 막 돌아온 터였다. 그는 멕시코에서 온 식물들을 연구하여 1791년부터 1801년까지 『식물의 아이콘과 설명(Icones et Descriptiones plantarum)』이라는 책을 순차적으로 출판했는데 여기에 다알리아 피나타(Dahlia pinnata), 다알리아 로세아(Dahlia rosea), 다알리아 코키네아가 포함되었다. 카바닐레스는 스웨덴의 식물학자 안드레아스 달(Andreas Dahl)을 기려 이 식물에 다알리아(Dahlia)라는 이름을 붙였다. 달은 친구이자 명망 높은 식물학자 칼 페테르 툰베리(Carl Peter Thunberg)와 함께 현대 식물학의 시조 칼 폰 린네(Carl von Linné)의 제자이기도 했는데, 안타깝게도 38세라는 이른 나이에 죽고 말았다.

또 다른 프랑스 식물학자 에메 본플랑드(Aimé Bonpland)와 독일인 박물학자 알렉산더 폰 훔볼트(Alexander von Humboldt)도 다알리아 확산에 기여했다. 그들은 1798년부터 1804년까지 6년 동안 카리브 해, 중앙아메리카, 남아메리카 등 신세계를 여행하며 6만 본이 넘는 표본들과 수많은 씨앗을 가지고 프랑스로 돌아왔다. 여기에 새로운 종류의 다알리아도 포함되어 있었다. 유럽으로 귀환한 훔볼트는 다양한 학술적 보고서들뿐만 아니라 『자연의 측면(Ansichten der Natur)』 같은 책을 저술했다.

본플랑드와 훔볼트는 멕시코에 있는 동안 나폴레옹 보나파르트(Napoléon Bonaparte)의 황후 조제핀 드 보아르네(Joséphine de Beauharnais)에게 새로운 종류의 다알리아 씨앗을 보냈다. 조제핀은 말메종에 드넓은 잔디밭과 나무숲, 신전과 연못, 시골풍 다리가 있는 낭만적인 풍경식 정원을 만들었다. 장미, 베고니아 등 이국적인 꽃을 좋아했던 조제핀의 다알리아 사랑은 남달랐다. 그녀는 오직 자신만이 다알리아를 소유하기를 원했다. 결국 다알리아를 너무나 가지고 싶어 했던 폴란드 백작이 조제핀의 시녀를 매수해 다알리아 알뿌리를 몰래 빼돌렸다는 일화도 있다.

한편 영국에 처음 다알리아를 도입한 사람은 뷰트 부인(Lady Bute, 메리 스튜어트(Mary Stuart))이었다. 그녀는 스페인에 영국 대사로 파견된 남편을 통해 1798년 입수한 다알리아를 큐 가든의 과학자들에게 주어 재배하도록 했다. 그러나 이들의 경험 부족으로 재배에는 실패하고 말았다. 그 후 스코틀랜드 출신의 식물학자이자 양묘업자 존 프레이저(John Fraser)가 1802년 파리 식물원으로부터 다알리아를 입수하여 자신의 농장에서 재배하는 데 성공했다. 1803년 첼시 피직 가든(Chelsea Physic Garden)에 다알리아가 꽃을 피웠고, 1804년부터는 《커티스 보태니컬 매거진(Curtis's Botanical Magazine)》에도 다양한 다알리아 품종이 소개되기 시작했다. 유럽 정치와 문학, 사교의 중심지로 유서 깊은 켄싱턴의 홀랜드 하우스(Holland House)에서는 1806년경 100여 본의 다알리아가 정원 곳곳에 자라고 있었다. 레이디 홀랜드(Lady Holland, 엘리자베스 폭스(Elizabeth Fox))는 카바닐레스로부터 받은 다알리아뿐 아

1834년 피에르조제프 르두테가 그린 다알리아 부케.

니라 프랑스와 독일로부터 직접 입수한 다알리아도 재배했다.

다알리아는 종간 교잡을 통해 신품종이 아주 쉽게 만들어지는 특성이 있다. 덕분에 19세기 초부터 다양한 모양과 색깔, 크기를 지닌 품종이 쉴새 없이 쏟아져 나오기 시작했다. 특히 독일 육종가들의 활약이 눈부셨다. 1808년에는 최초로 폼폰(pompon) 타입의 완전 겹꽃 품종이 개발되었는데, 폼폰은 프랑스 선원들의 모자에 달린 동그란 방울 술 모양을 뜻한다. 농업과 원예가 크게 발달했던 체코 공화국에서는 합스부르크 제국에 대항하는 민족주의 운동의 일환으로 다알리아가 널리 재배되기도 했는데, 민족주의자들은 다알리아 동호회로 위장하여 비밀 모임을 가졌다. 체코의 민족주의 작가 보제나 넴초바(Bozena Nemcova)는 1837년 역사적인 다알리아 무도회(Dahlia Ball)에서 결혼식을 올리면서 '다알리아 여왕'으로 알려졌다. 작곡가 베드르지흐 스메타나(Bedrich Smetana)는 「다알리아 폴카(Dahlia Polka)」라는 곡을 작곡하기도 했다. 다알리아는 영국에서 1840~1850년대에 크게 붐이 일었다. 이후 잠시 주춤했던 다알리아 인기는 1870년대에 멕시코에서 네덜란드로 캑터스(cactus) 타입이 도입되면서 유럽 본토에서 다시금 크게 부상했다. 그 품종은 멕시코 대통령 베니토 후아레스(Benito Juarez)의 이름을 딴 '후아레지(Juarrezii)'로, 화사한 붉은 꽃잎이 뒤로 말려 끝이 뾰족한 모양이다. 1880년 이후에는 콜라레트(collarette) 타입이 등장했는데, 납작한 바깥쪽 꽃잎 안쪽에 작은 고리 형태의 주름 장식 꽃잎들이 배열되어 아주 예쁜 모양이었다.

멕시코의 이웃 나라 미국에서는 비교적 늦게 다알리아가 주목을 받았는데, 1895년에 이르러서야 다알리아 협회가 처음 설립되었다. 다채롭고 화려한 다알리아의 이미지는 20세기 초중반 미국의 셀

다양한 유형의 다알리아 품종.

럽들과 연결되었다. 미국 로스앤젤레스에서는 1920년대 초부터 연례 다알리아 쇼를 개최했는데, 상을 수상한 다알리아 품종에 당시 가장 인기 있는 영화 배우의 이름을 붙였다. 가령 1926년 5월 20일 자 《로스앤젤레스 타임스(*Los Angeles Times*)》에는 배우 겸 학자로 영화 「더 딥 퍼플(The Deep Purple)」의 주연을 맡기도 했던 밀턴 실스(Milton Sills)의 이름을 딴 보라색 다알리아가 소개되었다. 다알리아 육종가 조지 워런(George Warren)이 개발한 신품종이었다. 1932년 로스앤젤레스에서 열린 열세 번째 다알리아 쇼에서는 영화 「브로드웨이 멜로디(Broadway Melody)」의 주인공 어니타 페이지(Anita Page)의 이름을 딴 다알리아가 소개되기도 했다. 꽃 지름이 30센티미터에 이르는 초대형 다알리아 품종이었다. 오늘날 다알리아는 미국의 도시 시애틀과 샌프란시스코를 상징하는 꽃이기도 하다.

　이렇게 점점 더 새로운 품종들이 추가되어 1930년대에는 1만 4000여 품종이 기록되었고, 오늘날에는 무려 5만 7000여 품종이 등록되어 있다. 지금까지 개발된 수많은 다알리아 품종의 꽃을 모양으로 구분하자면, 홑꽃, 겹꽃, 수련, 작약, 난초, 국화, 아네모네, 장식, 캑터스, 세미-캑터스, 볼, 폼폰, 콜라레트, 술 장식 형태 등 대략 스무 계통으로 나뉜다. 꽃 크기는 지름 5~30센티미터, 식물체의 높이는 30센티미터~2미터다. 꽃 색깔은 파란색을 제외하고 거의 모든 색이 가능하다.

　다알리아가 처음 도입되었을 때 스페인에서는 이 식물의 덩이줄기가 아즈텍에서 식용으로 사용되었던 것에 착안하여 유럽의 새로운 먹을거리 작물로 재배하려는 시도가 있기도 했다. 하지만 프랑스인들을 비롯한 대중의 입맛을 사로잡지 못했고 이미 널리 보급되어 익숙해져 있던 감자의 벽을 넘지 못했다. 하지만 스페인에는 지금도 다알리아 수프나 튀김 등 몇 가지 레시피가 남아 있다.

　다알리아의 꽃말에는 긍정적 의미와 부정적 의미가 동시에 있다. 전자는 군중 속에 눈에 띄는 우아함, 화려함이고 후자는 변덕스러움, 불안정함이다. 그래서 인생의 중요한 변화를 맞이하여 설렘과 두려움이 교차하는 사람에게 축복과 행운을 빌며 응원해 주기에 안성맞춤인 꽃 선물이다.

다알리아 피나타 *Dahlia pinnata*

원산지는 중앙아메리카 지역이다. 종명인 피나타(*pinnata*)는 새의 깃처럼 생겼다는 뜻인데, 깃꼴 겹잎으로 된 다알리아의 잎 모양에서 비롯되었다. 덩이줄기를 형성하며 70~120센티미터 높이로 자라고 7~10월에 걸쳐 꽃이 핀다. 1963년 멕시코 나라꽃으로 지정되었다. 유기질이 풍부하며 배수성이 좋은 중성 토양에서 잘 자라며 8시간 이상 햇빛을 받는 곳이 좋다. 추운 지역에서는 늦가을에 덩이줄기를 캐어 서리 피해가 없는 곳에 보관 후 이듬해 봄에 날이 풀리면 다시 내다 심는다.

『**식물학자의 보고**(*The Botanist's Repository*)』 6권(1804~1805년)에 수록된 다알리아 피나타.

1808년 피에르조제프 르두테가 그린 유럽은방울꽃.

·7장·
은방울꽃
공주의 손에 들린 부케

　　은방울꽃은 이른 봄 숲 바닥에서 돌돌 말린 잎을 하나둘씩 올리며 봄의 기쁨과 설렘, 싱그러운 생명의 시작을 알린다. 그러다가 점점 더 초록이 무성해지는 4월 말와 5월 초 사이 아주 작은 흰색 종 모양의 꽃을 피운다. 커다란 잎들 사이에서 한쪽으로 기울어진 아치를 이루며 자라난 꽃대에 대롱대롱 매달린 꽃 위로 비스듬히 아침 햇살이 비치면 마치 은빛 물방울이 반짝이는 것처럼 보인다. 그래서인지 1937년에 발간된 『조선 식물 향명집(朝鮮植物鄕名集)』에도 은방울꽃이라는 예쁜 이름으로 등재되었다.

　　유럽에서는 숲속 작은 요정들이 모여 파티를 하는 동안 걸어 둔 컵처럼 생겼다고 해서 '페어리 컵스(fairy cups)'라고 불리기도 하는데, 요정들이 노래를 부를 때 꽃들이 종처럼 울린다는 이야기도 전해진다. 19세기 프랑스 시인 루이 야생트 부이예(Louis Hyacinthe Bouilhet)가 쓴 시를 작곡가 조르주 비제(Georges Bizet)가 아름다운 곡으로 만든 「4월의 노래(Chanson d'avril)」에서 이야기한 것처럼 은방울꽃은 작은 종을 흔들어 숲속에서 잠든 사랑을 깨우는 꽃이다.

은방울꽃 종류는 콘발라리아라는 속명을 가지고 있다. 골짜기를 뜻하는 라틴 어 콘발리스(convallis)와 백합을 뜻하는 그리스 어 레이리온(leirion)이 합쳐진 말로 계곡의 백합이라는 뜻이다. 그래서 이 꽃을 부르는 영어 이름도 '릴리 오브 더 밸리(lily of the valley)'다. 은방울꽃은 아시아와 유럽 등 북반구 온대 지역에 걸쳐 분포하는데 세 종류로 나눌 수 있다. 먼저 북아메리카 지역에 자생하는 미국은방울꽃(*Convallaria majuscula*, syn. *Convallaria montana*), 한국, 중국, 일본, 몽골 등 동북아시아 지역에 분포하는 은방울꽃(*Convallaria keiskei*), 그리고 드넓은 유라시아 지역에 걸쳐 자라는 유럽은방울꽃(*Convallaria majalis*)이다. 이중 유럽은방울꽃은 전 세계에 널리 퍼져 가장 보편적으로 만나 볼 수 있다. 종명인 마잘리스는 '5월에 속해 있다.'라는 뜻으로 개화기를 암시하며, 같은 이유로 유럽은방울꽃은 '메이 릴리(May lily)', '메이 벨스(May bells)'라고 불리기도 한다.

유럽은방울꽃이 5월의 꽃이다 보니 서양에서 예로부터 기념해 온 오월제와도 깊은 연관을 맺어 왔다. 오월제는 전통적으로 봄이 절정을 맞는 5월 1일 무렵 춤과 노래를 즐기며 다가올 여름을 맞이하는 축제다. 죽음과도 같은 겨울이 완전히 끝난 후 다시 찾아온 생명의 계절을 기념하는 것이다. 5월을 뜻하는 영어 단어 메이(May)는 그리스

로마 신화에 등장하는 여신 마이아(Maia)에서 비롯되었는데, 마이아 여신은 만물이 생장하는 봄을 상징한다. 마이아는 아틀라스의 일곱 자매 중 맏딸로 제우스와의 사이에서 헤르메스를 낳았다.

오월제는 유럽 여러 나라의 전통과 얽혀 있다. 프랑스에서는 유럽은방울꽃을 선물하는 전통이 있다. 그 유래는 1561년 5월 1일, 프랑스의 왕 샤를 9세(Charles IX)가 행운의 부적으로 유럽은방울꽃을 받았던 때로 거슬러 올라간다. 꽃향기에 크게 감동한 샤를 9세는 그 후로 매년 5월 첫날이면 궁정의 여인들에게 유럽은방울꽃을 선물하기 시작했다. 이 전통은 20세기 초에 되살아나 매년 5월 1일 노동절(May Day)이 되면 서로의 행복을 빌며 가족과 친구들에게 유럽은방울꽃을 선물하는 것이 관습이 되었다. 그리고 이날만큼은 누구나 세금 부담 없이 은방울꽃을 판매할 수 있다.

중세 시대 유럽은방울꽃은 여러 상징성을 지녔다. 영국 서식스 지방에서는 유럽은방울꽃이 노블락의 은수자 성 레오나르도(San Leonardo di Noblac Eremita, 491?~559년)가 마을을 파괴하던 용과 싸울 때 흘린 피에서 피어났다는 전설이 전해져 오고 있으며, 그 지역의 숲은 여전히 릴리 베즈(Lily Beds)라고 불린다. 가톨릭에서 유럽은방울꽃은 성모 마리아와 연관된 여러 꽃 중 하나다. 특히 마리아가 십자가에 못 박힌 예수의 죽음을 슬퍼하며 흘린 눈물에서 피어난 꽃이라고 여긴다. 신자들과 함께 있는 성모 마리아를 그린 15세기 초의 그림 「천국의 정원(The Little Garden of Paradise)」에서도 유럽은방울꽃의 모습을 찾아볼 수 있다.

유럽은방울꽃은 왕가의 공주들이 결혼식 부케에 사용한 꽃으로도 인기였다. 1900년 벨기에 국왕 레오폴트 3세(Léopold III)의 첫 번째 왕비가 된 스웨덴의 아스트리드 공주(Astrid av Sverige), 1956년 모나코의 대공 레니에 3세(Rainier III)와 세기의 결혼식을 올린 미국의 배우 그레이스 켈리(Grace Kelly)도 유럽은방울꽃 부케를 사용했다. 영국 왕실에서는 1921년 엘리자베스 보우스라이언(Elizabeth Bowes-Lyon) 왕대비, 1981년 다이애나 프랜시스 스펜서(Diana Frances Spencer), 2011년 캐서린 엘리자베스 미들턴(Catherine Elizabeth Middleton)의 결혼식에 모두 유럽은방울꽃 부케가 사용되었다. 2022년 서거한 엘리자베스 2세(Elizabeth II) 여왕이 가장 좋아했던 꽃이기도 하다. 이 꽃이 이렇게 특별한 사랑을 받는 이유는 순수한 사랑과 행복을 느끼게 해 주는 꽃과 잎의 우아한 자태와 달콤한 향기에 있다.

은방울꽃을 사랑한 것은 왕실만이 아니다. 프랑스의 유명 패션 디자이너 크리스티앙 디오르(Christian Dior)는 유럽은방울꽃을 무척 사랑하여 그의 정원에서 가꾸었을 뿐 아니라 그 꽃으로 의상을 디자인하기도 했다. 조향사 에드몽 루드니스카(Edmond Roudnitska)가 1957년 크리스티앙 디오르를 위해 만든 디오리시모(Diorissimo)는 유럽은방울꽃 향수의 고전이 되었다. 1976년 영국 향수 회사 펜할리곤스(Penhaligon's)가 출시한 릴리 오브 더 밸리(Lily of the Valley)라는 이름의 유럽은방울꽃 향수도 아주 유명하다. 펜할리곤스는 영국 왕실 이발사이자 조향사였던 윌리엄 헨리 펜할리곤(William Henry Penhaligon)이 1870년대 런던 저민 스트리트에 처음으로 설립한 유서 깊은 향수 회사다. 이 회사에서 만드는 향수에서 유럽은방울꽃 향은 톱 노트(top note, 향수를 처음 맡았을 때 가장 강하게 느껴지는 향기)인 베르가모트와 베이스 노트(base note, 향수의 다른 향기들이 다 날아가고 남는 향기)인 백단향 사이에서 장미, 일랑일랑, 재스민과 함께 미들 노트(middle note, 톱 노트 향기 다음으로 느껴지는 향기)를 잡아 주는 은은한 풀 향기를 담당한다.

유럽은방울꽃은 프랑스 어로 뮤게(muguet)라고 한다. 프랑스에서는 전통적으로 은방울꽃 무도회라는 뜻의 '발스 드 뮤게(bals de muguet)'가 열리기도 했다. 1년에 한 번 돌아오는 이날만큼은 미혼 남녀들이 부모의 허락을 받지 않고 무도회에 참가할 수 있었는데, 여자는 흰색 드레스를 입고, 남자는 단추 구멍에 유럽은방울꽃 줄기를 꽂았다. 영국 콘월 주에 있는 헬스턴 마을에서도 매년 5월 8일이 되면 특별한 춤 축제가 열린다. 이날은 성 미카엘 대천사 발현 축일이자 꽃의 날(Flower Day)로, 수천 명의 마을 사람들이 모여 겨울의 끝과 봄의 절정을 축하하며 마을 중심가 거리를 따라 '퍼리 댄스(Furry Dance)'를 춘다. '퍼리'는 요정(fairy) 또는 축제(feast)를 뜻하는 콘월 지방의 말에서 유래했다. 아침 일찍부터 시작되는 이 퍼레이드에는 지역 학교 어린이뿐 아니라 실크해트(silk hat)와 연미복을 입은 신사, 드레스를 입은 여인을 비롯한 모든 연령층의 헬스턴 주민들이 함께한다. 참가자들은 헬스턴을 상징하는 유럽은방울꽃으로 옷을 장식하는데, 남성은 왼쪽에 꽃이 위를 향하도록, 그리고 여성은 오른쪽에 꽃이 아래를 향하도록 꽂는다.

역사적으로 수많은 예술가도 유럽은방울꽃의 매력에 빠졌다.

1884년 알버트 듀러 루카스(Albert Durer Lucas)가 그린 유럽은방울꽃.

표트르 차이콥스키(Pyotr Tchaikovsky)는 1878년 피렌체에 있는 동안 유럽은방울꽃에 관한 시를 썼고, 마르크 샤갈(Marc Chagall)은 1916년 아름다운 꽃병 속 유럽은방울꽃 그림을 그렸다. 오늘날에도 그 인기는 꾸준히 이어지고 있는데, 2011년 개봉한 라스 폰 트리에(Lars von Trier) 감독의 영화「멜랑콜리아(Melancholia)」포스터에도 유럽은방울꽃이 등장한다. 모두 아름다운 봄의 귀환과 함께 행복이 다시 찾아오기를 바라는 마음을 은방울꽃을 통해 나타내고 있다. 유럽은방울꽃은 (구)유고슬라비아와 핀란드의 나라꽃이기도 하다.

정원용으로 개발된 유럽은방울꽃 품종 가운데에는 잎에 흰 줄무늬가 들어간 '알보스트리아타(Albostriata)', 초록색 잎에 흰색 가장자리 들어간 '스노 차임스(Snow Chimes)', 크게 자라는 '베를린 자이언트(Berlin Giant)', 종 모양 꽃이 겹꽃으로 된 '플로레 플레노(Flore Pleno)' 등이 있다. 무엇보다 분홍색 꽃이 피는 '로세아(Rosea)'가 인기 만점이다.

일반적으로 은방울꽃 종류는 봄에는 충분한 햇빛이 필요한 반면, 여름에는 뜨거운 햇빛으로부터 보호해야 한다. 대체로 반그늘을 좋아하지만 너무 짙은 그늘에서는 꽃이 덜 핀다. 겨울에는 낙엽이 지고 봄에 꽃이 피며 여름이면 잎이 무성해지는 라일락 같은 화목류 밑에 은방울꽃을 심어 두면 좋다. 특히 다른 식물이 잘 자라지 못하는 척박한 곳에서도 뿌리가 잘 자라 큰 나무 뿌리 주변으로 휑한 곳이나 숲 경사지 같은 곳을 피복해 주는 지피 식물(地被植物, ground cover plant)로도 그만이다. 땅속 뿌리줄기가 주변으로 퍼져 나가며 새로운 싹과 뿌리를 내는 능력이 탁월하기 때문이다. 빽빽한 군집을 형성하며 왕성하게 자란다는 이유로, 미국 버지니아 주, 위스콘신 주, 알래스카 주를 포함한 몇몇 지역에서는 유럽은방울꽃을 침입종 목록에 포함시키기도 한다.

은방울꽃에는 모두 치명적인 독성이 있다. 콘발라톡신(convallatoxin)을 비롯한 강심 배당체가 함유되어 있어 섭취 시 복통, 메스꺼움, 구토와 함께, 불규칙한 심장 박동과 시야가 흐려지는 증상이 일어날 수 있다. 하지만 대개의 독성 식물이 그렇듯 전통적으로 다양한 질환에 대한 약으로도 쓰여 왔다. 특히 우울증, 뇌전증, 뇌졸중 등 머리와 뇌 관련 질환을 비롯한 심계항진 등에 효능이 있다.

은방울꽃은 화려함을 좇는 사람들의 눈에는 잘 띄지 않는다. 고즈넉한 사찰 담장 주변이나 숲 가장자리 햇빛과 그늘이 교차하며 반짝이는 나무 아래, 옥잠화나 산마늘처럼 생긴 커다란 잎들 사이에 숨어 피어나기 때문이다. 날로 신록이 짙어 가는 5월의 어느 날 숲길을 걷다가 이 꽃을 발견하는 사람은 아마도 마음속에 다시 찾아드는 작은 행복감에 절로 미소를 띠게 될 것이다.

유럽은방울꽃 *Convallaria majalis*

백합과(Liliaceae)에 속하며 유라시아를 비롯한 북반구 온대 지역에 걸쳐 널리 분포한다. 꽃은 4월 말에서 5월 초에 걸쳐 5~15송이가 차례대로 아치 모양 총상 꽃차례(총상 화서, raceme)를 이루며 피어난다. 유기질이 풍부하며 배수가 잘 되는 토양을 좋아하며, 오전에는 햇빛이 비치고 오후에는 그늘이 지는 곳에서 잘 자란다. 땅속 뿌리줄기를 뻗어 나가며 빽빽한 군락을 이루며 자라는데, 봄가을에 뿌리를 나누어 번식시킬 수 있다. 가을에 익는 주홍색 열매를 비롯하여 식물체 전체에 독성이 있으므로 주의해야 한다.

우리나라에 자생하는 은방울꽃.

2부

예술가들이
사랑한 꽃들

나에겐 언제나,
항상 꽃이 있어야 한다.
— 클로드 모네(Claude Monet, 1840~1926년)

아칸투스 스피노수스(*Acanthus spinosus*). 『고토르프 문서(*Gottorfer Codex*)』(1649~1659년)에 수록된 한스 사이먼 홀츠베커(Hans Simon Holtzbecker)의 그림.

· 8장 ·
아칸서스
건축 디자인의 모티프

　　기원전 5세기, 고대 그리스 코린트 마을에서 한 소녀가 병에 걸려 시름시름 앓기 시작하더니 끝내 죽음을 맞이했다. 유모는 소녀가 생전 소중히 여기던 물건들을 어부용 바구니에 담아 그녀의 무덤 가까이에 두고 비바람을 막기 위해 무거운 타일로 덮어 두었다. 건축가 칼리마코스(Kallimachos)가 이 바구니를 발견한 것은 이듬해 봄이었다. 정확히 말하자면, 그의 눈길을 끈 것은 바구니가 아닌 그 주변으로 자라난 식물이었다.

　　바구니 밑 땅속에는 아칸서스의 뿌리가 있었다. 지중해 지역에서 가장 오래 사는 초본성 여러해살이 식물 가운데 하나인 아칸서스는 땅속에 조그만 뿌리 조각만 남아 있어도 싹을 틔우고 깊숙이 곧은 뿌리를 내리는 식물이다. 로제트 모양으로 자라는 잎은 바로 위에 놓인 바구니 옆면을 따라 바구니를 감싸 안는 모습으로 자라났다. 그리고 바구니를 덮어 놓은 사각형 타일에 닿자 더 이상 위로 자라지 못하고 잎끝 부분이 소용돌이 모양 또는 고사리 새순 모양으로 돌돌 감기게 되었다. 이 모습은 아테네와 코린트 두 지역에서 활동했던 칼리마코스를 통해 우리에게 익숙한 고대 신전의 기둥머리를 장식하는 문양이 되었다.

코린트 양식으로 일컫는 이 디자인은 앞서 존재했던 도리아 양식, 이오니아 양식과 함께 그리스의 대표적인 건축 양식이다. 그리스 시대 초기에 발달한 도리아 양식은 단순하면서 중후한 느낌이었다면, 기원전 6~7세기 발달한 이오니아 양식은 더 우아하고 날씬한 느낌을 주었다. 아폴로 신전 내부의 기둥머리에서 처음 발견된 코린트 양식은 아칸서스 잎의 섬세한 아름다움을 모티프로 훨씬 섬세하고 짜임새 있는 생명력 담긴 문양을 선보였다. 아칸서스는 식물을 모티프로 한 디자인의 원조인 셈이다. 그렇다면 무수히 많은 식물 가운데 아칸서스가 서로 다른 문화와 종교, 국가를 초월하여 고대 그리스 시대부터 오늘날에 이르기까지 오랜 기간 살아남아 영향력을 갖게 된 이유는 무엇일까?

아칸서스는 여러모로 완벽한 식물이었다. 우선 약효가 뛰어나 항생제, 소염제, 진통제 등으로 널리 쓰였으며 장수와 창조성, 우아함을 상징하기도 했다. 특히 악조건 속에서도 잘 견디는 아칸서스의 특성은 삶에서 어떤 어려움이 있더라도 결국 그것은 지나가고 행복이 다시 찾아온다는 것을 의미했다. 여기에 외관까지 출중하여 건축적인 조형미와 균형미를 갖추었으니, 칼리마코스 같은 예술가가 이를 알아본 것은 우연이 아닌 필연이었을지 모른다.

　　쥐꼬리망초과(Actinidiaceae)에 속하는 아칸서스는 아시아와 지중해 연안의 열대, 아열대 지역에 널리 분포하며, 약 30종이 알려져 있다. 그 가운데 그리스 남부 코린트 지역에서 칼리마코스에게 영감을 주었던 종은 아칸투스 스피노수스(*Acanthus spinosus*)로 추정된다. 이 종은 그리스 북부의 아칸투스 몰리스(*Acanthus mollis*)보다 잎이 깊게 갈라지며 날씬하고 우아한 느낌이 들어 더욱 극적인 문양 이미지를 만들어 낸다. 하지만 건축물의 디자인 요소로 형상화된 잎은 사실 특정한 아칸서스 종을 정확하게 묘사했다기보다는 건축가의 상상력을 통해 양식화된 것이었다. 아칸서스 잎은 가장자리의 뾰족뾰족한 톱니 모양이 엉겅퀴나 양귀비를 닮았지만, 구조적으로 완성도와 균일성이 높고 풍성하며 짙은 초록색으로 아주 고급스러운 광택이 난다. 무엇보다 압도적인 것은 크기다. 잎만 자란 상태에서 이미 폭과 높이가 60~70센티미터에 이른다. 여기에 늦은 봄부터 여름에 걸쳐 꽃대가 위로 곧게 솟아올라 꽃을 피우게 되면 60~70센티미터의 높이가 추가된다. 그래서 아칸서스에 꽃이 피면 그 자체로 하나의 조각상 같은 느낌을 준다. 밑에서부터 순차적으로 개화하는 아칸서스의 총상 꽃차례는 몇 달에 걸쳐 지속되는 개화기 내내 벌들을 유혹한다. 아칸서스의 꽃 하나하나의 크기는 호박벌 한 마리가 들어가 그 안에 있는 꽃꿀을 먹기에 딱 알맞은 크기다.

　　금어초를 닮은 하얀색 꽃은 위아래로 멋진 후드처럼 달린 아름다운 자줏빛 꽃받침으로 곤충들을 유혹한다. 그 아래쪽에는 마치 파리지옥의 잎처럼 가시 같은 모양의 톱니(거치)가 있는 포엽(苞葉, bract)이 있다. 이 식물을 공식적으로 처음 묘사한 린네에 따르면 속명인 아칸투스는 가시를 뜻하는 그리스 어 아칸토스(ákanthos)에서 유래했으며, 종명인 스피노수스 역시 가시가 있다는 뜻이다. 하지만 아칸서스의 잎과 포엽에 난 가시 모양은 억세고 배타적인 이미지가 아니라 아름답고 우아한 자태에 자연스럽게 녹아들어 살짝 긴장감을 주는 구조적 매력을 발산한다.

그리스 인들이 아칸서스로부터 디자인적인 매력을 발견한 것은 꽃이 아니라 잎이었다. 뾰족한 잎이 돌돌 말리며 자라는 모습은 건축 디자인에 적용하기에 적합했다. 그 지역에 널리 자생하는 대표적인 식물 가운데 무성하고 아름다운 잎을 가진 아칸서스는 분명히 눈에 띄는 존재였다. 비슷한 맥락에서 그리스 언덕 곳곳에 자라는 야생 숲당귀(Angelica sylvestris)의 줄기도 신전 기둥의 세로 홈 문양을 위한 모델이 되기도 했다. 수로나 배관 등 관개 시설이 아직 제대로 갖춰지지 않아 정원이 본격적으로 발달하지 못했던 그리스 시대에 이러한 식물들은 주로 야생에서 자라며, 신전과 원형 극장 등 공공 건축물의 디자인에 영감을 주었다.

아칸서스 잎의 세밀한 아름다움이 본격적으로 표현된 것은 로마 인을 통해서였다. 특히 기원전 27년부터 기원후 14년까지 이어진 아우구스투스 시대에는 웅장한 건물 기둥뿐 아니라 각종 몰딩, 부각, 보석 장식에 다양하게 적용되었다. 여기서 코린트 양식은 이오니아

1540~1560년에 그려진 코린트 양식 기둥머리의 상세도. 메트로폴리탄 박물관 소장 자료.

양식과 결합된 혼합 양식으로 발전하며 제대로 빛을 발하게 되었다. 로마 인들은 가늘고 흰 기둥 위에 무성한 아칸서스의 뾰족한 잎끝을 오므리고 정교하게 다듬었다. 잎의 모양은 더 풍성하고 섬세하게 장식되었으며, 잎의 잔물결까지 세세하게 묘사하여 극적인 움직임을 표현했다.

    비잔티움 제국을 거치며 아칸서스 문양은 뚜렷한 상징성 없이 다른 디자인을 뒷받침해 주는 양식화된 형태로 쓰이다가 카롤링거 왕조 시대를 거치며 다시금 고전적 사실주의 형태로 부흥했다. 북유럽에서는 로마네스크 양식을 통해 자연주의적 형태로 변형되었고 나중에는 고딕 양식의 건축을 통해 화려하게 사용되었다. 르네상스 시대에 고전적 아칸서스 문양은 건축뿐 아니라 비건축적 요소로도 확대되었는데, 특히 인쇄술의 발달로 대중화된 패턴 북(pattern book)을 통해 유럽 전역에 급속도로 확산되었다. 바로크 양식에서는 아칸서스 장식이 필수였다. 몰딩과 처마 돌림띠에 대대적으로 사용되었을 뿐만 아니라 루이 14세의 침실 서랍장 같은 가구 문양에도 쓰였다. 18세기 영국에서는 은식기류, 촛대, 교회의 제단 집기류 장식에 쓰이기도 했다.

    19세기에는 각종 제품의 대량 생산을 통해 아칸서스 문양이 저급한 디자인으로 남용되었는데, 미술 공예 운동을 주도한 윌리엄 모리스(William Morris)는 고전의 아칸서스 문양과 실제 자연 속에서 살아가는 식물의 생태를 연구하여 그 디자인을 다시금 환기하는 계기를 마련했다. 20세기 초에는 프랑스 유리 공예가 르네 랄리크(Rene Lalique)의 아미앵 꽃병과 같은 제품에 아칸서스 소용돌이 문양이 적용되었다.

    지금까지 디자인 모티프로서 아칸서스의 역사를 살펴보았다면, 정원 식물로서 아칸서스는 어떻게 오늘날에 이르게 되었을까? 먼저 로마 시대 정원 화단 속에서 그 모습을 찾아볼 수 있다. 그리스와 달리 거의 모든 주택에 정원이 딸려 있던 로마에서는 다양한 꽃이 정원에 식재되었는데, 그중에는 아칸서스도 포함되었다. 로마 인근 라우렌툼(Laurentum)에 위치했던 소(小)플리니우스(Gaius Plinius Caecilius Secundus)의 빌라에는 갖가지 형상으로 다듬어진 회양목 토피어리(topiary)들이 자라는 테라스 아래 아칸서스의 잎들이 만들어 내는 환상적인 물결이 매력적인 꽃과 함께 인상적으로 펼쳐졌다. 이 정원에는 수레국화, 시클라멘, 크로커스, 로즈메리, 양귀비 같은 식물도 자라고 있었다.

아칸서스는 서로마 제국의 멸망 후 로마의 폐허 속에서 자라다가 12세기에 북유럽으로 도입된 후 미국을 비롯한 다른 국가들로 퍼져 나갔다. 아칸서스는 그 특유의 건축적 형태로 정원 화단의 골격을 잡아 주는 훌륭한 기초 식물이 되어 많은 정원에서 사랑받았다. 수년 전 미국 사우스 캐롤라이나의 리버뱅크스 동·식물원에서 알락꼬리여우원숭이, 침팬지, 갈라파고스땅거북, 독수리, 앵무새를 차례로 구경하는 동안, 주변에 심어 놓은 아칸서스를 본 적이 있는데 마치 떼 지어 날아오르는 나방들처럼 높게 솟아오른 꽃들이 무척 인상적이었다.

아칸서스는 대표적인 저관리형 식물로 정원사들에게 인기였다. 정원에 처음 심을 때는 풍부한 유기질과 주기적인 관수(灌水)가 필요하지만, 일단 뿌리가 활착된 다음에는 건조하고 척박한 토양에서도 잘 자라 거의 관리가 필요하지 않다. 단, 토양 배수성만은 아주 좋아야 하는데, 특히 겨울철 차갑고 습한 토양에서는 뿌리가 썩어 고사하게 되므로 주의해야 한다. 아칸서스는 반그늘에서도 잘 자라고 햇빛도 좋아하지만 무더운 여름에는 뜨거운 오후 햇빛을 피할 수 있는 곳이 좋다. 번식은 주로 땅속에서 왕성하게 뻗어나가는 땅속줄기(지하경, subterranean stem)를 포기 나눔(분주, division)하여 개체를 늘린다. 씨앗으로도 번식이 가능하지만 파종 후 꽃이 피기까지는 수년이 걸린다. 오늘날에 '필딩스 골드(Fielding's Gold)'처럼 금빛 잎을 가진 품종, '화이트

워터(Whitewater)'와 같이 흰무늬 잎과 분홍빛이 도는 화사한 꽃을 가진 품종 등 다양한 아칸서스 품종들이 개발되어 보다 섬세한 정원사들의 취향을 충족시켜 주고 있다.

여러 식물이 아칸서스처럼 아주 오래전부터 우리 마음에 신령스러운 느낌 혹은 무언가 창조적 자극을 일으키는 영감의 원천이 되어 왔다. 우리 유전자 속에는 자연의 무수히 많은 패턴을 인식하고 그 속에서 아름다움을 찾아내는 미적 감각이 내포되어 있다. 매 순간 새로운 것이 나타났다 사라지는 변화무쌍한 현대 사회의 다양성 속에서 자연은 지금까지 그래 왔듯 앞으로도 우리에게 끊임없이 영감을 줄 것이다. 단, 그 전제 조건은 고대의 식물을 포함하여 가능한 한 다양한 식물이 인간과 함께 공존하며 지구의 건강한 생태 환경 속에서 살아갈 수 있는 터전이 마련되어야 한다는 것이다.

아칸투스 스피노수스 *Acanthus spinosus*

쥐꼬리망초과에 속하는 다년생 초본 식물로, 지중해 연안과 아시아 지역에 30종 정도가 분포한다. 고대 그리스 코린트 양식의 기둥머리 문양의 모델이 된 식물로 유명하다. 이 종은 아칸투스 몰리스와 함께 여러 디자인의 모티프가 되었고, 정원 식물로 각광을 받아 왔다. 겨울철 온도가 영하로 떨어지지 않는 곳에서 월동하며, 개화는 늦봄부터 시작하여 여름내내 지속된다.

미국 롱우드 가든 전시원에서 관상용 정원 식물로 재배하고 있는 아칸투스 발카니쿠스(*Acanthus balcanicus*).

빈센트 반 고흐(Vincent van Gogh)의 「세 송이 해바라기(Drie Zonnebloemen in een Vaas)」. 1888년 작품이다.

· 9장 ·
해바라기
예술가의 찬란한 희망

라디오에서 종종 포스트 말론(Post Malone)과 스웨 리(Swae Lee)가 부른 「선플라워(Sunflower)」가 흘러나온다. 2018년에 개봉한 애니메이션 「스파이더맨: 뉴 유니버스(Spider-Man: Into the Spider-Verse)」의 OST로 발표되어 꾸준히 사랑받고 있는 팝송이다. 힙합과 R&B가 섞인 듯한 리듬 속에 "너는 해바라기야. 나만 보는 네 사랑은 과분해."라는 중독성 있는 노랫말이 귓가를 맴돈다.

여름과 가을에 걸쳐 정원에 가득 피어나는 해바라기가 온종일 열심히 해를 좇는다는 것은 주지의 사실이다. 태양을 닮은 꽃과 강력한 굴광성(屈光性) 혹은 향일성(向日性) 덕택에 해바라기는 아주 오랜 역사 속에서 예술과 문화, 그리고 실생활에서 국적 불문의 센세이션을 일으키며 강렬하면서도 꾸준하게 빛을 발해 왔다. 해바라기는 언제,

어떻게 인간사에 등장했을까? 끊임없이 상승과 하강 곡선을 그리며 사람들의 입에 오르내린 이야기들은 어떤 것이었을까?

　우리에게 익숙한 큰 키에 커다란 얼굴을 가진 해바라기는 아메리카 대륙에서 약 2,000~3,000년 전부터 재배되기 시작했다. 아메리카 원주민들에게 해바라기는 버릴 것 하나 없는 귀중한 식물이었다. 그중 씨앗은 주로 가루를 내어 빵을 만들어 먹거나 염료로 사용했다. 해바라기 뿌리는 뱀에 물린 상처 등에 약용으로 사용했으며, 잎과 줄기는 바구니를 제작하는 데 쓰기도 했다. 원래 야생 해바라기는 줄기도 여럿이고 꽃도 작은 게 피는 종류였는데, 좀 더 큰 씨앗을 수확하고 싶었던 원주민들이 줄기 하나에서 큰 꽃이 피는 종만 남도록 인위 선택을 해 나갔다.

　멕시코 인의 선조인 아즈텍 족은 이 꽃을 태양신의 이미지로 숭배했다. 어쩌면 해가 뜰 무렵 연못 속에서 태양처럼 밝고 향기롭게 피어나는 파란수련에 이집트 인이 태양신의 신성을 부여한 것과 같은 맥락일 것이다. 아즈텍 족은 순금 조각으로 만든 해바라기로 신전을 장식했고, 사제들은 해바라기 왕관을 썼다. 해바라기는 전쟁의 신을 상징하기도 해서 방패에 그려지기도 했고, 연회나 잔치 때는 귀족들을 위한 선물이 되기도 했다.

　해바라기가 유럽에 알려지게 된 것은 16세기 초 스페인 선원들을 통해서였다. 그 후 많은 양의 해바라기 씨앗이 아메리카에서 유럽으로 도입되어 선풍적인 인기를 끌게 되었다. 태양을 닮은 커다란 해바라기 꽃에 대한 뉴스는 '새로운 발견', '기쁜 소식'이라고 회자되

안토니 반 다이크의 「해바라기가 그려진 자화상(Autoportrait au tournesol)」(1632~1633년). 영국 이튼 홀(Eaton Hall) 소장.

며 유럽 전역으로 빠르게 퍼져 나갔다. 왕권 신수설을 주창했던 잉글랜드의 찰스 1세(Charles I), 프랑스의 루이 14세 등 막강한 권력을 지닌 왕들이 강력한 군주제를 펼치던 시기에 해바라기는 유럽에서 절대 왕정에 대한 헌신과 충절을 상징하기도 했다. 일례로 바로크 시대의 궁정 화가 안토니 반 다이크(Anthony van Dyck)는 자화상에 큼직한 해바라기를 그렸는데, 이는 찰스 1세에 대한 충절을 나타낸 것이었다. 18세기에 걸쳐 왕권이 힘을 잃으며 태양의 꽃 해바라기의 인기도 시들해졌다. 심지어 정원에서는 다른 식물들 사이에서 너무 크게 자라는 해바라기를 꺼리기도 했다.

하지만 해바라기는 19세기 후반부 많은 예술가 사이에서 다시 크게 유행했다. 해바라기를 화폭에 그린 가장 유명한 화가는 아마도 빈센트 반 고흐일 것이다. 네덜란드를 떠나 프랑스 남부 아를 지방으로 가게 된 고흐는 새로운 삶에 대한 희망으로 한껏 들떠 있었고 폴 고갱(Paul Gauguin)과 함께 작업할 화실에 걸어 둘 해바라기 작품을 많이 그렸다. 해바라기는 고흐가 아주 어린 시절부터 가장 좋아했던 꽃이었다. 그에게 해바라기는 죽음을 극복한 생명의 아름다움, 적극적인 삶의 의지, 밝고 환한 자기 긍정 등 희망 그 자체를 의미했다. 이 때문에 고흐는 태양의 화가라는 별명을 갖게 되었고, 해바라기는 다른 꽃들이 부러워할 만한 미술사적 지위를 영속적으로 갖게 되었다.

빅토리아 시대 영국에서 가장 성공한 극작가 오스카 와일드(Oscar Wilde)도 해바라기 열풍에 크게 한몫했다. 180센티미터가 넘는 큰 키에 비로드 바지를 입고 장발을 하고 다녔던 그에게 해바라기는 그가 신봉했던 유미주의(唯美主義)를 알리는 핵심적인 도구이자 시각적 상징이었다. 그는 예술가에게 가장 온전한 기쁨을 주는 디자인의 완벽한 모델로서 해바라기를 예찬했다. 이 시기 해바라기는 '예술을 위한 예술'이라는 슬로건을 내걸고 실용성보다는 예술 그 자체의 아름다움과 진귀함을 추구한 유미주의 예술가들의 많은 사랑을 받았

오스카 와일드의 미국 방문을 그린 만평 「현대 구세주(The Modern Messiah)」(1882년). 미국의 잡지 《더 와스프(The Wasp)》에 실린 그림이다.

다. 이때 해바라기는 예술 그 자체에 대한 예술가의 충성심을 나타냈다. 와일드는 19세기 말 1년 동안 미국에 초청되어 미학에 관한 강연을 펼쳤을 때도 트레이드마크처럼 늘 해바라기 꽃을 지니고 다녔다. 한 풍자 잡지는 그를 화분 속 해바라기로 묘사하기도 했는데, 그의 얼굴은 해바라기 꽃잎으로 둘러싸인 모습으로 그려졌다.

예술가들이 심취했던 해바라기의 미학을 이해하기 위해서

는 그 꽃이 지닌 메커니즘을 좀 더 자세히 살펴볼 필요가 있다. 먼저 해바라기는 수많은 꽃이 한데 모여 하나의 꽃 머리를 형성하는 국화과의 특징을 가장 뚜렷하게 보여 주는 큼직한 두상화서(頭狀花序, capitulum)를 가지고 있다. 가장자리에 화사한 노랑 꽃잎으로 꽃가루 매개자(pollinator)를 유혹하는 혀 모양의 설상화(舌狀花, ray flower)들은 암술과 수술이 없는 가짜 꽃이다. 그리고 안쪽에 적갈색 대롱 모양의 작은 꽃들로 모여 피며 나중에 수많은 씨앗을 맺는 관상화(管狀花, disc flower)들이 바로 실제 꽃의 역할을 한다. 수천 송이의 작은 설상화와 관상화가 하나의 머리 모양으로 동그랗게 모여 있는 모습은 마치 이글이글 불타는 태양이 사방으로 광선을 방출하는 모습처럼 보인다.

해바라기가 해를 따라 꽃줄기의 방향을 트는 이유는 해를 마주하는 잎들의 광합성 효율을 극대화하기 위해서다. 주로 꽃이 막 피어 나는 시기 꽃봉오리와 어린 꽃에서 굴광성이 뚜렷하게 나타나는데, 해가 뜰 때는 동쪽을 바라보고 해가 질 무렵에는 서쪽을 향한다. 꽃이 완전히 피어 줄기가 굵어지고 머리가 무거워지고 나면 해바라기는 보통 동쪽을 바라보고 멈추어 서는데, 이것은 온기를 좋아하는 꽃가루 매개 곤충들이 꽃을 더 많이 찾아오도록 하기 위함이다. 한 치의 오차도 없이 해를 이용하는 놀라운 전략이다.

해바라기는 또한 자연에서 발견할 수 있는 황금비와 피보나치 수열의 대표적인 사례로도 유명하다. 12세기 말 이탈리아 수학자 레오나르도 피보나치(Leonardo Fibonacci)가 제시한 피보나치 수열은 앞의 두 수의 합이 바로 뒤의 수가 되는 수의 배열(1, 1, 2, 3, 5, 8, 13,

해바라기의 두상화서 구조. 피보나치 수열의 구조도 확인할 수 있다.

21, 34, 55, …)을 말하는데, 계속 진행이 될수록 이웃하는 두 수의 비율이 황금비(약 1.618)로 수렴한다. 황금비는 어떤 두 수의 합과 두 수 중 큰 수의 비율이 두 수의 비율과 같을 때 나타나는 값이다. (a > b일 때 a+b:a=a:b이다.)

      해바라기의 가운데 부분을 꽉 채우고 있는 수백, 수천 개의 관상화들은 꽃의 중심에서 시작하여 시계 방향과 반시계 방향의 나선형 패턴을 이룬다. 웬만한 해바라기 꽃 크기에는 시계 방향으로 55개, 시계 반대 방향으로 34개의 나선형 패턴을 이루는 관상화들이 배열된다. 작은 꽃의 경우에는 각각의 나선 개수가 21개와 34개, 아주 큰 꽃은 89개와 144개로 배열되는 식이다. 이 숫자들은 모두 피보나치 수열을 따르는 연속된 2개의 숫자. 각각의 관상화들이 피는 방향도 황금 각도인 137.5도를 이룬다. 이를 통해 해바라기는 제한된 최소한의 공간 안에 최대한 많은 수의 씨앗을 서로 겹치지 않고 조밀하게 배치할 수 있다.

해바라기의 상징성과 예술성, 수학적 발견 못지않게 주목해야 할 이야기가 또 있다. 원래 아메리카 대륙에서 귀하게 여겨졌던 해바라기의 실용성에 관한 것이다. 해바라기는 유럽으로 건너온 이래로 초기에는 장식용이나 약용, 또는 커피 대용으로 이용되는 수준이었다. 그러다가 기름용 씨앗에 대한 관심이 커지면서 17세기 후반에는 유럽을 가로질러 러시아와 우크라이나까지 퍼져 나갔다. 특히 러시아에서는 엄청난 열풍을 불러일으켰다. 러시아 정교회에서 사순절 시기 기름과 지방으로 만들어진 음식 소비를 모두 금지했는데, 당시 새롭게 도입된 지 얼마 되지 않은 해바라기는 금지 품목에서 제외되었던 것이다. 자연스럽게 해바라기유에 대한 소비가 어마어마하게 급증했다. 수요에 부응하고자 더 크고 더 많은 씨앗을 만들어 내는 해바라기 품종도 많이 개발되었는데, 꽃 지름이 50센티미터에 이르는 '매머드 러시안(Mammoth Russian)' 같은 품종도 나왔다.

19세기 말부터 동유럽 사람들이 북아메리카 지역으로 이주하면서 다시 수많은 해바라기 씨앗들이 대서양을 건넜다. 16세기 아메리카를 떠났던 평범한 해바라기가 엄청난 품종으로 개량되어 고향 땅을 밟게 된 것이다. 그 후 미국에서는 동물 사료용 해바라기 재배가 급증하고 1920년대부터는 해바라기유 가공 공장이 대거 생겨났다. 러시아와 우크라이나뿐 아니라 캐나다와 미국에서도 오늘날 주로 기름 생산을 위해 해바라기를 재배한다. 해바라기유는 현재 야자, 콩, 유채에 이어 세계 네 번째로 중요한 기름 작물이 되었다.

광범위한 교배 육종을 통해 탄생한 정원용 해바라기 품종들의 활약도 대단했다. 특히 시골풍의 자연스러운 코티지 가든(cottage garden)의 화단 같은 혼합 절충식 화단에서 인기가 높다. 큰 키에 꽃 머리가 하나인 원래의 전통 식물도 쓸 수 있지만, 더 작은 키에 꽃도 더 많이 달리도록 육종된 품종도 매우 폭넓게 이용된다. 여러 품종을 적절히 선택하면 여름과 가을 내내 정원을 밝히는 좋은 소재가 된다. 진한 마호가니 색깔의 꽃을 가진 '벨벳 퀸(Velvet Queen)', 옅은 노란색의 '문샤인(Moonshine)', 복슬복슬한 겹꽃 설상화가 인상적인 '테디 베어(Teddy Bear)'와 '선골드(Sungold)', 그리고 노란색뿐 아니라 주황색과 빨간색이 섞여 있는 '어텀 뷰티(Autumn Beauty)' 같은 품종도 있다.

키가 큰 해바라기는 접시꽃 같은 키 큰 식물과 함께 섞어도 좋고, 중간 키를 가진 해바라기는 플록스와 에키네시아 같은 식물과 잘 어울린다. 더 키가 작은 꽃은 화단 맨 앞 또는 화분에 모아 심으면 좋다. 보통 해바라기는 한해살이풀(일년초, annual)이지만 여러해살이풀(다년초, perennial) 종류인 해바라기도 있다. 이들은 별도로 관리를 해 주지 않아도 매년 그 자리에 계속해서 피어난다. 2미터 넘게 자라는 맥시밀리언해바라기(*Helianthus maximiliani*), 그리고 훨씬 더 작은 키로 자라는 애기해바라기 '골든 피라밋'(*Helianthus salicifolius* 'Golden Pyramid')이 인기가 가장 많다. 우리나라에서 식용으로 유명한 돼지감자(*Helianthus tuberosus*)도 숙근 해바라기의 일종이다. 꽃도 해바라기와 비슷하고 키도

3미터 가까이 자란다.

    해바라기 열풍은 현재 진행형이다. 특히 전 세계 절화(折花, 꺾은 꽃) 시장에서 해바라기는 꾸준히 사랑받고 있다. '고흐(Gogh)', '빈센츠 초이스(Vincent's choice)', '선리치(Sunrich)' 등 인기 품종은 우리가 알고 있는 해바라기의 가장 큰 특징을 표현하는 단어들을 이름으로 삼고 있다. 역사상 다양한 상징과 은유의 모티프가 되어 왔던 해바라기는 여전히 동서양에서 모두 최고의 가치를 품고 있다. 동양권에서는 꽃이 황금색이라 하여 재물과 행운을 상징하고, 서양권에서는 꽃이 오래 가고 뜨거운 여름을 잘 견딘다고 하여 장수를 상징한다. 해바라기 씨에 풍부하게 들어 있는 불포화 지방산이 콜레스테롤 수치를 낮춰 주고, 칼슘과 철분 같은 미네랄과 각종 비타민이 우리 몸에 이로운 것은 덤이다.

    여름과 가을 정원을 밝히는 해바라기는 가장 뜨겁고 힘든 계절 우리에게 끊임없이 희망을 되새기게 해 준다. 해바라기 꽃의 강렬한 색은 뜨거운 생의 의지를 불러일으킨다. 단 한 줄기의 빛도 놓치지 않으려는 듯 진화한 꽃이 여름 내내 태양으로부터 받아들인 에너지는 고스란히 수많은 씨앗에 담겨 우리 인간을 비롯한 많은 동물의 소중한 에너지원이 된다.

해바라기 | *Helianthus annuus*

속명인 헬리안투스(*Helianthus*)는 그리스 어로 태양을 뜻하는 헬리오스(helios)와 꽃을 뜻하는 안토스(anthos)가 합쳐진 말이며, 종명인 안누스(*annuus*)는 한해살이를 뜻한다. 미국 서부, 캐나다, 멕시코 북부의 건조한 평원에서 자라며, 미국 캔자스 주를 상징하는 꽃이다. 전 세계적으로 해바라기유 최대 생산국 중 하나인 러시아의 나라꽃이기도 하다. 꽃은 지름 30센티미터에 이르며 주황색 혹은 노란색 설상화와 갈색 혹은 보라색의 관상화로 이루어져 있다. 배수가 잘 되며 보습력이 좋은 토양에서 잘 자라며, 일반적으로 4~5월에 파종하면 8~9월에 꽃이 핀다. 키는 보통 1.5~3미터까지 자라는데, 기네스북에는 독일에서 9미터가 넘는 것도 재배했다는 기록이 있다.

해바라기.

《커티스 보태니컬 매거진》 제2호(1788년)에 수록된 동백꽃 그림.

· 10장 ·
동백
한 고아 소녀를 매혹한 아름다움

동백꽃은 그 모습을 떠올리는 것만으로 여러 감정을 일깨우는 오묘한 꽃이다. 장미처럼 그저 화려하기만 하지도 않고 진달래처럼 마냥 소박하지도 않다. 어느 흘러간 노래 제목처럼 "슬프도록 아름다운" 느낌을 주는 동백꽃은 아시아의 정서를 가장 순수하게 담고 있는 듯하다.

동백은 우리나라를 비롯한 중국과 일본이 원산지로 2,000년에 이르는 재배 역사가 있다. 선홍빛 꽃은 꽃잎 예닐곱 장이 겹겹이 곱게 포개어져 있고 그 밑부분을 꽃받침이 보호하며 단단히 감싸고 있다. 가운데 돌출된 노란색 수술 다발은 어두운 진한 초록색의 상록 잎과 대비를 이루어 매우 인상적이어서 다른 꽃에서 쉬이 볼 수 없는 고귀한 매력을 선사한다. 꽃이 떨어질 때는 툭 하고 송이째 떨어지는데 꽃받침이 끝까지 함께 붙어 있어 꽃잎이 낱낱이 흩어지지 않는다. 꽃이 땅에 떨어져 있을 때조차도 여전히 아름다운 이유다.

이렇게 꽃과 꽃받침이 단단히 붙어 있어 동백꽃은 영원한 사랑과 헌신을 상징하기도 한다. 우리나라에서는 겨울에도 푸르른 나무라는 뜻의 동백(冬柏)으로 불려 왔는데, 중국에서는 산에서 자라는 차나무라는 뜻의 산다(山茶)로, 일본에서는 봄을 알리는 나무라는 뜻의 츠바키(椿)로 불린다.

카멜리아(Camellia)라고 불리는 동백나무속에는 250여 종이 있다. 대부분 동양에 분포하는데, 한·중·일을 포함하여 인도 북부, 히말라야에서 베트남, 인도네시아, 자바, 수마트라까지 이른다. 물을 제외하고 전 세계적으로 가장 인기 있는 음료인 찻잎을 제공하는 차나무(Camellia sinensis)도 여기 포함되어 있다. 우리가 주로 꽃을 감상하는 카멜리아는 동백나무(Camellia japonica)와 애기동백나무(Camellia sasanqua)인데, 이 외에도 살루에넨시스동백나무(Camellia saluenensis), 레티쿨라타동백나무(Camellia reticulata), 노란색 꽃이 피는 크리산타동백나무(Camellia chrysantha) 등 관상 가치가 높은 종류가 많다. 그리고 이들 간의 교잡을 통해 지금까지 3,000종이 넘는 품종들이 개발되었다.

동백나무가 유럽에 전해진 것은 17세기였다. 네덜란드 동인도 회사의 수석 외과 의사였던 독일 출신 엥겔베르트 켐퍼(Engelbert Kaempfer)가 1692년 일본에서 30품종을 들여왔다. 영국 에식스 주에 위치한 피터 남작(Baron Petre)의 저택이었던 손던 홀(Thorndon Hall) 온실에 도입되어 귀하게 자라다가 1739년에 최초로 꽃을 피웠다.

1753년에는 스웨덴의 식물학자 칼 폰 린네가 카멜리아 야포니카(*Camellia japonica*)라는 학명을 정식으로 부여했다. 속명인 카멜리아는 체코 태생의 식물학자이자 약재상이었던 게오르크 요제프 카멜(Georg Joseph Kamel)을 기린 것이다. 사실 그는 동백나무와는 밀접한 관련이 없었지만, 필리핀에서 20년 넘게 아시아 식물을 연구하며 새로운 치료법을 발견한 공로로 아시아를 대표하는 동백나무속에 자신의 이름을 영원히 아로새기는 영예를 얻었다. 종명인 야포니카는 일본 원산을 뜻한다. 중국과 한국에서도 자라는 이 나무에 일본을 뜻하는 종명이 붙은 이유는 켐퍼가 일본에 있는 동안 처음으로 이 식물에 대해 학술적으로 기록했기 때문이다. 만약 그가 일본이 아닌 한국에서 동백나무를 처음 연구해 유럽에 보고했다면 코레아나(*koreana*)라는 종명이 붙었을지도 모른다.

　1792년에는 존 코너(John Corner) 선장이 이끄는 동인도 무역선 카르나틱(Carnatic) 호에 겹꽃의 흰색 품종 '알바 플레나'(*Camellia japonica* 'Alba Plena')와 붉은색에 흰 무늬가 들어간 '바리에가타'(*Camellia japonica* 'Variegata')가 실려 왔다. 이 동백나무들은 1820년대에 영국 웨스트 런던에 있는 치즈윅 하우스(Chiswick House)의 정원에 식재되었는데, 원래 있던 귀한 과일나무들을 대체할 만큼 귀한 대접을 받았다. 매년 동백꽃이 필 때면 이국적인 꽃을 보기 위해 많은 사람이 모여들었고, 특히 꽃이 귀한 시기에 피는 동백꽃은 매우 큰 인기를 끌었다.

　이후 더 많은 품종이 계속해서 도입되었다. 3월과 5월 사이 장밋빛으로 꽃 피는 레티쿨라타동백나무도 중국 남서부 윈난 지방에서 영국으로 들어왔다. 리처드 로스(Richard Rawes) 선장이 동인도 무역선 워런 헤이스팅스(Warren Hastings) 호에 싣고 와서 '캡틴 로스(Captain Rawes)'라는 품종명을 갖게 되었다. 윈난 성은 명나라 때부터 이 동백꽃으로 유명했는데, 1,000년이 넘도록 윈난 성의 성도인 쿤밍 시를 상징해 왔다. 이 동백꽃은 전 세계적으로 유명한 수많은 재배 품종의 모본(母本)이기도 하다.

유럽에서 동백꽃은 사랑과 아름다움의 대명사가 되었다. 특히 빅토리아 시대 사람들은 사교 모임에 참석할 때 동백꽃을 손에 들거나 옷깃에 달았고, 여인들은 종종 머리에 꽂기도 했다. 동백꽃은 서로에게 은밀한 메시지를 전달하는 꽃말(flower language)의 소재로도 자주 등장했다. 가령 붉은색 동백꽃은 사랑과 열정, 흰색 동백꽃은 진정한 탁월함과 순수한 믿음, 분홍색 동백꽃은 진심 어린 그리움을 의미하는 식이다.

같은 시기인 1848년에 프랑스 작가 알렉상드르 뒤마의 소설 『동백꽃 여인(La Dame aux camélias)』이 출간되었다. 뒤마는 이 소설에 19세기 프랑스의 급변하는 사회상을 반영하고 부르주아 사회의 편견과 인습을 고발하면서 신분의 차이로 이루어지지 못한 남녀의 안타까운 사랑 이야기를 담았다. 이탈리아 작곡가 주세페 베르디(Giuseppe Verdi)가 1853년 「라 트라비아타(La Traviata)」라는 제목의 오페라로 베네치아의 라 페니체 극장에서 초연하면서 더욱더 널리 알려지게 되었다. 극 중에서 여주인공 비올레타는 순수한 정절과 그리움을 간직하고자 동백꽃을 늘 가까이한다. 이는 당시 사교계에서 동백꽃이 어떤 의미

나이 있는 독자들에게는 『춘희(椿姫)』라는 제목으로 익숙할 뒤마의 소설 『동백꽃 여인』의 모델이 되었던 노르망디 출신의 창부 마리 뒤플레시스(Marie Duplessis)를 그린 장샤를 올리비에(Jean-Charles Olivier)의 초상화(1840년). 프랑스 파리의 프티 팔레(Petit Palais) 미술관 소장.

와 상징으로 자리하고 있는지를 잘 보여 준다.

동백꽃의 인기는 19세기 말 잠시 시들했다가 20세기 초 프랑스 남서부 소뮈르 출신 코코 샤넬(Coco Chanel)에 의해 아주 세련된 이미지로 다시 태어났다. 수녀원에 딸린 고아원에서 어린 시절을 보낸 샤넬은 그곳에 핀 동백꽃을 아주 좋아했다. 훗날 그녀는 동백꽃을 샤넬의 대표 이미지로 디자인하여 드레스와 모자, 가방뿐 아니라, 목걸이와 귀걸이 같은 장신구에도 동백꽃 장식을 사용했다. 검은색 포장 상자를 두른 리본에 달린 한 송이 흰색 동백꽃은 확실한 시그니처가 되었다. 샤넬에게 동백꽃은 겨울에 피어 다른 꽃보다 계절을 앞서가고 늘 푸른 잎을 가지고 있어 어떤 나이에도 매혹적이라는 의미를 지녔다. 1930년대에는 콘월의 존 윌리엄스(John Williams)가 유럽 최초로 동백나무 신품종 육종에 성공했는데, 살루에넨시스동백나무와 교잡을 통해 윌리엄스동백나무(Camellia x williamsii)를 탄생시켰다. 이로부터 수많은 동백 품종들이 쏟아져 나왔다.

한편 동백나무가 처음 미국으로 건너간 시기는 18세기 후반이었다. 프랑스 루이 16세의 명을 받아 1785년 북아메리카에 파견된 왕실 식물학자 앙드레 미쇼(André Michaux)를 통해 사우스 캐롤라이나 주 미들턴 플레이스(Middleton Place)에 동백 컬렉션이 최초로 도입되었다. 1848년에는 동백나무 수집가들이 뉴욕 브루클린과 롱아일랜드에 동백나무 온실을 짓기 시작했고, 이후 펜실베이니아 주 롱우드 가든 온실에도 동백나무들이 도입되어 빼어난 전시와 함께 내한성 품종 육종 연구에 활용되었다. 월동 걱정이 없는 남부 지방에는 온실이 아닌 바

샤넬 홈페이지의 동백 소개 페이지. 코코 샤넬과 동백의 역사를 소개하고 있다. 샤넬 공식 홈페이지 화면 갈무리.

깔 정원에 동백나무가 인기리에 식재되었다.

 1930년대 미국 남부 앨라배마 주의 메이콤이라는 작은 마을을 배경으로 인종 차별 이슈를 다룬 하퍼 리(Harper Lee)의 소설 『앵무새 죽이기(*To Kill a Mockingbird*)』에도 동백꽃이 등장하는데 이 시기에 이미 동백꽃이 대중화되었음을 알 수 있다. 이야기 속에서 동백꽃은 인종 차별이라는 뿌리 깊은 갈등의 현장을 대변하는 수단으로 등장했다가 결국에는 극적인 화해와 신의의 상징이 되었다. 동양을 대표하는 꽃이 격동하는 아메리카 대륙의 한복판에서 그들의 삶과 문화 속에 중요한 의미를 전하는 꽃으로 깃들게 된 것이다. 동백꽃은 1959년 앨라배마 주를 상징하는 꽃으로 지정되기도 했다.

 1970년대에는 메릴랜드 주 애슈턴의 윌리엄 애커먼(William

다양한 동백나무들. 왼쪽 위부터 시계 방향으로 애기동백나무, 동백나무 '코로네이션', 윌리엄스동백나무 '나이트 라이더', 동백나무 '유리시보리'.

Ackerman) 박사에 의해 내한성이 강한 품종들이, 그리고 노스 캐롤라이나 주 클리퍼드 파크스(Clifford Parks) 박사에 의해 늦봄에 개화하는 품종이 대거 육종되었다. 그중에는 우리에게 익숙한 붉은색 홑꽃과 눈에 띄는 금빛 수술을 가지고 3~5월에 개화하는 '코리안파이어(Korean-Fire)'라는 품종도 있다.

오늘날 전 세계 정원에서 만나 볼 수 있는 새로운 동백 품종 중에는 이 시기 미국에서 육종된 것이 많다. 특히 겨울 추위에 강한 품종은 동백을 사랑한 많은 사람의 로망이자 숙원 사업과도 같은 것이었다. 워낙 많은 품종이 개발되어 있다 보니 오늘날에는 꽃의 모양에 따라 여섯 가지 그룹으로 동백을 분류한다. 홑꽃을 비롯하여 장미 모양의 겹꽃, 수술이 감춰진 작약 모양, 아네모네 모양, 반겹꽃, 완전 겹꽃으로 나뉜다. 색깔도 빨강, 하양, 분홍, 노랑부터 줄무늬 혹은 점무늬, 계조 무늬(gradation)가 들어가 있는 품종들로 다채롭다.

동백꽃을 가장 좋아하는 동물은 새들이다. 특히 동박새(*Zosterops japonicus*)는 동백꽃과 천생연분이다. 노란색과 연두색이 섞여 아주 예쁜 이 새는 동백꽃 속에 들어 있는 꿀을 먹고 이마에 노란 꽃가루를 묻혀 다른 꽃으로 옮겨 준다. 동백나무는 새에게만 좋은 게 아니라 여러 가지로 쓰임새가 매우 좋다. 예로부터 씨앗에서 짜낸 기름은 머리카락이 엉키지 않도록 하는 머릿기름으로 귀하게 쓰였다. 1936년에 발표된 김유정의 단편 소설 『동백꽃』에서 말하는 동백꽃은 동백나무의 꽃이 아니라 생강나무의 꽃인데, 머릿기름으로 최고인 동백기름을 구하기 어려운 강원도 지방에서 생강나무 열매로 기름을 내어 대신한 데서 연유한 것이라 한다. 동백나무의 목재는 재질이 균일하고 단단해 악기나 다식판, 가구를 만드는 데 유용하게 사용되었다. 어린잎에는 루페올(lupeol), 스쿠알렌(squalene) 같은 항염증, 항산화 물질이 많이 들어 있어 찻잎 대용도 가능하고, 꽃은 오메가와 비타민 E가 풍부하여 어혈 제거와 피부병에 좋다.

겨울에도 섭씨 -5도 이하로 떨어지지 않는 지역은 다양한 동백나무 품종들로 정원을 가꿀 수 있으니 큰 축복이다. 반그늘에서 유기질이 풍부하며 적당히 습하면서도 배수가 잘 되는 약산성 토양을 좋아하는 만병초나 비비추, 양치식물 종류를 함께 심으면 더 아름다운 정원이 완성된다.

동백나무는 자리를 옮기는 것을 싫어한다. 추운 겨울에도 진한 초록 잎을 간직하고 눈 속에서도 붉디붉은 꽃을 피우며 질 때도 아름다움을 잃지 않는 지조와 절개의 이미지를 생각하면 그럴 만도 하다. 그래서 동백나무를 옮겨 심을 때는 구덩이를 넓게 파고 분을 최대한 크게 떠야 한다. 화분에 기를 때도 기온이나 수분 등 환경이 갑자기 바뀌지 않도록 조심해야 한다. 그렇지 않으면 귀한 꽃망울들이 모두 떨어져 버릴 수도 있다.

오랜 역사에 걸쳐 이 땅에서 우리와 함께 모진 세월을 견디며 살아온 동백꽃은 지금도 단아하면서도 애틋한 모습으로 우리 마음에 울림을 주고 있다. 그래서 동백꽃이 필 때가 되면 마음은 벌써 고창 선운사나 오동도, 남해 대흥사나 보길도의 동백숲에 가 있게 마련이다. 오륙도가 바라다보이는 부산의 동백섬도 좋다. 이해인 수녀의 아름다운 시 「동백꽃이 질 때」에 그려진 모습처럼 추운 계절에도 언제나 기쁨의 불을 밝혀 주는 동백꽃은 우리 곁에 늘 가까이에 존재하며 진정한 사랑과 헌신의 의미를 일깨워 준다.

동백나무 *Camellia japonica*

차나무과에 속하는 상록 소교목 또는 교목으로 우리나라, 중국, 일본, 타이완에서 자란다. 보통 2~6미터로 자라며 때때로 10미터까지 자란다. 겨울과 봄에 걸쳐 개화하는데 홑꽃으로 6~7장의 꽃잎이 달린다. 꽃은 일반적으로 붉은색이지만 분홍색과 흰색도 있다. 동박새 같은 새가 꽃가루받이해 주는 조매화(鳥媒花)다. 9~10월에 둥근 모양의 붉은 삭과(蒴果, capsule)로 익는 열매는 3실로 나뉘어 있으며 각 실에 1~2개의 씨앗이 들어 있다.

동백꽃.

필리프 프란츠 폰 지볼트의 『일본 식물지(*Flora Japonica*)』(1838년)에 수록된 수국 '오타크사' (*Hydrangea macrophylla* 'Otaksa').

·11장·
수국
신선들의 벗

아이 머리만큼이나 크고 동그란 얼굴에 하얀색, 파란색, 분홍색, 빨간색으로 물든 수국을 보고 환하게 웃지 않을 사람이 있을까? 따뜻한 남녘의 예쁜 마을 어귀, 혹은 제주의 어느 식물원 여름 정원을 가득 채우며 피어나는 파란색 수국은 보기만 해도 시원한 꽃의 물결이다. 커다랗고 화사한 수국은 내 마음을 가장 잘 알아주는 사람의 싱그러운 미소처럼 바라보는 마음을 금세 환하게 만드는 묘약이다.

일찍이 당나라 시인 백거이(白居易)는 보랏빛 수국을 처음 보고 자양화(紫陽花)라는 이름을 붙이며 신선들이 즐길 법한 꽃이라고 극찬했으니 이 꽃의 아름다움에 대해 더 이상 말해 무엇할까. 갓 피어나 절정에 이른 수국은 마치 이 세상 꽃이 아닌 것처럼 흠 없이 아름답고 탐스럽기만 하다.

수국의 원래 이름은 수구(繡毬)로 꽃 모양이 비단에 수를 놓아 만든 아름다운 둥근 꽃이라는 뜻이다. 근세 이후에는 물을 좋아하는 국화라는 뜻의 수국(水菊)으로 바뀌어 불리게 되었다. 수국의 속명인 히드란게아는 그리스 어로 물을 뜻하는 히드로(hydro)와 그릇을 뜻하는 안게리온(angerion)이 합쳐진 말이다. 열매 모양이 물동이를 닮았기 때문이다.

전 세계적으로 수국 종류는 주로 동아시아와 아메리카 대륙에 약 80종이 분포하고 이들 사이에서 육종된 품종은 600종에 달한다. 편의상 꽃 뭉치 모양에 따라 둥그런 공 또는 더부룩한 머리 모양의 몹헤드(mophead) 종류와 평평한 원판 모양 혹은 레이스 달린 모자 모양의 레이스캡(lacecap) 종류로 나눈다. 그런데 이 꽃 중에는 진짜 꽃이 있고 가짜 꽃이 있다. 몹헤드 꽃 뭉치에서 크고 화려한 꽃잎처럼 보이는 것은 사실 꽃받침으로 암술과 수술이 없는 헛꽃, 즉 불임성 무성화(無性花, neuter flower)다. 반면 레이스캡은 가장자리 부분만 크고 화려한 헛꽃으로 되어 있고 중심부는 자잘한 참꽃들, 즉 가임성 유성화로 되어 있다. 헛꽃으로 꽃가루 매개 곤충을 유혹하기만 하는 것이 아니라 참꽃으로 보답을 해 주는 것이다.

산수국(*Hydrangea macrophylla* subsp. *serrata*) 같은 종류가 이런 레이스캡 형태의 꽃을 피운다. 꽃가루받이가 이루어지면 가장자리 헛꽃들이 뒤집혀 벌에게 다른 꽃으로 가라고 알려주기까지 하니 기특하기도 하다. 탐라산수국(*Hydrangea serrata* f. *fertilis*)은 참꽃 주변을 장식하는 헛꽃에도 암술과 수술이 있어 벌과 나비 등 꽃가루 매개 곤충에게 더욱 유익

일본 에도 시대 화가
오가타 고린(尾形光琳)의
18세기 수국 그림.
메트로폴리탄 박물관 소장 자료.

하다. 이렇게 수국의 종류마다 헛꽃과 참꽃의 조합이 매우 다양한데, 이것이 꽃의 아름다움과 꽃가루 매개자의 활동성 여부를 결정한다.

덩굴성으로 자라는 수국도 있는데 우리나라 울릉도, 제주도, 남해안 섬에 자라는 등수국(Hydrangea petiolaris)은 일찍부터 유럽에서 새로운 품종으로 거듭나 오래된 건물 벽면과 담장을 장식하고 있다. 나무수국(Hydrangea paniculata)으로 불리는 종류도 정원 식물로 널리 쓰인다. 꽃은 둥그렇지도 평평하지도 않은 길쭉한 원추 꽃차례(원추 화서, panicle)로 피어난다. 전년도에 자란 가지에 꽃눈이 생기는 수국과 달리 나무수국은 당년 봄에 새로 자라난 가지에 꽃눈이 생긴다. 일반적으로 수국은 내한성이 약해서 겨울이 매우 추운 곳에서는 꽃눈이 동해(凍害)를 입어 노지에서 꽃을 보기 어렵지만, 나무수국은 매우 추운 지역에서도 매년 꽃을 보는 데 문제가 없다. 하지만 내한성이 더 강하면서 당년지(當年枝, 그해에 새로 나서 자란 가지)에서 꽃이 피는 수국 품종도 육종되고 있고, 나무수국의 경우 흰색뿐 아니라 분홍색, 붉은색, 자주색으로 꽃 피는 품종들도 줄기차게 새로 육종되고 있어 선택의 폭이 점점 넓어지고 있다.

가정에서 절화용이나 분화용으로, 결혼식 부케로 가장 인기가 많은 종류는 뭐니 뭐니 해도 일반 수국(Hydrangea macrophylla)이다. 꽃 시장에 가장 많이 등장하는 동그랗고 커다란 몹헤드 꽃을 가진 이 수국의 원래 고향은 중국과 일본으로 알려져 있는데, 오랜 세월 동안 워낙 많은 변종과 품종, 재배종이 혼재되어 있어 계보가 복잡하다.

중국에서 수국은 도교 사상을 기반으로 한 전설 속 곤륜산에 살고 있다는 여덟 신선, 즉 팔선(八仙)과 관련이 있는데, 다채롭고 변화무쌍한 수국의 꽃이 그 신선들처럼 보인다고 하여 아주 오래전부터 팔선화(八仙花)라고 불렸다. 명나라 시대에 만들어진 정원으로 중국 쑤저우에서 가장 아름다운 정원 중 하나로 평가받은 졸정원(拙政園)에도 일찍이 수국이 심어져 있었다는 기록이 있다. 수국은 여러 문인의 시와 그림, 도자기, 직물의 문양에도 등장하며, 14세기에는 금실로 짠 태피스트리에 수국의 꽃 모양을 수놓기도 했다. 수국이 당시 상류 사회에서 중요하게 쓰였다는 것을 알 수 있는 대목이다.

일본에서도 수국은 오래전부터 특별한 대접을 받았다. 헤이안 시대인 930년에 편찬된 사서 『왜명류취초(倭名類聚抄)』에 "아즈사아이(阿豆佐為)"라는 표기로 수국이 등장한다. 현대 일본어로는 수국을 아지사이(アジサイ)라고 한다. 일본에서 수국은 불교 문화와도 관련이 있다. 석가모니가 태어났을 때 9마리 용이 암리타, 즉 감로(甘露)를 부어 목욕시켰다는 전설이 있다. 일본에서는 헤이안 시대부터 매년 4월 8일 관불회(灌佛會)를 거행하며 오색수(五色水)나 향탕(香湯)을 아기 부처상에 부어 석가모니의 탄생을 축하해 왔는데, 19세기 무렵부터는 수국 잎을 우려낸 감차(甘茶)를 사용했다. 여기에는 툰베리산수국(*Hydrangea serrata* var. *thunbergii*) 종류가 쓰였다. 이 수국의 잎을 말리면 필로둘신(phyllodulcin) 성분의 단맛이 나서 감미료로 사용하기도 한다. 그래서 일본에는 수국으로 유명한 불교 사원이 많다. 교토 우지 시에 있는 절 미무로토지(三室戸寺)에는 1만 제곱미터가 넘는 면적에 약 30종에 달하는 수국이 자라고 있다. 에도 시대 말기 우키요에 화가인 우타가

와 히로시게(歌川広重)가 다양한 꽃과 새를 그린 화조화 속에도 수국이 등장한다. 메이지 시대에는 기모노 장식 꽃무늬로 수국이 쓰였다. 오늘날에도 일본에서는 매년 늦봄과 여름에 걸쳐 곳곳에서 수국 축제가 크게 열린다.

수국이 유럽에 처음 알려진 것도 일본을 통해서였다. 1639년에도 막부의 쇄국령 이후 외국인이 일본을 여행하는 것이 금지되었기 때문에, 당시 유럽의 식물학자들은 새로운 식물을 수집하기 위해 큰 모험을 감행해야 했다. 독일의 엥겔베르트 켐퍼는 1690년 네덜란드 동인도 회사 소속 군의관으로 일본에 왔다가 수국을 알게 되었고, 1712년 출간한 『이국의 즐거움(Amoenitates Exoticae)』이라는 책에서 수국을 소개했다. 스웨덴의 박물학자이자 린네의 제자였던 칼 페테르 툰베리는 1775년 일본으로부터 수국과 산수국을 가지고 왔다.

필리프 프란츠 폰 지볼트(Philipp Franz von Siebold)의 이야기가 가장 흥미롭다. 그는 막부가 나가사키에 네덜란드와 무역을 위해 만든 외국인 거주구이자 인공 섬인 데지마(出島)에서 네덜란드 총독의 주치의로 일하며 식물과 동물 수집에 큰 관심을 가졌다. '오타키 상'이라는 별명을 가진 일본 여인 구스모토 다키(楠本滝)와 사랑에 빠져 둘 사이에 딸을 낳기도 했다. 하지만 일본 정부가 외국 반출을 엄격히 금지한 상세 지도를 입수한 것이 발각되어 1년 가까이 가택 연금에 처해진 후 1829년 추방되었다. 그는 그동안 수집한 수천 종에 이르는 동식물들과 함께 바타비아로 돌아왔다. 그중에는 수국이 포함되었는데, 그 수국에 아내의 이름을 붙여 수국 '오타크사'(*Hydrangea macrophylla*

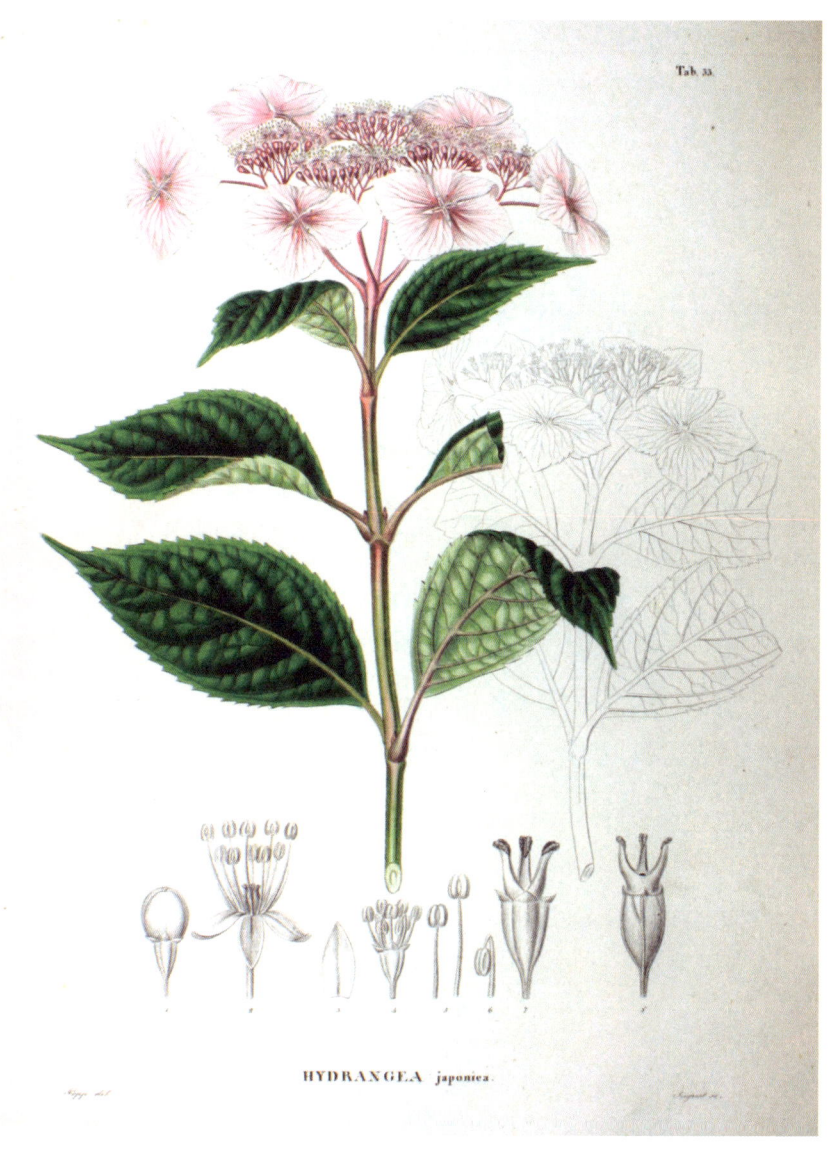

지볼트와 요제프 게를하르트 추카리니(Joseph Gerhard Zuccarini)의 『일본 식물지 1부(Flora Japonica, Sectio Prima)』(1870년)에 수록된 산수국 세밀화.

'Otaksa')라고 명명했다. 당시 식물학자에게 먼 이국 땅에서 새로운 식물 종을 수집하는 일은 자신의 삶과 목숨을 걸 만큼 중요한 과업이었다. 지볼트가 꽃을 찾아 떠난 모험 중에 만난 꽃보다 아름다운 인연은 그의 인생에서 가장 소중한 기억 중의 하나로 남았을 것이다.

　　미국의 수국 이야기는 완전히 다른 종에서 시작한다. 미국수국(*Hydrangea arborescens*)이라는 이름의 수국은 원래 아메리카 원주민들이 뿌리를 진통제, 방광 치료제 등으로 약용하던 것이다. 미국수국은 18세기 식물학자들의 예리한 눈에 띄어 정원용 식물로 두각을 나타내기 시작했다. 먼저 존 바트람(John Bartram)은 1730년대 미국수국을 발견했는데, 1736년경 피터 콜리슨(Peter Collison)이 펜실베이니아에서 영국으로 처음 도입했고, 린네가 1753년 지금의 학명으로 명명했다.

　　존 바트람의 아들 윌리엄 바트람(William Bartram)은 1776년 조지아 원산의 떡갈잎수국(*Hydrangea quercifolia*)을 발견했다. 그는 미국수국과 떡갈잎수국 등 자생 수국 씨앗을 유명 인사를 비롯한 지인들과 나누었다. 그중에는 미국의 초대 대통령 조지 워싱턴(George Washington)과 3대 대통령 토머스 제퍼슨(Thomas Jefferson)도 있었다. 워싱턴은 버지니아 주에 있는 농원 저택 마운트 버넌(Mount Vernon)의 잔디 볼링장에 수국을 심었고, 제퍼슨은 자신이 설계한 팔라디오 양식의 건축물인 몬티셀로(Monticello)에 딸린 정원에 수국을 심었다.

　　미국수국은 흰색의 몹헤드 형태의 화려한 꽃을 피우며 2미터 가까이 자라는 특징이 있다. 가치를 알아본 식물학자와 지도자 덕분에 미국수국은 예나 지금이나 많은 사랑을 받고 있다. 대표적인 미국

수국 품종으로 '아나벨리(Annabelle)'가 있는데, 꽃이 축구공만큼 크기로 유명하다. 한여름 정원에 이 새하얀 꽃이 피어 있으면 마치 소중한 사람을 위한 아름다운 부케처럼 소담스러운 모습에 마음마저 풍요로워진다. 1999년에는 앨라배마 주를 상징하는 야생화로 떡갈잎수국이 공식 지정되었다.

오늘날 전 세계적으로 유통되는 수많은 품종의 수국은 열성적인 식물학자와 식물 사냥꾼이 수집한 여러 종류의 수국을 가지고 20~21세기에 프랑스, 독일, 네덜란드, 스위스, 미국, 일본 등지에서 육종가들이 개발한 소중한 것들이다. 일반적인 수국보다 몇 배나 많은 꽃을 피우는 '런어웨이 브라이드 스노 화이트(Runaway Bride Snow White)'라는 품종은 2018년 영국 왕립 원예 협회로부터 우수 정원 식물로 선정되기도 했다.

수국은 토양의 산도(pH)에 따라서 꽃 색깔이 달라지기로 유명하다. 산성(pH 7 미만)에서는 파란색, 염기성(pH 7 초과)에서는 분홍색을 띤다. 여기에는 알루미늄의 역할이 크다. 산성에서는 알루미늄 성분이 쉽게 물에 녹아 뿌리로 흡수되는데 이 알루미늄은 꽃에 있는 안토시아닌 색소와 결합한다. 원래 붉은색을 내는 안토시아닌이 알루미늄과 결합하여 제 기능을 발휘하지 못하게 되면서 꽃이 푸른빛을 띠게 되는 것이다. 따라서 파란 수국을 보려면 산성 토양에 알루미늄을 넣어 기르면 되고, 분홍 수국을 보려면 염기성 토양에서 기르면 된다. 하지만 알루미늄의 영향을 받지 않는 다른 대부분의 수국 종들은 이렇게 산도에 따라 색깔이 극적으로 변하지는 않는다.

아름다운 수국꽃을 여러 장식 문양에 사용하는 전통은 20세기에도 계속 이어졌다. 1950년대 중반, 프랑스의 모자 디자이너 마담 폴레트(Madame Paulette)는 에디트 피아프(Édith Piaf), 그레타 가르보(Greta Garbo), 윈저 공작 부인(Duchess of Windsor) 같은 유명인을 위해 수국 모자를 만들었다. 수국은 꽃이 피어 있을 때가 가장 예쁘지만 지고 나서도 우아한 자태를 잃지 않는다. 미국의 노벨 문학상 수상 작가인 토니 모리슨(Toni Morrison)이 『타르 베이비(Tar Baby)』라는 소설에서 표현한 것처럼 수국은 시들어 마른 꽃도 사랑스럽기 때문이다. 간혹 수국을 불두화, 백당나무와 혼동하는 경우가 있다. 각각 몹헤드, 레이스캡 모양으로 생긴 꽃 뭉치가 언뜻 보면 영락없이 수국꽃처럼 보이는 탓이다. 하지만 이들은 인동과(Caprifoliaceae)의 산분꽃나무속(Viburnum)에 속하는 완전히 다른 식물이다.

    수국은 반그늘과 양지에서 잘 자라고, 배수가 아주 잘 되며 적절한 거름과 부엽토가 섞인 촉촉한 토양을 좋아한다. 만약 절화로 수국 꽃을 즐기고자 할 때는 꽃대를 45도 각도로 자른 다음 즉시 끓는 물에 담근다. 그러면 꽃줄기의 물올림을 방해하는 수액이 녹아 없어진다. 그다음에는 실온의 물에 꽂아 감상하면 된다. 물은 매일 갈아 주는 것이 좋다.

수국 *Hydrangea macrophylla*

중국, 일본 원산으로 오래전부터 우리나라에서도 널리 재배되었다. 커다란 잎은 짙은 초록색이며, 꽃은 여름에 걸쳐 파랑, 빨강, 분홍, 연보라, 진보라로 핀다. 품종에 따라 다양한 조합의 헛꽃과 참꽃이 둥그런 몹헤드 형태 또는 평평한 레이스캡 형태의 산방 꽃차례로 달린다. 높이 2미터, 폭 2.5미터 정도로 자라며 내한성은 나무수국에 비해 약한 편이다. 전년지와 당년지에 모두 꽃눈이 생겨 개화기가 아주 긴 '올 서머 뷰티(All Summer Beauty)', 커다랗고 둥근 파란색 꽃을 왕성하게 피우는 '니코 블루(Nikko Blue)' 등 훌륭한 품종이 많다.

토양 산도에 따라 꽃 색깔이 변하는 수국.

1832년 발행된 《커티스 보태니컬 매거진》 제59호에 수록된 접시꽃 그림.

· 12장 ·
접시꽃
시골집 어귀에 피어난 따뜻한 위로

 초여름이면 길가나 담장, 마을 어귀에 사람 키만 한 접시꽃의 꽃대가 우뚝 솟아 무궁화를 닮은 큼직한 꽃을 피워 낸다. 접시꽃은 화려함과 수수함, 강건함과 수려함이 절묘하게 뒤섞인 독특한 아름다움을 갖춘 꽃이다. 시골의 매력을 흠뻑 느끼게 해 주거나 혹은 도시 정원에서 야생의 느낌을 주기에 이만한 꽃도 드물다. 스스로 씨앗을 뿌린 뒤 이듬해 꽃을 피우는 접시꽃은 별다른 보살핌 없이도 꿋꿋하게 세대를 이어 가며 아주 오랜 세월 동안 우리 주변에 살아왔다.

 접시꽃은 원래 쓰촨 성을 비롯한 중국 남서부에서 2,000년 넘게 재배된 꽃이다. 우리나라에도 삼국 시대 무렵 '촉나라의 아욱꽃'을 뜻하는 촉규화(蜀葵花)라는 이름으로 들어와 자라기 시작했다. 비슷한 시기 도입된 국화는 왕실과 귀족을 중심으로 많은 관심과 사랑을 받았지만, 촉규화는 주로 평민들에게 친숙한 민가 주변의 꽃으로 자리매김하게 되었다.

신라 말기 문신으로 당나라로 유학까지 다녀왔던 최치원(崔致遠)이 촉규화에 대해 쓴 시를 보면 당시 이 꽃에 대한 인식을 잘 알 수 있다.

적막하고 거친 밭머리에 (寂莫荒田側)
탐스럽게 핀 꽃 부드럽게 가지 누르네 (繁花壓柔枝)
장맛비 그쳐 향기 날리고 (香輕梅雨歇)
보리 바람에 그림자 기우네. (影帶麥風欹.)

수레나 말 탄 사람 누가 보리오 (車馬誰見賞)
벌과 나비만 엿볼 뿐이네 (蜂蝶徒相窺)
낮은 땅에 태어난 게 스스로 부끄러워 (自慙生地賤)
사람들에 버림받은 한을 견디네. (堪恨人棄遺.)

밭머리에 아름답고 탐스럽게 피었지만 벌과 나비 외에는 찾는 이 없는 촉규화의 모습에 최치원은 드높은 학문적 경지와 실력을 갖추고도 좀처럼 세상의 인정을 받지 못하는 자신을 투영했다. 혈통에 따라 신분을 나누는 골품제의 폐단으로 뜻을 맘껏 펼치지 못하는 안타까운 심상을 촉규화를 통해 표현한 것이다.

예로부터 민간에서는 촉규화를 약재로 쓰고 어린잎은 식용하기도 했다. 약효로 보자면, 호흡기 질환과 점막 염증, 인후염과 방광염, 잇몸 출혈, 야뇨증에 효능이 있다고 알려져 왔다. 줄기 껍질의 질긴 섬유질을 이용해 노끈을 만들거나 길쌈을 하기도 했다.

촉규화는 현대에 와서 접시꽃이라는 이름으로 기록되기 시작했다. 조민제 등이 2021년에 펴낸 『한국 식물 이름의 유래』에 따르면, 접시꽃은 1937년에 발간된 『조선 식물 향명집』에도 "촉규화"라는 이름으로 기재되었는데, 해방 뒤인 1949년에 발간된 『우리나라 식물 명감』에는 "접시꽃"으로 기록되었다고 한다. 말 그대로 접시처럼 생긴 커다란 꽃이라는 뜻이다.

접시꽃의 학명은 알케아 로세아(*Alcea rosea*)다. 알케아(*Alcea*)는 아욱과(Malvaceae)의 식물을 뜻하는 그리스 어 알케아(alkea)에서 유래했고, 로세아(*rosea*)는 장밋빛을 뜻한다. 접시꽃은 고대 그리스와 로마 시대부터 여러 약초학 책과 문헌을 통해 소개되었다. 가령 1세기 대(大) 플리니우스, 즉 가이우스 플리니우스 세쿤두스(Gaius Plinius Secundus)가 저술한 방대한 분량의 『박물지(*Naturalis historia*)』에도 알케아라는 이름으로 접시꽃이 수록되었다.

이슬람 문명에서도 접시꽃에 대한 기록을 찾아볼 수 있다. 고대부터 발달한 여러 교역로를 통해 중국의 접시꽃은 먼저 중동 지역으로 전해졌다. 다른 나라에서 온 새로운 식물은 일찍이 정원 사상이 발달한 이슬람 문명에서 큰 관심거리였다. 이베리아 반도 남부 세비야의 농업인 이븐 알아왐(Ibn al-'Awwam)이 12세기에 서술한 『농서(*Kitab al-fila-hah*)』에는 다양한 식물과 함께 접시꽃이 등장한다. 이슬람 세계에 유입된 접시꽃은 다시 여러 경로를 통해 유럽으로 전해졌다. 접시꽃이 속한 아욱과의 식물을 앵글로색슨 어로 호크(hoc)라 했는데 성지(Holy Land, 현재의 이스라엘과 팔레스타인 지방)로부터 왔기 때문에 홀리호크(hollyhock)라는 영어 이름을 갖게 되었다.

영국으로 접시꽃을 처음 들여온 사람은 스페인 태생으로 영국 에드워드 1세(Edward I)의 여왕이었던 카스티야의 엘레아노르(Eleanor of Castile)였다. 그녀는 1254년 에스파냐 북부 부르고스에서 에드워드와 결혼식을 올린 후, 1255년 영국으로 여행길에 오르면서 접시꽃 씨앗을 가지고 갔다. 그래서 접시꽃은 스페인의 장미로 불리기도 했다. 프랑스에서는 16세기 초 브리타니의 안(Anne of Brittany) 여왕의 기도서에 접시꽃이 처음 등장한다. 여기서는 "로제 트리미에(rose trémière)"라고 표기되었다. 1551년 영국의 식물학자이자 의사였던 윌리엄 터너(William Turner)는 자신의 책 『새로운 약초 의학서(A New Herball)』에 "홀리요크(holyoke)"라는 이름으로 접시꽃을 소개했다. 그 후 약초학자 존 제라드(John Gerard)가 1597년 저술한 『본초학(Herball)』에는 "말바 호르텐시스(Malva hortensis)"라는 학명으로 접시꽃이 소개되었다. 이 책에서는 접시꽃의 관상 가치뿐 아니라 뿌리, 잎, 씨앗이 지닌 약효와 재배법도 다루었다.

16세기에는 시베리아 원산의 알케아 피키폴리아(Alcea ficifolia)를 포함한 다른 접시꽃 종도 영국에 도입되었고, 식물학자 존 파킨슨(John Parkinson)이 1629년 저술한 『태양의 낙원, 지상의 낙원들(Paradisi in sole paradisus terrestris)』에 다양한 색깔의 접시꽃과 함께 "검정 블라우스처

유럽에서 오랫동안 시골집 정원 울타리나 밭 가장자리를 장식하는 꽃으로 인식되었던 접시꽃.
스코틀랜드 태생의 삽화가 제시 킹(Jessie M. King)이 1930년에 영국 시인 존 드링크워터(John Drinkwater)의 시 「홀리니스(Holiness)」에서 영감을 받아 그린 삽화이다.

럼 검붉은" 접시꽃 '니그라'(*Alcea rosea* 'Nigra')가 언급되었는데 수 세기 동안 귀하게 여겨졌다.

  18세기 중반 무렵에는 영국 곳곳에서 접시꽃을 많이 볼 수 있었다. 하지만 상류층과 플로리스트에게는 인기가 그리 많지는 않았고, 19세기 초까지도 여전히 흔한 꽃으로 취급받았다. 헨리 필립스(Henry Philips)가 1824년 『식물의 역사(*Flora Historica*)』에서 언급한 것처럼 접시꽃은 시골집 정원 울타리나 밭 가장자리 같은 곳에 잘 어울리는 꽃이었다. 그럼에도 불구하고 새로운 접시꽃 품종 육종에 가장 뜨겁게 열정을 쏟은 사람은 윌리엄 채터(William Chater)와 찰스 배런(Charles Barron)이었다. 둘은 각자 보유한 접시꽃 컬렉션을 가지고 수년 동안 교잡 육종에 몰두했다. 채터는 1845년 배런의 컬렉션을 매입하여 1847년 혁신적인 겹꽃 접시꽃 품종을 만들어 냈다. 담황색을 띠는 그 품종에는 '찰스 배런'이라는 품종명이 붙었다. 그는 모양과 색깔, 꽃잎 수에 있어서 더 개량된 완전히 새로운 겹꽃 접시꽃을 만들어 낸 공로로, 1850년 영국 왕립 원예 협회로부터 뱅크시아 메달(Banksian Medal)을 수상했다.

 1851년 『꽃의 정원(The Flower Garden)』을 저술한 조지프 브렉(Joseph Breck)은 접시꽃에 대해 언급하면서 "이 평범하고 오래된 꽃이 대중의 사랑을 받을 만큼 크게 개선되었고 머지않아 플로리스트에게도 인기를 끌게 될 것."이라는 기대 평을 내놓았다. 이러한 흐름을 타고 채터는 그 후로도 수십 년 동안 접시꽃 품종 개발을 위해 노력했고 1880년대에는 가장 인기 있는 겹꽃 품종 중 하나인 채터스 더블(Chater's Double)을 개발했다.

 하지만 1873년 접시꽃은 큰 위기를 맞이하게 된다. 남아메리카에서 시작돼 오스트레일리아를 거쳐 유럽으로 퍼진 녹병 때문이었다. 잎에 황갈색 가루 반점이 생기며 매우 빠르게 퍼지는 이 병은 식물체를 폐기하는 것 외에는 당시 알려진 치료법이 없었다. 19세기 말까지 접시꽃 재배는 사실상 거의 포기 상태였다. 채터 농장도 예외는 아니었다. 그사이 채터는 죽음을 맞이했고 그의 농장은 조지 웹(George Webb)이 인수했다. 이후 녹병의 위협은 사라졌지만 한번 사그라든 접시꽃의 인기는 좀처럼 되살아나지 않았다.

접시꽃의 문제는 단지 녹병만이 아니었다. 윌리엄 로빈슨(William Robinson)처럼 영향력 있는 자연주의 정원사는 지나치게 인위적인 모습으로 개량된 다른 꽃들과 함께 접시꽃 겹꽃 품종을 비판했다. 꽃이 너무 둥글고 단단하며 꽃잎이 너무 많다는 것이었다. 하지만 빅토리아 명예 훈장을 받은 영국의 식물학자 리처드 딘(Richard Dean)은 로빈슨과 맞섰다. 접시꽃은 가난한 사람들의 정원에서 자유롭게 씨를 뿌리는 꽃이며 결코 버려져서는 안 된다는 것이었다. 20세기 초 접시꽃은 천천히 정원으로 돌아오기 시작했다. 특히 순수한 마음으로 꽃을 좋아하는 아이들과 정원사, 동화 작가와 삽화가는 언제나 접시꽃을 좋아했다. 미술 공예 운동을 이끌며 코티지 가든 양식의 섬세한 정원을 만들었던 거트루드 지킬과 그녀의 추종자들에게 접시꽃은 아주 훌륭한 정원 식물이었다. 옛 과일나무가 정겹게 자라고, 덩굴장미가 트렐리스를 타고 올라가는 정원에서 다른 꽃 사이로 아주 높게 자라는 붉은색, 하얀색, 분홍색 접시꽃은 마음을 푸근하게 해 준다.

일찍이 접시꽃이 전 세계로 퍼져 나갈 수 있었던 이유는 적응력이 뛰어나고 재배가 쉽기 때문이었다. 토양을 잘 가리지 않으며 햇빛을 좋아하지만 약간의 그늘도 허락한다. 다만 자리를 옮기는 것을 싫어하므로 씨앗 발아 후 초기에 자리를 잘 잡아 주는 것이 좋다.

접시꽃의 꽃말은 단순함, 편안함, 다산, 풍요이지만 우리나라 사람들이 느끼는 접시꽃에 대한 감정은 도종환 시인이 1986년 발표한 「접시꽃 당신」이라는 시 속에 잘 담겨 있다. 바로 사랑하는 사람에 대한 애절한 그리움이다. 그 마음을 표현하듯 접시꽃은 첫해에 꽃을 피우지 않고 이듬해 6월 무렵부터 피기 시작하여 여름 내내 개화가 지속된다. 접시꽃은 그렇게 오랜 기다림 후 그 어떤 꽃보다 진하고 후하게 보상을 안겨 주는 꽃이다. 매년 추운 겨울을 이겨 내고 틔워 올리는 싹과 뿌리를 함부로 건드리지 않는 누군가의 소박한 정원에서 접시꽃은 가장 아름답게 여름을 장식해 주는 고마운 식물이다.

접시꽃 *Alcea rosea*

중국 남서부 지방이 원산지로 이년생 혹은 다년생으로 2~2.4미터까지 자란다. 보통 7~9월에 파종하면 첫해에는 영양 생장만 이루어진 후 이듬해 6~8월에 긴 총상 꽃차례를 따라 지름 10센티미터 정도의 접시 모양 꽃이 순차적으로 피어난다. 밝은 초록색의 잎은 하트 모양으로 가장자리에는 얕게 물결치듯 결각(缺刻)이 져 있다. 줄기와 잎에 털이 나 있으며, 기본적으로 분홍색, 보라색, 흰색, 노란색 홑꽃 종류가 있다. 오랜 세월 동안 교잡 육종을 통해 자홍색, 연홍색, 검은색, 겹꽃 등 다양한 품종이 개발되었다. 나비와 벌을 비롯한 꽃가루 매개자들이 좋아하는 꽃이다.

접시꽃.

프랑스 화가 앙리 팡탱라투르(Henri Fantin-Latour)가 1888년 그린 작품 「장미와 백합(Roses et Lys)」, 메트로폴리탄 박물관 소장.

· 13장 ·
백합
순교자와 순결한 성인의 상징

위풍당당한 아름다움과 진한 향기, 경외심마저 불러일으키는 아우라를 지닌 백합은 여러 문화권에서 아주 오래전부터 약용, 식용, 관상용으로 중요하게 여겨 온 특별한 꽃이다. 한자로 100개의 비늘 조각이 합쳐진 알뿌리라는 뜻으로 백합(百合)이라 하고, 순우리말로 나리라고 부른다. 나비처럼 아름다운 꽃 또는 나물을 뜻하는 우리말에서 비롯됐다. 영어 이름인 릴리(lily)와 속명인 릴리움(*Lilium*)은 모두 흰색 꽃을 뜻하는 그리스 어 레이리온(leirion)에서 유래했다. 수련(water lily), 은방울꽃(lily of valley), 원추리(daylily) 등 백합과 상관없는 꽃 이름에 릴리가 붙은 경우도 많은데, 꽃 모양이나 느낌이 백합과 비슷하기 때문이다. 반려 식물로 인기인 스파티필룸도 피스 릴리(peace lily)라는 영어 이름으로 불리는데, 꽃의 중심부에 육수 꽃차례 주위를 감싸고 있는 백합처럼 새하얀 불염포(佛焰苞, spathe)를 가지고 있다.

백합은 동아시아와 북아메리카, 유럽 등 주로 북반구에 100여 종이 분포한다. 필리핀 같은 아열대 지역부터 캄차카 반도 같은 아한대 지역까지 서식 기후대의 범위도 넓고, 숲 가장자리부터 습한 절벽, 고지대 초원까지 서식 환경도 다양하다. 백합꽃은 보통 여섯 갈래로 나뉜 꽃잎 같은 꽃덮이조각으로 이루어져 있는데, 과감하게 돌출된 암술대 주변으로는 수북하게 꽃밥을 매단 수술 6개가 여왕을 보호하는 근위병처럼 둘러싸고 있다.

야생에 자랐던 백합 원종은 나라마다 지역마다 인류 문명과 함께하며 각자 고유의 역사와 이야기를 간직해 왔다. 그중 가장 오랫동안 재배되며 중요한 상징적 가치를 지녀 온 백합은 마돈나 백합(Madonna lily)이라고 불리는 릴리움 칸디둠(*Lilium candidum*)이다. 원래 팔레스타인과 레바논 지역 산악 지대와 건조한 암반 서식지에 자라던 이 꽃은 페니키아 인을 통해 발칸 반도와 중동 지역 등 지중해 동부로 퍼져 나갔고, 프랑스, 이탈리아 등 유럽과 북아프리카, 카나리 제도, 멕시코로 귀화했다. 높이 자라는 꽃대 끝에 순백색으로 달리는 마돈나 백합의 꽃잎은 뒤쪽으로 살짝 젖혀 있으며 매우 향기롭다.

마돈나 백합에 관한 가장 이른 시기의 유적은 19세기 영국의 고고학자 아서 존 에번스(Arthur John Evans)가 크레타 섬에서 발굴한 크노소스 궁전에서 찾아볼 수 있다. 기원전 16세기경으로 거슬러 올라가는 프레스코 벽화 곳곳에서 마돈나 백합이 등장한다. 고귀한 권력을 상징하듯 왕관에 묘사되어 있는가 하면, 새로운 성장과 번영, 다산

기원전 1570~1470년에 그려진 것으로 추정되는 크노소스 궁전의 백합 프레스코화. 크레타 섬 이라클리온 고고학 박물관에 전시되어 있다.

과 수확을 상징하는 미노스 문명의 여신 아리아드네(Ariadne)를 숭배하는 꽃으로 그려져 있다. 그리스, 로마 시대를 거치며 마돈나 백합은 숭고한 사랑과 출산을 상징하며 결혼 의식을 치르는 신부의 화환을 만드는 데 사용되었다.

이후 6세기 비잔틴 교회에서는 예수 그리스도가 천국 같은 풍경으로 둘러싸인 높은 산에 올라 눈부시게 변모하는 장면을 묘사하는 그림 속에 등장했으며, 9세기 초에는 카롤루스 대제(Carolus Magnus)가 발간한 『도시에 관한 법령집(Capitulare de villis)』의 농경 관련 지침 꼭지에서 영지에 널리 심어 가꾸도록 권고한 약초, 채소, 과수 등 100가지 식물 목록 가운데 포함되었다. 비슷한 시기 수도사 발라프리트 슈트라보(Walafrid Strabo)는 뱀에 물린 상처 치료에 쓸 수 있는 마돈나 백합이 순수한 신앙을 의미한다고 했다. 12세기에 지어진 시칠리아의 몬레알레 대성당 모자이크에 묘사된 창세기 셋째 날 장면 속에도 바다와 육지가 생겨나며 창조된 나무 아래에 백합이 그려졌다.

마돈나 백합이 가톨릭 미술 작품에서 마리아의 순결을 상징하는 꽃으로 본격적으로 쓰이기 시작한 시기는 중세 후기와 르네상스 초기였다. 1440년경 이탈리아의 화가 조반니 디 파올로(Giovanni di Paolo)는 대천사 미카엘에 의해 천국에서 추방되고 있는 아담과 이브를 그렸는데 그림 속 천국에는 백합을 비롯하여 장미, 카네이션, 석류가 있었다. 마돈나 백합의 위상은 레오나르도 다 빈치(Leonardo da Vinci)의 「성 수태 고지(Annunciazione)」 그림 속에서 절정을 이룬다. 그림 속에서 대천사 가브리엘은 마리아에게 예수의 잉태를 알리며 세

레오나르도 다 빈치의 「성 수태 고지」(1472년).

송이 꽃으로 피어난 마돈나 백합을 전하고 있다. 이 꽃은 또한 성 요셉(Saint Joseph), 파도바의 성 안토니오(Antonio di Padova), 성녀 마리아 고레티(Maria Goretti) 같은 순결한 성인들을 상징하기도 했다. 이렇게 마돈나 백합은 순수와 순결, 동정녀 마리아, 성직자의 순교, 무고한 어린아이의 죽음을 상징하는 꽃으로 확고히 자리 잡았다.

  여러 종류의 백합이 폭발적으로 증가한 것은 19세기에 이르러서였다. 영국을 비롯한 유럽의 식물 탐험가들을 통해 많은 새로운 종이 도입되었다. 특히 독일인 의사이자 생물학자 지볼트가 릴리움 아우라툼(*Lilium auratum*), 릴리움 스페키오숨(*Lilium speciosum*) 등 주요 백합 종류를 유럽으로 도입해 새로운 교배종 육종에 불을 지폈다.

19세기 중반 무렵에는 미국에서도 보스턴을 중심으로 백합 육종가들이 활약하기 시작했고, 20세기 초에는 미국과 캐나다에서 수많은 백합 품종이 탄생했다. 가장 성공적인 백합은 부활절 백합(Easter lily)이라 불리는 릴리움 롱기플로룸(*Lilium longiflorum*)이었다. 우리나라에서 일반적으로 백합이라고 부르는 종류가 바로 이 꽃이다. 타이완과 일본 류큐 제도 원산으로 꽃잎이 바깥쪽으로 휘는 나팔 모양의 흰색 꽃은 향기가 좋다. 미국 오리건 주의 루이스 호턴(Louis Houghton)이 일본에서 이 백합을 도입하여 부활절 무렵에 개화하는 꽃꽂이용 절화로 대량 재배하면서 인기를 끌게 되었다. 하지만 이 백합은 제2차 세계 대전 후에는 수입이 차단되어 매우 귀해졌다. 현재 미국에 유통되는 거의 모든 부활절 백합은 캘리포니아 북서부와 오레곤 남서부 해안 저지대에서 생산되고 있다.

백합에 대한 인류의 오랜 사랑과 관심 덕택에 오늘날에는 정원용으로 개발된 수천 종류의 재배 품종들을 볼 수 있다. 줄기 하나에 꽃 한 송이만 피는 단정 꽃차례(단정 화서, solitary)를 비롯해, 총상 꽃차례, 원추 꽃차례, 산형 꽃차례(산형 화서, umbel) 등 꽃의 배열도 다양하다. 꽃이 피는 방향도 제각각이어서 위를 보는 꽃, 옆을 보는 꽃, 고개를 떨구고 아래를 보는 꽃이 있고, 꽃의 생김새는 컵 모양, 그릇 모양, 종 모양, 트럼펫 모양, 깔때기 모양, 납작한 모양, 별 모양이 있다. 꽃덮이조각은 아무 무늬도 없이 깔끔한 종류도 있지만, 반점, 줄무늬, 빗줄자국, 심지어 돌기가 있는 종류도 있다.

이렇게 다양한 백합 종류를 좀 더 쉽게 분류하고자 아시아틱(Asiatic), 마르타곤(Martagon), 칸디둠(Candidum), 아메리칸(American), 롱기플로룸(Longiflorum), 트럼펫(Trumpet), 오리엔탈(Oriental), 계통 간 교배종, 순수 원종, 이렇게 9개 계통으로 나눈다.

작은 키에 위쪽을 향해 피는 아시아틱 교배종은 향기가 없지만 다채롭고 선명한 색깔로 화분 재배용이나 정원용으로 인기가 많다. 꽃이 땅을 보며 피는 릴리움 마르타곤(*Lilium martagon*)에서 유래한 마르타곤 교배종은 꽃이 뒤로 완전히 젖혀져 터키 모자(Turk's cap) 같은 모양이다. 마돈나 백합 등 유럽 종으로부터 유래한 칸디둠 교배종도 있고, 북아메리카 종으로부터 유래한 키 큰 아메리칸 교배종은 군락을 형성하며 자란다. 나팔 모양 꽃이 특징인 트럼펫 계통은 1910년경 미국 하버드 대학교의 식물학자 어니스트 헨리 윌슨(Ernest Henry Wilson)이 중국 쓰촨 성의 성도인 청두 북쪽 원촨 인근 산골짜기에서 수집한 릴리움 레갈레(*Lilium regale*)와 아시아 원산의 다른 종으로부터 유래했다. 윌슨은 릴리움 레갈레를 수집하던 중 갑자기 일어난 산사태로 바위들에 깔려 오른쪽 다리에 큰 부상을 입기도 했다. 하지만 나중에는 그렇게 위험천만한 모험을 감수할 만큼 가치가 높은 이 보석 같은 꽃을 유럽의 정원에 소개한 것을 매우 자랑스럽게 이야기하고는 했다. 오리엔탈 교배종은 일본에 자생하는 릴리움 아우라툼을 비롯한 동아시아 종에서 유래했다. 일찍이 일본을 여행한 서양인들은 이 색다른 백합을 보고 놀라움을 금치 못했다. 특히 19세기 후반 메이지 시대에 대량 재배되었는데, 1862년 영국의 식물 사냥꾼 존 굴드 베이치

(John Gould Veitch)가 일본에서 이 백합을 구해 영국으로 보냈다. 바깥쪽을 향해 피는 별 모양의 순백색 꽃에 노란 줄무늬가 있고 주황색 반점들이 흩뿌려진 매우 아름답고 향기로운 릴리움 아우라툼은 백합의 귀족이라 칭송받았다.

항염, 항균, 진통 효과가 있는 백합 알뿌리를 두통, 신경통, 호흡기 질환 등 다양한 질병 치료제로 사용했을 뿐만 아니라 탄수화물, 단백질, 무기물, 섬유질, 지방이 풍부하여 일본, 중국, 몽골, 시베리아에서는 식용으로 재배한 역사도 유구하다. 특히 중국에서 용의 이빨이라는 뜻의 용아백합(龍牙百合)으로 불리는 당나리(*Lilium brownii* var. *viridulum*)와 함께 릴리움 란키폴리움(*Lilium lancifolium*), 릴리움 다비디 우니콜로르(*Lilium davidii* var. *unicolor*)는 가장 중요한 3대 식용 백합이다. 하지만 백합은 스테로이드성 글리코사이드를 함유하고 있어 고양이에게는 치명적이다. 고양이가 백합의 꽃가루를 조금이라도 흡입하거나 식물체 일부를 섭취하면 급성 신부전증 같은 심각한 증상을 보일 수 있으므로 속히 수의사의 진료를 받는 것이 좋다.

전 세계적으로 많은 사랑을 받는 백합 이야기를 하면서 우리나라 산야에 자생하는 나리 종류를 빼놓을 수 없다. 마르타콘 계통 중에는 하늘을 보며 피는 날개하늘나리와 땅을 보며 피는 땅나리, 솔나리, 참나리, 중나리가 있고, 아시아틱 계통 중에는 옆을 보며 피는 말나리, 섬말나리 등이 있다. 이 백합들은 교잡 친화성이 높아 그간 꾸준하게 새로운 재배 품종 개발을 위한 육종이 이루어져 왔는데 앞으로도 그 활용 가치가 매우 높다.

백합 *Lilium longiflorum*

타이완과 일본 원산으로 50~100센티미터 높이로 자란다. 향기가 진한 순백색의 나팔 모양 꽃을 피워 부케 등 절화용으로 인기다. 예수의 부활을 축하하는 부활절 주간에 사용하는 꽃으로도 유명하다. 해가 잘 드는 남사면, 배수성이 좋은 토양이 좋으며 양지와 반그늘에서 모두 잘 자란다. 비늘줄기 알뿌리에서 매년 새끼 알뿌리가 생겨나 번식이 이루어진다. 20세기 초 버뮤다 지역에서는 뉴욕 등지로 수출하는 부활절 백합 재배 산업이 경제적으로 매우 중요했다.

백합.

1838년 영국의 식물 세밀화가 사라 드레이크(Sarah Ann Drake)가 그린 델피니움 엘라툼 팔마티피둠 (*Delphinium elatum* var. *palmatifidum*).

·14장·
델피니움
순수하고 깊은 자연의 파랑

초여름으로 접어들 무렵 봄꽃의 향연이 끝나 가는 정원에 수직으로 높게 꽃줄기를 올려 파란색 꽃을 가득 피워 내는 식물이 있다. 봄의 피날레를 장식하며 다가오는 여름을 시원하게 맞이하게 해 주는 델피니움이다. 인상적으로 선명한 사파이어 블루 색깔을 자랑하는 델피니움을 대체할 식물은 많지 않다. 어떤 품종은 2미터 가까이 자라나 범접하기 어려운 위용을 자랑하기까지 한다. 열정적인 가드너로 유명한 영국의 찰스 3세(Charles III) 국왕은 수년 전 첼시 플라워 쇼에서 자신이 가장 좋아하는 꽃으로 델피니움을 꼽으며 "눈부시게 아름다우면서도 격조 높게 차려입은 흠 잡을 데 없는 꽃"이라고 말했다.

델피니움이라는 이름은 고대 그리스 어로 돌고래를 뜻하는 델피니온(delphinion)에서 유래했다. 꽃이 피기 전 꽃봉오리 모양이 꼭 돌고래처럼 생겼기 때문이다. 자세히 보면 5장의 꽃받침잎 가운데 위쪽에 있는 하나가 꿀주머니를 형성하며 돌고래 코처럼 뒤쪽으로 길게 돌출되어 있다. 델피니움은 주로 북반구와 아프리카 고산 지대에 걸쳐 300종 정도가 분포한다. 한국에도 몇몇 델피니움 종류가 자라는데 제비고깔, 큰제비고깔 등으로 불린다. 우리 눈에는 꽃봉오리가 물찬 제비를 닮았고, 꽃이 활짝 펼쳐지면 고깔처럼 보이는 까닭이다. 한자어로는 날아가는 제비를 닮았다는 뜻의 비연초(飛燕草), 혹은 비취색 참새라는 뜻의 취작(翠雀)이라고 불린다.

트루 블루(true blue)라는 영어 단어는 자연에서 드문 진짜 파란색 염료 혹은 남빛 염료를 뜻한다. 그리고 델피니움이 보이는 눈부신 파란빛 꽃을 가리키는 단어이기도 하다. 신비로운 느낌을 주는 이 색깔은 꽃에 들어 있는 안토시아닌의 일종인 델피니딘(delphinidin) 색소에 기인한다. 꿈과 자유, 모험과 창조가 조화를 이루며 안정과 평화를 상징하는 색으로 파란색이 귀한 대접을 받기 시작한 것은 중세 이후부터다. 12세기 가톨릭 종교화에서 성모 마리아의 옷이 푸른빛으로 그려졌고, 이후 여러 왕의 의복과 문장에도 파란색이 널리 쓰이게 되었다. 정원에서 델피니움을 재배한 기록은 16세기부터 등장하기 시작하는데, 당시 페르시아 지역에 건국된 사파비 제국 제5대 황제였던 아바스 대제가 만든 이스파한의 정원에도 델피니움이 자랐다.

오늘날 정원에 쓰이는 수많은 델피니움 품종은 대부분 19세기 이후에 탄생했다. 그중 '엘라툼(Elatum)' 그룹이 가장 인기가 많다. 아시아와 유럽의 온대 지방에 널리 자라는 델피니움 엘라툼(*Delphinium elatum*)으로부터 유래된 품종으로, 1미터가 넘는 큰 키에 화려한 꽃과 함께 오늘날 정원에서 인기 있는 대부분의 델피니움 종류가 여기에 속한다. 19세기 프랑스 육종가 빅토르 르무앙(Victor Lemoine)이 주도적으로 많은 품종을 만들어 냈다.

다음으로 '퍼시픽 하이브리드(Pacific Hybrids)' 그룹은 엘라툼과 비슷하지만, 일년초 혹은 이년초로서 크기가 더 작다. 1960년대 미국 캘리포니아의 육종가 프랭크 레이넬트(Frank Reinelt)가 깨끗하고 거의 차가운 느낌의 푸른빛부터 짙은 인디고 색상까지, 라벤더와 라일락, 분홍과 순백색에 이르는 다양한 색깔의 품종을 탄생시켰다. 고대 브리튼 지역에서 원탁의 기사들과 함께 왕국을 건설했다는 전설의 왕의 이름을 딴 '킹 아서(King Arthur)'라는 품종도 유명하다.

델피니움 가운데 가장 강렬한 파란색 꽃을 자랑하는 '그란디플로룸(Grandiflorum)' 그룹도 있다. 시베리아, 몽골, 중국뿐 아니라 한국의 북부 지방에 자생하는 제비고깔(*Delphinium grandiflorum*) 종류에서 유래되었다. 엘라툼에 비해 훨씬 더 작으며 하나의 꽃대가 아니라 관목처럼 가지를 치며 하늘하늘 우아하게 꽃을 피운다. 햇빛을 받으면 형광으로 보일 정도로 진한 파랑부터 아주 옅은 하늘색까지 다양한 색상 팔레트를 보여 준다. 그래서 품종 이름도 '블루 버터플라이(Blue Butterfly)', '블루 미러(Blue Mirror)', '블루 피그미(Blue Pygmy)', '스카이 블루(Sky Blue)'와 같이 '블루'가 들어간 품종이 많다.

마지막으로 '벨라돈나(Belladonna)' 그룹은 델피니움 엘라툼과 델피니움 그란디플로룸 사이 교배를 통해 만들어진 품종이다. 1미터 정도 자라는 꽃대는 하나가 아니라 여러 줄기로 가지를 치며 꽃들도 빽빽하게 밀집하지 않고 성기게 피는 특징이 있다.

독일의 작가이자 육종가, 원예가였던 칼 푀르스터(Karl Foerster)는 델피니움의 파란색에 빠져들어 1907년부터 자신만의 델피니움 컬렉션을 만들어 가기 시작했다. 당시 독일의 인기 품종을 비롯해 제임스 켈웨이(James Kelway)와 같은 영국 육종가들의 품종까지 수천 본의 델피니움들을 모아 교배 육종을 시작했다. 그의 가장 큰 목표는 선명하면서도 빛이 나는 푸른색 꽃을 만드는 것이었는데, 1912년 자신이 원하던 순수한 파란색을 지닌 '아르놀트 뵈클린(Arnold Bocklin)'이라는 품종을 탄생시켰다. 1920년에는 그의 첫 번째 엘라툼 품종인 '베르크히멜(Berghimmel)'을 선보인 후, 1929년에는 새로운 델피니움 품종을 소개하는 책 『델피니움: 이미지와 경험으로 보는 열정의 이야기(Der neue Rittersporn: Geschichte einer Leidenschaft in Bildern und Erfahrungen)』를 출판했다. 포츠담에 위치한 그의 보르님(Bornim) 농장에서는 유명한 '킹 오브 델피니움(King of Delphinium)'을 비롯하여 약 30개 품종의 델피니움이 탄생했고, 순청색, 용담 같은 파란색, 수레국화 같은 파란색, 하늘색, 암청색, 담청색 등 이상적인 푸른빛 델피니움 라인업이 완성되었다.

예술가로서 델피니움에 빠져든 사람도 있었다. 미국의 저명한 사진 작가이자 화가였던 에드워드 스타이컨(Edward Steichen)은 열성적으로 델피니움을 재배했던 육종가이기도 했다. 그 역시 순수하고 깊은 델피니움의 파란색에 매료되었다. 특히 엘라툼 그룹이 지닌 델피니움의 구조적인 아름다움에 깊고 순수한 파란색 꽃이 접목된 새로운 품종을 만들고자 했다. 그는 사진, 그림 또는 문학과 동등한 예술 형식의 하나로서 식물 육종을 추구했는데, 유전학을 창조적인 예술로 보아 식물체 안에 내재한 유전자에서 새로운 형태와 색깔을 끌어내고자 했다. 1911년에 그가 바라던 파란색 델피니움이 처음으로 꽃을 피운 이후 점점 더 육종 규모를 늘려 1930년대에는 4만 제곱미터의 땅에 약 5만 본에 이르는 델피니움을 재배했다. 그는 마치 인화지 수천 장에서 작품 사진을 고르듯 씨앗에서 발아된 새로운 꽃 수천 송이에서 그가 원하는 특징을 가진 종류를 선발했다.

스타이컨은 1935년 미국 델피니움 협회 회장이 되었고 매년 델피니움 잡지를 발간했다. 1936년에는 뉴욕 현대 미술관에서 델피니움 전시회를 개최하며 당대 최고로 인정받던 그의 사진만큼이나 독창적이며 예술적 형질을 지닌 델피니움 품종을 선보였다. 사진가로서 명성이 절정에 달했던 1938년 무렵 그는 델피니움 육종에 전념하기 위해 사진계에서 은퇴했고, 제2차 세계 대전 후에는 완전히 새로운 종류의 작은 델피니움 육종에 집중했다. 1965년에는 푸른 나비 같은 꽃들로 덮인 '코네티컷 양키(Conneticut Yankee)'라는 품종을 시장에 선보였다.

이데올로기의 대립과 전쟁으로 모두가 힘겨웠던 시대에 델피니움은 경쾌함과 기쁨을 느끼게 하는 색깔과 자태로 사람들에게 희망을 주었다. 그동안 전 세계 많은 육종가가 개발한 델피니움 신품종은 식물 진화의 일부가 되었으며, 각각의 품종에 부여된 예술적 미학은 많은 사랑을 받아 왔다. 델피니움의 꽃 색깔은 파란색이 대표적이지

1940년 에드워드 스타이컨이 촬영한 이 사진에는 그가 육성한 키 큰 델피니움 엘라툼 품종들이 담겨 있다. 조지 이스트먼 박물관(The George Eastman Museum) 소장.

만 보라, 빨강, 노랑, 하양도 있으며, 이색 또는 삼색도 있다. 그뿐만 아니라 꽃대의 높이와 형태도 다양하고 꽃 자체의 모양도 컵 모양, 두건 모양, 홑꽃, 겹꽃 등 여러 가지다.

씨앗으로부터 델피니움 재배를 시작하면 마지막 서리 10주 전 파종 후 봄에 화분이나 화단에 옮겨 심는다. 심기 전에 토양을 일구고 퇴비를 적당량 섞어 준다. 약염기성을 좋아하므로 석회나 재를 섞어 주면 좋다. 델피니움은 촉촉하고 시원한 환경에서 배수가 잘 되며 비옥한 토양을 좋아한다. 햇빛은 최소 6시간 이상 받아야 잘 자란다. 델피니움은 꽃줄기 속이 비어 있어 강한 비바람에 쉽게 피해를 볼 수도 있으므로 키 큰 품종은 지주가 필요하다. 어떤 품종은 주기적으로 잘라 주면 여름 내내 꽃이 피고, 어떤 품종은 여름 초중반 꽃이 피고 진 다음 꽃대를 잘라 주면 늦여름 초가을에 두 번째 개화기를 맞이하기도 한다. 다년생 델피니움 품종은 첫 번째 해에는 하나의 꽃대, 두 번째 해에는 3개의 꽃대만 남겨 두고 잘라 주면 10년 가까이 살 수 있는 강한 뿌리를 형성한다. 그렇지 않으면 3~4년만 자란다.

델피니움을 키울 때 주의할 점이 있다. 델피니움은 클레마티스, 투구꽃과 같은 미나리아재비과(Ranunculaceae)에 속하는 만큼 독성 알칼로이드 물질을 지니고 있다. 씨앗이나 식물체를 섭취했을 때 메스꺼움, 구토, 설사, 근육 경련, 호흡 곤란 등 치명적 증상이 나타날 수 있으므로, 사람뿐만 아니라 소, 말, 양 등 가축도 주의가 필요하다.

정원용 델피니움은 크게 가든 델피니움(Garden Delphinium)과 하이브리드 델피니움(Hybrid Delphinium)으로 나뉜다. 가든 델피니움은 전통적인 엘라툼 품종을 중심으로, 키가 크고 화려한 꽃이 특징이다. '퍼시픽 자이언트(Pacific Giant)', '블랙 나이트(Black Knight)', '킹 아서' 등이 대표 품종이다. 하이브리드 델피니움 품종은 여러 종을 교배하여 만든 개량형으로 다양한 크기와 색상을 가지며, '가디언(Guardian)', '오로라(Aurora)', '매직 파운틴(Magic Fountain)' 등이 있다.

최근에는 키가 작고 관리가 쉬운 델피니움 그란디플로룸 계열의 F1 하이브리드 품종들도 인기다. '헝키 도리(Hunky Dory)'나 '치어 블루(Cheer Blue)'는 화단이나 화분용으로 적합하며, 개화가 빠르고 균일한 생육을 보이는 것이 특징이다. 델피니움과 비슷한 꽃으로 즐길 수 있는 일년생 식물도 있다. '락스퍼(Larkspur)'라고도 불리는 콘솔리다 아자키스(Consolida ajacis)인데, 보라색, 분홍색, 연분홍색 꽃으로 정원에서 인기다. 하지만 이 외에도 크기와 모양, 색상이 다양한 델피니움 종류가 많다. 특히 키가 큰 델피니움은 대체 불가의 입체감과 색감을 주는 꽃이기에 주로 코티지 가든이나 숙근초 혼합 식재 화단에 빠질 수 없는 꽃이다. 장미, 작약 같은 꽃과도 조화를 이루며, 디기탈리스와 루피너스, 버바스쿰처럼 수직적인 꽃과도 잘 어우러진다. 또한 섬세한 푸른빛 꽃은 실내 꽃병을 장식하는 고급 꽃꽂이용 절화로도 손색이 없다.

델피니움은 우리 눈과 마음을 즐겁게 해 줄 뿐만 아니라, 다양한 종류의 벌과 나비, 벌새 같은 야생 생물들에게 꿀과 먹이를 제공하니 정원 생태계에도 이로운 꽃이다.

큰제비고깔 *Delphinium maackianum*

러시아, 중국을 비롯해 우리나라 경기도 북부, 문경, 무주 등지에 자라는 여러해살이 델피니움 종류다. 키가 90~150센티미터에 이르며 꽃줄기는 곧게 자라다가 위쪽에서 가지를 친다. 여름철에 총상 꽃차례를 이루며 보라색 또는 흰색 꽃이 핀다. 고산성 식물로 뜨겁고 건조한 환경에 약하므로, 통풍이 잘 되고 토양 습도가 유지되는 반그늘 상태에서 재배하는 것이 좋다. 가을에 채취한 종자를 바로 뿌리거나, 저온 저장 후 이듬해 봄에 파종해서 기른다.

큰제비고깔.

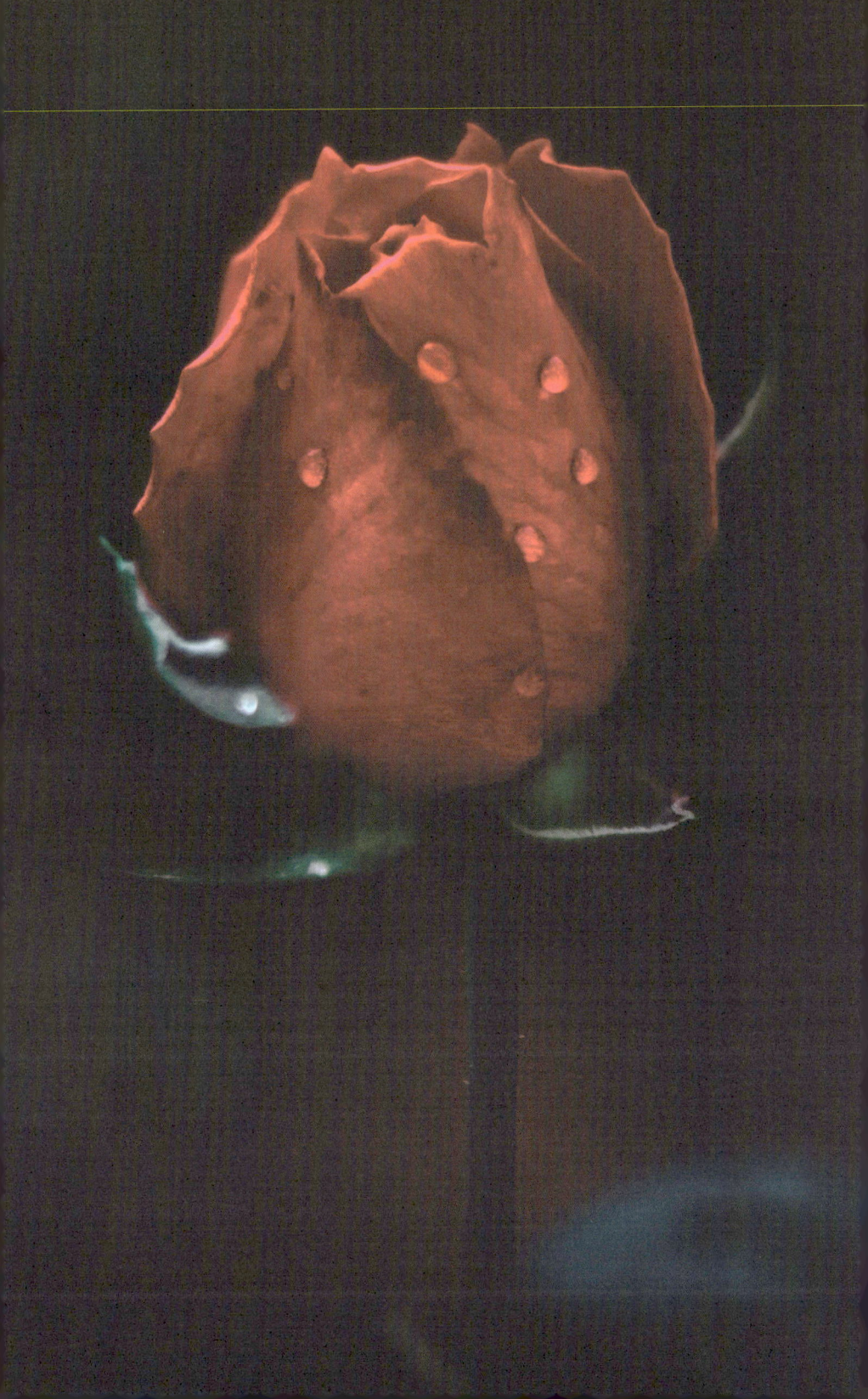

3부

꽃에게
사랑을 묻다

여자 다음으로,
신이 세상에 준 가장 아름다운 존재는
꽃이다.
— 크리스티앙 디오르

1827년 피에르조제프 르두테가 그린 카네이션.

· 15장 ·

카네이션
비밀스러운 메신저

　1900년대 미국의 사회 활동가 안나 자비스(Anna Jarvis)는 어머니 날(Mother's Day)의 창시자로 유명하다. 그녀의 모친은 평소에 세상의 어머니들이 삶의 모든 분야에서 인류에게 베푼 봉사 정신에 대해 기념하는 날이 제정되기를 바랐는데, 모친이 세상을 떠난 지 3년이 지난 1908년 5월 10일 안나가 그 꿈을 현실로 만들었다. 최초의 공식적인 어머니 날로 기록된 이날 안나는 모친이 생전에 가장 좋아했던 카네이션을 영전에 바쳤다. 이렇게 카네이션은 어머니 날을 상징하게 되었고, 더 나아가 세계 여러 나라에서 가장 중요한 사람들에게 사랑과 존경을 표하는 특별한 꽃이 되었다.
　카네이션은 석죽과(Caryophyllaceae)에 속하는 패랭이꽃의 일종이므로 먼저 패랭이꽃 전반에 대해 간략히 살펴볼 필요가 있다. 패랭이꽃 종류는 일부 종을 제외하고는 주로 유럽과 아시아 지역에 300여 종이 분포한다. 이들은 공통으로 디안투스(*Dianthus*)라는 속명을 가지고 있는데, 이는 그리스 철학자 테오프라스토스(Theophrastus)가 신(dios)의 꽃(anthos)이라는 뜻으로 처음 언급했던 이름이다. 야생 상태에서 자라는 패랭이꽃의 색깔과 향기가 천상의 꽃처럼 아름답게 다가왔던 것이다. 우리나라에도 장백패랭이꽃, 갯패랭이꽃, 구름패랭이꽃 등 10여 종이 자생하고 있다. 옛날 민초들이 쓰던 모자인 패랭이를 닮았다고 해서 패랭이꽃이라 부른다.

그런데 서양에서는 패랭이꽃 종류를 핑크(pink)라고도 부른다. 가령 정향(clove)과 비슷한 좋은 향기가 나는 카네이션(*Dianthus caryophyllus*)은 '클로브 핑크(Clove Pink)', 매트를 형성하며 지면을 덮으며 자라는 해변패랭이꽃(*Dianthus plumarius*) 종류는 '코티지 핑크(Cottage Pink)' 혹은 '가든 핑크(Garden Pink)', 우리나라와 중국에 자생하는 패랭이꽃(*Dianthus chinensis*)은 '차이나 핑크(China Pink)'라고 부르는 것이다.

재미있게도 이때의 핑크는 분홍색을 뜻하는 말이 아니다. 이와 관련하여 몇 가지 설이 있는데, 먼저 패랭이꽃이 주로 개화하는 계절과 연관 지어, 네덜란드 어로 성령 강림절(기독교의 부활절 이후 50일째 되는 날로 5월과 6월 사이)을 뜻하는 핑크스테런(pinksteren)에서 유래했다는 견해가 있다. 또 다른 설에 따르면, 패랭이꽃은 공통으로 꽃잎 가장자리가 물결무늬, 술 장식 또는 톱니 모양으로 되어 있는데, 이것이 마치 옷감 따위의 가장자리를 핑킹(pinking) 가위를 이용해 지그재그 모양으로 장식한 것과 같다는 뜻에서 이런 이름이 붙었다는 것이다. 아무튼 핑크라는 단어 자체가 원래 패랭이꽃에서 유래했고, 17세기 이후에 가서야 분홍색이라는 뜻으로 널리 쓰이게 되었다는 설이 유력하다. 이 단어가 분홍색과 연관을 맺게 된 것은 패랭이꽃이 대부분 연분홍과 진분홍 사이의 색깔을 띠기 때문이었다.

수많은 패랭이꽃 종류들 가운데 카네이션은 디안투스 카리오필루스(Dianthus caryophyllus)라는 학명을 가진다. 지중해 지역이 원산지인 카네이션의 역사는 2,000년을 거슬러 올라간다. 고대 그리스 철학자가 신의 꽃이라 극찬한 패랭이꽃 가운데서도 카네이션은 아름답고 향기가 매우 좋아 그리스와 로마 시대에도 각종 의식과 화관을 만드는 데 사용되었다. 그래서 카네이션이라는 이름이 대관식을 뜻하는 라틴어 코로나티오(coronatio)에서 유래했다는 설도 있다. 카네이션의 또 다른 명칭으로는 예로부터 프랑스 인이 부르던 겔로프레(gelofre)에서 유래한 길리플라워(gilliflower)라는 이름이 있다.

카네이션은 재배 역사가 워낙 오래되다 보니 원래 피레네 산맥에서 홑꽃으로 자생했던 종이 그대로 보전되지 않고 다른 종과 자연스럽게 교잡이 일어나 매우 다양하게 분화했다. 카네이션이 정원용으로 본격적으로 사용되기 시작한 것은 15세기 중반이었다. 한스 멤링(Hans Memling)의 「성 수태 고지(Die Verkündigung)」라는 작품을 통해 당시 카네이션이 어떻게 재배되었는지 엿볼 수 있는데, 그림 속에서 사각형의 정형식 화단에 설치된 격자 틀 사이에 카네이션이 자라고 있다.

중세 이후 카네이션이 크게 부각된 데에는 기독교의 영향이

한스 멤링의 「성 수태 고지」. 왼쪽 그림의 창문 밖 풍경을 확대해 보면 오른쪽 그림과 같이 카네이션이 재배되고 있는 화단의 모습을 볼 수 있다.

꽃을 공부합니다

크다. 특히 십자가를 지고 가는 예수 그리스도를 보며 성모 마리아가 눈물을 흘렸던 자리에 피어난 꽃이 카네이션이라는 믿음이 널리 퍼졌고, 유명 화가들은 이 꽃을 경쟁적으로 작품 속에 담았다. 가장 대표적인 것은 르네상스 3대 미술 거장인 레오나르도 다 빈치의 「카네이션을 든 성모(Madonna del Garofano)」, 그리고 그로부터 30년 후 라파엘로 산치오(Raffaello Sanzio)가 그린 「카네이션의 성모(Madonna dei garofani)」라는 작품이다. 그림 속에서 성모 마리아는 아기 예수에게 붉은색 카네이션을 건네고 있다. 그 밖에 산드로 보티첼리(Sandro Botticelli)의 1478년 작품 「프리마베라(Primavera)」에는 플로라 여신이 수레국화, 장미, 붉은색 카네이션이 그려진 아름다운 드레스를 입고 있다. 1500년 전후에 제작된 7점의 유니콘 태피스트리 연작 속에서도 패랭이꽃 종류와 함께 카네이션이 등장한다. 「숲으로 들어가는 사냥꾼(The Hunters Enter the Woods)」에는 세귀에리패랭이꽃(*Dianthus seguieri*)과 수페르부스패랭이꽃(*Dianthus superbus*) 같은 홑꽃 패랭이꽃 종류가, 「사로잡힌 유니콘(The Unicorn in Captivity)」에는 유니콘이 갇혀 있는 울타리 근처에 붉은색 겹꽃 카네이션이 묘사되어 있다.

르네상스 시대 종교화를 비롯한 미술 작품 속에서 카네이션은 신성하고 고귀한 사랑을 나타내고 있다. 카네이션은 또한 세속적인 사랑을 의미하기도 했다. 특히 결혼의 상징으로 많이 쓰였는데, 플랑드르 지방에서 유래된 결혼 풍습에 따르면 결혼식 날 신부는 카네이션을 들고 있고, 신랑은 그 꽃을 든 신부를 찾아야 했다. 그래서 카네이션은 군중 속에서도 돋보이는 매력을 뜻하는 탁월함을 상징하기

유니콘 태피스트리 연작 중 「사로잡힌 유니콘」, 메트로폴리탄 박물관 소장. 울타리 주변에 카네이션이 피어 있다.

도 한다. 약혼식 초상화와 결혼 사진에도 카네이션이 자주 등장했다. 카네이션은 신부의 결혼식 부케뿐 아니라 각종 연회 자리에서 윗옷에 꽂는 꽃으로, 그리고 테이블 장식으로도 많이 쓰였다.

이렇게 카네이션이 유럽에서 가장 인기 있는 꽃 중의 하나로 자리 잡았던 16세기 무렵에는 정원 소재로도 이미 반겹꽃과 겹꽃 형태의 다양한 카네이션이 널리 상용화되었다. 특히 동방 무역과 금융으로 크게 번성했던 메디치(Medici) 가문을 중심으로 문화와 예술에 대한 대대적 후원이 이루어졌던 르네상스 시대 이탈리아 정원에는 다른 꽃과 함께 카네이션이 애용되었다. 아름다움이 정점에 이르렀던 르네상스 정원은 압도적이면서도 디테일한 분수와 캐스케이드, 괴기스러우면서도 예술적인 그로토(grotto)와 조각상, 노단식(露檀式) 테라스와 울창한 총림(叢林, bosco)이 특징적이었다. 건물과 정원의 중심축을 따라 기하학적 대칭을 이루는 화단에는 카네이션을 비롯해 동유럽과 아메리카 대륙에서 도입된 진귀한 식물이 그득했다.

카네이션과 패랭이꽃의 본격적인 품종 육종은 18세기 초반에 이루어져 350개 이상의 품종이 개발되었다. 여기에는 전통적인 붉은색, 분홍색뿐 아니라 진홍색, 자주색, 라벤더색, 주홍색, 흰색의 색깔과 홑꽃, 반겹꽃, 겹꽃의 구조가 조합된 여러 품종이 개발되었고, 줄무늬, 얼룩무늬 등 다양한 무늬를 가진 품종도 개발되었다. 19세기 내내 카네이션은 쇼 가든(show garden)을 통해 경쟁적으로 전시되며 더욱더 많은 사랑을 받았다. 조지프 브렉은 1851년 자신의 책 『꽃의 정원』에서 "꽃의 정원에 카네이션보다 더 바람직한 꽃은 없다."라고 할 정도였다. 우아함, 아름다움, 향기에 있어서 카네이션을 능가할 다른 꽃이 없다는 것이었다.

빅토리아 시대 영국에서는 비밀스러운 꽃말을 통해 메시지를 전달하는 것이 크게 유행했다. 꽃의 종류뿐 아니라 색깔에 따라서도 의미가 달라졌는데, 분홍색 카네이션은 감사, 흰색은 행운, 붉은색은 사랑과 정열, 노란색은 실망과 거절, 그리고 보라색은 변덕스러움을 뜻했다. 가령 감사와 사랑을 표현하고 싶은 자리에는 분홍색이나 붉은색 카네이션을 선사하고, 졸업이나 새로운 도전을 앞둔 학생에게는 흰색 카네이션을 주며, 조심스럽게 거절을 표할 때는 노란색 카네이션을 건네는 식이었다. 아쉽게도 빅토리아 시대 이후 많은 품종이 도태되었고, 현재 영국 왕립 원예 학회에는 230여 종의 품종이 목록화되어 있다.

보통 절화용 카네이션은 키가 60~70센티미터까지 자라는데, 내한성이 약한 편이며, 연속적인 개화를 위해 온실에서 재배하는 품종은 120센티미터까지 자라기도 한다. 가느다란 꽃줄기에 무거운 겹꽃을 피우기 때문에 보통 지지대를 세워 주거나 격자 틀을 이용해 재배한다. 꽃대는 자르기가 수월하며 절화는 수명이 3주까지 유지될 정도로 긴 편이다. 아름다운 꽃이 오래 유지되며 재배가 쉽다는 장점 때문에 카네이션은 많은 문화권에서 여전히 큰 인기를 구가하고 있다.

카네이션을 비롯한 패랭이꽃 종류의 재배는 배수가 잘 되고 햇볕이 잘 드는 곳이 좋다. 한번 자리 잡으면 꽤 건조한 토양에서도 잘 자란다. 화분에 키우기도 좋아 햇빛만 잘 든다면 작은 공간에서도

독일 화가 페터 비노이트(Peter Binoit)의 「과일과 병에 담긴 카네이션이 있는 정물화(Stillleben mit Blumen und Früchten)」(1618년).

얼마든지 기를 수 있다. 토양은 중성이나 염기성이 좋으며, 배수가 안 되는 산성 토양에서는 잘 살지 못한다. 절화용 카네이션뿐 아니라 정원용으로 육종된 패랭이꽃을 향한 관심도 계속해서 커지고 있다. 이들의 조상에는 카네이션을 포함하여 해변패랭이꽃, 패랭이꽃, 쿠션패랭이꽃(*Dianthus gratianopolitanus*)이 포함되어 있다. 이 패랭이꽃은 청회색의 좁은 잎을 가지고 있고, 강건하며, 재배가 더 쉽다. 그리고 여름 내내 시든 꽃을 따 주면 계속해서 향기로운 꽃을 피운다. 성원에서 패랭이꽃은 부드러운 파스텔톤으로 다른 꽃들을 보완해 주며, 꽃이 피지 않는 시기에도 그라스(grasses) 같은 가늘고 길며 뾰족한 잎으로 1년 내내 볼거리를 제공한다.

　　재배 역사가 긴 만큼 카네이션은 꽃의 아름다움을 선보이는 것 외에도 실생활 속에서 활용도가 매우 높았다. 과거 민간에서는 긴장과 스트레스 완화, 해열제 등 약효를 위해 쓰기도 했고, 포도주와 맥주 등 음료에 첨가하기도 했으며, 먹을 수 있는 꽃은 샐러드나 케이크의 장식 또는 고명(가니시)으로 사용했다. 카네이션은 전통적으로 결혼을 상징했기 때문에 오늘날에도 결혼식 부케를 장식하는 꽃으로 여전히 인기가 높다. 값비싼 정향의 대체품으로 각종 화장품과 향수의 원료로 쓰이기도 했다. 프랑스 니치 향수 브랜드인 프레데릭 말(Frederic Malle)의 카네이션 향수, 또는 이탈리아 향수 브랜드인 산타 마리아 노벨라(Santa Maria Novella)의 카네이션 비누도 유명하다.

　　2,000년 전 테오프라스토스가 신의 꽃이라 예찬했듯, 카네이션은 분명히 장미를 능가할 만큼 고전적이고 우아한 아름다움을 지닌 천상의 꽃이라 할 만하다. 그러므로 1년에 한 번 반짝 특수를 누리고 사라지는 꽃으로만 기억할 게 아니라 일상에서 언제든 주변 사람들에게 감사와 사랑의 마음을 표현할 때 주고받을 수 있는 꽃으로 보는 게 맞을 것 같다.

카네이션 *Dianthus caryophyllus*

석죽과 패랭이꽃속에 속하는 카네이션은 지중해 지역이 원산지로, 종명인 카리오필루스(*caryophyllus*)는 분홍색 꽃 또는 정향의 향기를 지닌 것이라는 뜻이다. 고대 그리스 로마 시대부터 재배되었으며, 다른 패랭이꽃과 교배 육종을 통해 수많은 품종이 개발되었다. 절화용 카네이션은 하나의 줄기에 여러 꽃송이가 달리는 스프레이(spray) 형태, 하나의 줄기에 하나의 꽃이 달리는 스탠더드(standard) 형태, 그리고 하나의 줄기에 여러 개의 작은 꽃들이 달리는 왜성(矮性, dwarf) 형태가 있다.

카네이션.

피에르조제프 르두테가 그린 로사 갈리카 폰티아나(Rosa gallica pontiana), 화보집 『장미(Les Roses)』에 실린 그림이다.

·16장·
장미
달콤한 사랑의 전령

 장미보다 할 이야기가 많은 꽃이 또 있을까? 명실공히 전 세계에서 가장 인기가 많은 꽃답게 장미는 다방면에 걸쳐 아주 오랜 역사와 풍부한 기록을 보유하고 있다. 무수히 많은 정원을 비롯해 사랑과 치유가 필요한 모든 공간 속에서 장미는 늘 우리 곁에 가까이 존재했다. 정원이 아닌 곳에 핀 장미꽃은 있어도, 장미꽃 한 송이 없는 정원은 드물다. 장미는 정원 밖에서도 인류의 삶에 지대한 영향을 미쳐 왔다. 의학과 향수, 요리, 패션 등 실용적 용도뿐 아니라 종교와 예술, 문학 등 분야를 망라한다.
 장미꽃 하면 가장 먼저 떠올리게 되는 이미지는 이집트 클레오파트라 7세(Cleopatra VII) 혹은 로마 시대 네로(Nero) 황제 같은 역사적 인물일 수도 있고, 각자 좋아하는 장미 향수, 또는 장미 향이 가득한 대규모 축제에서의 추억, 혹은 좋아하는 사람에게 처음으로 장미꽃을 주거나 받은 추억일 수도 있다. 아마도 시대와 장소를 불문하고 장미꽃의 변하지 않은 속성을 가장 잘 표현한 것은 셰익스피어의 「로미오와 줄리엣」에 나오는 구절일 것이다. "이름이 뭐가 중요할까? 그 어떤 이름으로 불러도 장미는 똑같이 달콤한 향기가 날 것을."

언제부터 장미는 꽃의 대명사, 꽃의 여왕이 되었을까? 장미꽃이 지구에 처음 출현한 시기는 미국 콜로라도에서 발견된 장미 화석을 통해 알 수 있으며 약 4000만 년을 거슬러 올라간다. 하지만 인류가 장미를 재배하기 시작한 시기는 이집트, 바빌로니아, 페르시아, 중국 등 고대 여러 지역에 걸쳐 대략 3,000년 전쯤으로 보고 있다. 기원전 제2천년기(기원전 2000년부터 기원전 1001년까지) 초기 크레타 섬의 크노소스 궁에서는 가장 이른 시기의 장미를 묘사한 프레스코 벽화가 발견되었다. 그 장미는 오늘날 우리가 즐기는 화려한 품종의 장미와는 크게 달랐다. 상(上)나일 지역에서 들여온 로사 리카르디(*Rosa x richardii*, 학명 가운데 x는 종 간 교배종의 학명을 표기하는 방식 중 하나이다.), 로사 카니나(*Rosa canina*) 등으로 추정되는데 모두 향기가 좋은 홑꽃 종류였다. 안타깝게도 전자는 이미 멸종된 지 오래다. 당시 미노아 문명의 유적에서 장미를 화분에 재배했던 흔적이 발견되기도 했다.

장미가 역사적으로 전 세계에 걸쳐 큰 인기를 끌게 된 데는 왕실과 귀족들의 사랑을 꾸준히 받은 덕이 크다. 아주 이른 시기부터 여러 신화와 전설 속에서 강한 상징으로 자리매김을 했기 때문이다. 기원전 14세기 이집트 파라오 투트모세 4세(Thutmose IV)의 무덤 벽화에

로런스 알마타데마(Lawrence Alma-Tadema)의 「기원전 41년 안토니우스와 만나는 클레오파트라 (The Meeting of Antony and Cleopatra, 41 B. C.)」(1883년) 클레오파트라의 가마 지붕이 장미로 장식되어 있다.

도 장미 그림이 나온다. 무덤 안 곳곳에는 장미의 흔적이 있었고 미라에서도 장미가 발견되었다. 고대 이집트에서 장미는 이승과 저승을 연결하는 꽃이라는 의미를 지니고 있었고, 장례 의식에서 사용된 장미 역시 에티오피아에서 온 거룩한 장미, 로사 리카르디였다. 이집트

로런스 알마타데마가 그린 「헬리오가발루스의 장미(The Roses of Heliogabalus)」(1888년).

프톨레마이오스 왕조의 클레오파트라 7세는 일상 생활을 늘 장미와 함께한 것으로 유명하다. 그의 거처에는 장미꽃이 가득했고 공식 석상에서도 늘 장미꽃이 뿌려졌다. 본인이 언제나 향기를 풍기는 여신으로 기억되기를 바랐던 것이다.

고대 그리스 로마 시대에 장미는 사랑의 여신 아프로디테(Aphrodite)의 눈물로 피어난 꽃이 되었고, 사랑에 대한 강한 상징성으로 큰 인기를 얻었다. 특히 오늘날에도 장미유나 장미수를 얻기 위해 많이 재배하는 로사 다마스케나(Rosa x damascena), 로사 갈리카(Rosa gallica), 로사 페니키아(Rosa phoenicia), 로사 카니나, 로사 알바(Rosa x alba) 같은 장미들이 사랑을 받았다.

하지만 로마 시대에 장미는 허영의 상징에 가까웠다. 네로 황제는 병적으로 장미에 집착했다. 그는 파티가 열릴 때면 장미 화관을 쓰고, 어마어마한 양의 장미 꽃잎을 만찬장에 흩날렸다. 잠을 잘 때는 장미 꽃잎 베개를 사용하고, 수영장과 분수에도 장미수를 넣도록 했으며, 술과 디저트에도 장미 향을 첨가했다. 로마의 귀족들도 장미를 부의 척도로 삼아 경쟁적으로 커다란 장미원을 조성했다.

로마 제국이 멸망 후 장미에 대한 인기는 잠시 소강 상태로 접어들었고, 고전기의 다른 모든 유산들과 마찬가지로 이슬람 세계에서 그 명맥이 유지되었다. 이슬람교도에게 붉은색 장미는 유일신을, 흰색 장미는 예언자를 상징했다. 티무르의 왕자 자항기르 미르자(Jahangir Mirza)의 정원과 인도의 무굴 제국이 조성한 타지마할의 정원에 장미원이 조성되었고, 페르시아 아바스 대제의 정원에는 붉은색과 노란색 꽃잎을 가진 다마스크 장미와 사향 장미가 피어났다.

혼돈의 중세 시대를 거치며 프랑크 왕국의 카롤루스 대제는 궁전에서 장미를 재배하기 시작했다. 유럽에 현존하는 가장 오래된 장미는 815년 건립된 독일 힐데스하임 대성당(Hildesheim Cathedral)에 식재된 로사 카니나로 1,000년이 넘도록 살고 있다. 제2차 세계 대전 때 연합군의 폭격으로 대성당이 파괴된 후에도 이 장미의 뿌리는 살아남아 다시 싹을 틔웠다.

12~13세기에 중동 십자군 원정을 통해 다양한 장미가 유럽으로 도입되었다. 그중에는 원래 로마 시대 약효로 유명했던 로사 갈리카 '오피키날리스'(*Rosa gallica* 'Officinalis'), 반겹꽃의 자홍색 꽃이 피는 로사 갈리카, 그리고 분홍색과 흰색 줄무늬 꽃잎을 가진 로사 갈리카 '버시컬러'(*Rosa gallica* 'Versicolor')도 포함되었다. 13세기 유명한 소설 기욤 드 로리(Guillaume de Lorris)와 장 드 묑(Jean de Meun)의 『장미 이야기(*Roman de la Rose*)』는 연인에 대한 사랑을 상징하는 장미가 있는 정원을 배경으로 다양한 인간 군상의 신변잡기식 철학을 담고 있다. 그 시대 장미는 격자 모양의 트렐리스를 타고 자라거나 정원을 두르는 울타리 용으로 식재되기도 했다.

15세기 영국에서는 장미 전쟁이 발발한다. 랭커스터(Lancaster) 가문의 헨리 6세(Henry VI)와 요크(York) 가문의 귀족 사이에 패권을 차지하기 위한 갈등이 불거져 무려 30년 동안이나 소규모 전투와 교전이 간헐적으로 계속되었던 전쟁이다. 마침내 전쟁은 랭커스터 가문의 승리로 마무리되었고 헨리 7세(Henry VII)는 1486년 요크 가문 에드워드 4세(Edward IV)의 딸 요크의 엘리자베스(Elizabeth of York)와 결혼해 새롭게 튜더(Tudor) 가문을 세웠다. 헨리 7세는 통합된 두 가문을 상징할 수 있도록 랭커스터 가문의 붉은 장미와 요크 가문의 흰 장미를 결합한 '튜더 장미(Tudor Roses)'라는 이름의 문장을 만들었다. 이는 정권을 통합하고 민심을 추스르기 위한 헨리 7세의 강력한 이미지 메이킹의 일환이었고, 새로운 시대를 위한 화합과 통일의 상징이었다.

17세기에는 북아메리카의 새로운 장미들도 유럽으로 건너왔다. 대표적인 종은 100개 이상의 꽃잎을 가진 로사 센티폴리아(*Rosa centifolia*)다. 양배추 장미라고도 불리는 이 장미는 강건하고 향기가 좋아 크리스핀 판 더 파세(Crispijn van de Passe), 피에르 모랭(Pierre Morin) 등 유명 화가들이 꽃 그림을 그린 화집에도 단골 아이템으로 수록되었다.

19세기 초 프랑스 나폴레옹의 황후 조제핀의 장미 사랑은 역사를 통틀어 가장 유명하다. 나폴레옹이 제국을 건설하는 동안 조제핀은 파리 외곽에서 서쪽으로 20킬로미터 떨어진 말메종 섬을 1798년에 인수하고 1814년에 죽음을 맞이할 때까지 그곳에 자신만의 정원을 만들고 가꿨다. 말메종 정원에는 식물학자 에티엔 피에르 뱅트나(Étienne Pierre Ventenat), 수석 원예가 앙드레 뒤퐁(André Dupont), 그리고 전속 화가 피에르조제프 르두테 같은 쟁쟁한 인물이 조제핀과 함께했다. 조제핀의 영향력이 얼마나 대단했는지 영국과 전쟁 중에도 말메종으로 식물을 싣고 가는 배는 영국 해협을 통과하는 특별 통행권을 부여받기도 했다.

조제핀 황후가 수집한 식물 컬렉션에는 250종에 달하는 장미가 포함되었다. 그녀는 고전 장미를 가장 많이 모은 수집가였고 몇몇 새로운 품종을 개발하기도 했다. 조제핀은 사탕수수 농장을 소유한 부유한 가문 출신이었고 뛰어난 미모로 사교계를 사로잡았다. 그녀의 원래 이름에는 장미를 뜻하는 '로제(Rosé)'가 들어 있어 결혼 전에는 '로제'로 불렸고, 평소 장미 향을 무척 즐겼다. 프랑스 혁명이 발발하면서 단두대 이슬로 사라진 여왕 마리 앙투아네트(Marie Antoinette)의 식물 화가이기도 했던 르두테는 말메종 섬에서 조제핀의 식물 화가가 되어 제2의 전성기를 구가했다. 조제핀이 수집한 250종의 장미 가운데 117종을 그렸고, 『장미』라는 아름다운 화집에 수록했다.

조제핀이 말메종에서 장미를 수집할 무렵은 중국에서 월계화(Rosa chinensis)를 비롯하여 흥미로운 장미가 도입되던 시기였다. 인공 수분을 통한 육종 기술이 체계화되면서 새로운 장미가 도입됐다. 도입된 장미와 유럽의 고전 장미의 교잡을 통해 꽃의 색깔과 형태, 개화 시기, 향기 등에 있어 혁신적 변화가 나타났다. 동서양 만남의 역사 중에 이보다 더 아름다운 사건이 있었을까? 장미의 새로운 시대가 개막한 것이다. 특히 프랑스 리옹의 육종가 장바티스트 기요(Jean-Baptiste Guillot)가 육종한 '라 프랑스(La France)'라는 '하이브리드 티(hybrid tea)' 품종의 탄생이 기폭제가 되었다. 이 품종이 탄생한 1867년은 이전에 존재했던 고전 장미와 이후 쏟아져 나온 현대 장미를 구분 짓는 기준 년이 되었다.

사계절 꽃이 피는 중국산 야생 장미와 향기가 뛰어난 유럽 야생종의 만남은 꽤 신선했다. 곧게 뻗은 가지 끝에 한 송이 커다랗고 아름다운 꽃이 달리는데, 한 번만 피고 마는 것이 아니라 반복적으로 피어나니 그때까지 없었던 장미의 신세계를 맞게 된 것이었다. 진홍색과 노란색, 보라색 등 새로운 꽃 색깔을 보게 된 것도 경이로운 일이었다. 그 외 '플로리분다(Floribunda)', '클라이머(Climber)', '그랜디플로라(Grandiflora)', '랜드스케이프(Landscape)', '램블러(Rambler)', '관목

최초의 하이브리드 티 품종인 라 프랑스.

(Shrub)' 등 여러 계통의 장미들이 쏟아져 나왔다.

현대 장미 품종은 장점이 많기는 하지만 향기가 많이 약해졌다. 육종 과정에서 대부분 향기를 잃어버렸기 때문이다. 젊음을 위해 악마에게 영혼을 판 파우스트 같다고 하면 지나친 비약일까? 이를 안타까워했던 데이비드 오스틴(David Austin)이 1961년부터 내놓기 시작한 영국 장미는 고전 장미가 가진 향기의 매력을 부활시키기 위해 개발한 품종으로 근래에 인기가 아주 높다.

20세기를 지나 오늘날까지도 장미의 인기는 정원에서 정원으로 계속 이어지고 있다. 트렐리스나 아치에 자라는 장미는 영국의 히드코트 매너 가든(Hidcote Manor Garden)이나 시싱허스트 캐슬 가든(Sissinghurst Castle Garden) 같은 세계적인 정원의 필수 아이템이다. 특히 시싱허스트의 화이트 가든에서 볼 수 있는 덩굴장미인 로사 물리가니(Rosa mulliganii)는 매우 아름답기로 유명하다.

예로부터 우리나라에 뿌리를 내린 장미도 여럿 있다. 가령 꽃이 사철 계속 핀다는 뜻의 월계화는 15세기 강희안(姜希顏)이 저술한 원예서 『양화소록(養花小錄)』에도 기록되어 있다. 종명에 우리나라를 뜻하는 코레아나가 붙은 흰인가목(Rosa koreana), 찔레(Rosa muliflora), 돌가시나무(Rosa wichuraiana), 용가시나무(Rosa maximowicziana), 그리고 바닷가에 피는 해당화(Rosa rugosa), 노랑해당화(Rosa xanthinoides)도 모두 이 땅의 장미들이다.

장미는 먹을 수도 있다. 꽃잎에는 항산화 작용에 좋은 안토시아닌과 베타카로틴이 풍부하고, 로즈힙(rosehip)이라고 불리는 열매에는 비타민 C가 레몬의 20배나 들어 있다. 이 맛과 향기, 그리고 그 아름다운 형상으로 인간의 마음을 사로잡고 지구 곳곳에서 사랑과 치유의 마법을 펼쳐 온 장미는 앞으로도 우리 삶을 아름답게 만드는 일등공신으로 영원히 남을 것이다.

로사 갈리카 *Rosa gallica*

장미과(Rosaceae)의 낙엽 관목으로, 프랑스 장미(French Rose)라고도 부르는데, 종명인 갈리카(*gallica*)는 프랑스를 뜻한다. 유럽 중남부가 원산지로 키는 1.5미터까지 자란다. 5장 이상의 진분홍색 꽃잎을 가지며, 향기가 좋다. 중유럽에서 가장 먼저 재배된 장미 종류 가운데 하나다. 많은 현대 장미 품종들이 로사 갈리카의 후손으로 육종되었다. 배수가 잘 되는 사질 양토를 좋아하며 햇볕이 잘 드는 곳에서 잘 자란다. 겨울철에는 섭씨 25도까지 월동할 수 있다.

키가 큰 하이브리드 티와 꽃이 많은 플로리분다 장미 사이에서 교잡종으로 만들어진 그랜디플로라 계통의 장미 '퀸 엘리자베스'(Rosa 'Queen Elizabeth')다. 1951년 이전 미국의 육종가 월터 램머츠(Walter E. Lammerts)가 육종하여 1955년 미국에서 가장 명망 높은 장미 경진 대회인 전미 장미 선발전(All-America Rose Selections)에서 우승했으며 1979년 장미 명예의 전당(Rose Hall of Fame)에 등재됐다.

그리스 작약(*Paeonia parnassica*).

· 17장 ·
작약
사랑의 증표

커다란 작약 꽃이 정원에 피어나면 수선화와 아네모네 같은 봄꽃이 진 자리는 다시 한번 풍성하고 화사한 꽃의 향연을 펼친다. 붉거나 하얀 크고 화려한 꽃잎들 가운데 노란색 혹은 주황색 수술이 탐스럽게 꽃밥을 틔우고 맨 안쪽에는 몽글몽글한 심피(心皮, carpel)가 곱게 자리 잡고 있다. 한 송이 꽃만 가지고도 넉넉하게 마음을 꽉 채우는 감동과 즐거움을 느낄 수 있다.

작약의 진화 역사는 1억 5000만 년 전 백악기까지 거슬러 올라가는데 인류 문명의 오랜 역사 속에서도 약초와 관상용 꽃으로 사랑받아 왔다. 약 30종의 원종이 있으며 주로 유럽, 아시아, 북아메리카 서부 등 북반구 지역의 초원, 덤불 숲, 암석지에서 살아간다. 작약은 하나의 과(Paeoniaceae)와 하나의 속(*Paeonia*)을 이루고 있는 식물이다.

겨울에 지상부가 사라지는 초본 식물인 작약(*Paeonia lactiflora*), 목본 식물로 자라는 모란(*Paeonia x suffruticosa*)을 비롯하여 중세 시대 약재로 쓰였던 유럽작약(*Paeonia officinalis*)도 모두 작약속의 구성원이다. 지금까지 서로 다른 작약 종들을 교배시켜 만든 품종은 수천 종이 넘는다.

작약 종류를 통틀어 일컫는 영어 이름 피어니(peony)와 라틴 어 속명인 파이오니아는 모두 그리스 신화에 등장하는 치유의 신 파이온(Paeon)의 이름에서 유래했다. 신들의 의사였던 파이온은 올림포스 산에서 작약 뿌리를 채취하여 지하 세계의 신 하데스(Hades)의 상처를 치료하여 주어 스승인 아스클레피오스(Asklepios)의 분노를 샀다. 평소에도 제자인 파이온을 심히 질투했던 아스클레피오스는 대로하여 그를 죽이려 했지만 제우스(Zeus)가 파이온을 살려 작약꽃으로 피어나게 했다.

작약은 동서양을 막론하고 고대로부터 약초로 쓰였다. 하지만 작약이라고 다 같은 종류가 아니다. 그리고 동서양에서 말하는 작약이 서로 다르다. 가령 그리스 미노아 문명의 프레스코화에 등장하는 작약은 파르나소스 산에 자생하는 진홍색 그리스모란(*Paeonia parnassica*)이다. 또한 유럽에서 약초로 재배된 종류는 주로 유럽작약과 발칸작약(*Paeonia mascula*)이다. 한편 중국을 중심으로 한 동아시아에서 쓰인 작약 종류는 주로 작약과 모란이다.

먼저 서양에서 작약 종류의 역사를 살펴보자. 1세기 그리스의 약학자 페다니우스 디오스코리데스(Pedanius Dioscorides)는 유럽작약에 대해 언급하면서 씨앗과 뿌리가 간질 발작 등에 특효가 있다고 구체적으로 약효를 언급했다. 유럽에서 작약 종류는 16세기 무렵부터 관상용으로도 재배되었다. 네덜란드의 조각가 크리스핀 반 데 파스가 1614년에 발간한 유명한 화보집 『꽃의 정원(*Hortus Floridus*)』에는 콘스탄티노플로부터 온 최신 품종이 수록되었는데 거기에 작약 종류가 포함되었다.

    중국 원산의 작약이 유럽에 상륙한 것은 비교적 늦은 시기다. 18세기 말 러시아 지역에서 활동했던 프로이센 동식물학자 피터 팔라스(Peter Pallas)가 시베리아 아무르 강 유역에서 작약 표본을 처음 가지고 왔다. 그래서 작약 학명의 말미에는 명명자인 그의 이름(Pall.)이 붙어 있다. 참고로 락티플로라라는 종명은 우윳빛 꽃이라는 뜻이다. 프랑스 육종가 니콜라 레몽(Nicolas Lemon)은 새롭게 도입된 이 작약과 유럽작약을 처음으로 교배시켰다. 그의 뒤를 이어 이 작약을 위트먼 작약(*Paeonia wittmaniana*)과 교배시켜 새로운 품종을 만든 육종가도 있었다. 그후 록키모란(*Paeonia rockii*)이 도입된 데 이어 1844년 지볼트가 일본에서 목본성 모란을 들여와 작약류의 품종 육종은 더욱더 크게 융성했다. 1851년 원예학계에 소개된 흰색의 겹꽃 적작약 품종 '페스티바 막시마'(*Paeonia lactiflora* 'Festiva Maxima')는 그후로 줄곧 많은 이들의 '최애' 품종이 되어 왔다.

    1860년대 파리에 소개된 이래 많은 사람이 작약의 이국적인 아름다움에 매혹되었다. 19세기 후반에는 인상주의 화가들도 작약에 큰 관심을 보였다. 클로드 모네와 에두아르 마네(Édouard Manet), 피에르 오귀스트 르누아르(Pierre Auguste Renoir) 등 당대 최고의 화가들이

1870년 마네가 그린 「작약과 젊은 여인(Jeune Femme aux pivoines)」. 미국 워싱턴 국립 미술관 소장.

작약을 그렸다. 특히 르누아르는 1870년대부터 1890년대까지도 작약 정물화를 그렸고, 고흐와 모네 역시 1880년대 작약꽃이 담긴 화병을 즐겨 그렸다. 빅토리아 시대 꽃말에서 작약은 사랑과 로맨스, 결혼을 뜻했다. 장미도 비슷한 의미를 가졌지만 작약은 약간 다르게 쓰였다. 장미가 구애할 때, 즉 마음을 얻기 전에 사용하는 꽃이었다면 작약은 구애에 성공했을 때, 즉 마음을 얻었을 때 주는 꽃이었다.

작약의 인기가 높다 보니 19세기 말과 20세기 초 영국에서는 직원 수백 명을 고용한 켈웨이 앤드 선(Kelway and Son) 같은 대규모 작약 농장이 생겨나기도 했다. 비슷한 시기에 작약은 미국에서도 큰 인기를 끌었다. 작약 육종가 올리버 브랜드(Oliver Brand)는 1894년 무렵 1,000종류가 넘는 초본성 작약 품종을 보유했고, 그의 농장은 1920년대 세계 최대의 작약 생산지가 되었다. 하지만 현대 작약의 아버지로 여겨진 사람은 따로 있었다. 뉴욕 주의 아서 퍼시 손더스(Arthur Percy Saunders)는 작약 4종을 기본으로 하여 선홍색, 노란색을 비롯한 다양한 색깔의 품종을 개발했는데 각각에 대한 정확한 기록을 남겼다. 작약은 1957년 인디애나 주를 상징하는 꽃으로 선정되기도 했다. 인디애나 주에는 1800년대 유럽에서 미국으로 최초 도입된 작약의 후손 일부가 아직도 자라고 있다.

동양에서 작약은 어떤 역사를 가지고 있을까? 기원전 11세기부터 약 800년간 존속한 주나라의 제후국 중 하나였던 정나라에서는 삼짇날 봄놀이 때 서로 마음에 드는 상대와 작약꽃을 주고받았다. 기원전 9~7세기에 완성된 중국 최초의 시가집인 『시경(詩經)』에 이 장면이 묘사되어 있다. 작약이 동양에서도 일찍이 그 아름다움으로 주목받았음을 알 수 있는 대목이다. 기원전 206년과 기원후 220년 사이에 쓰인 약초학 책인 『신농본초경(神農本草經)』에는 작약의 약효가 상세히 기술되어 있다. 중국에서 작약이 관상용으로 본격적으로 사용된 것은 7세기 무렵이었다. 중국 황실의 정원사들은 예술가들이 병풍, 직물, 도자기 따위에 작약을 소재로 한 작품을 그릴 수 있도록 작약을 정성껏 가꾸었다.

중국의 연구에 따르면 모란은 원래 양산모란(Paeonia ostii)을 야생 록키모란과 다른 2종을 교배시켜 수 세기 동안 육종한 결과로 탄생했다고 한다. 모란의 종명인 수프루티코사는 아관목, 즉 목본성을 뜻한다. 꽃은 작약과 비슷한데 줄기가 나무처럼 자라 목작약이라 불리기도 했다. 모란은 뿌리껍질에 소염, 진통 등의 효능이 있다고 하여 3세기부터 약초로 재배되어 오다가 6~7세기부터는 관상용으로도 쓰였다. 당나라에서는 귀족들만 모란을 즐겼는데, 송나라에 이르러서는 보다 널리 대중화되었다. 특히 다양한 색깔의 겹꽃 품종이 높게 평가받았다.

우리나라에 도입된 기록은 작약보다 모란이 먼저다. 『삼국유사』에 따르면 모란은 신라 시대 진평왕(眞平王) 때 등장한다. 선덕여왕(善德女王)은 공주 시절 당나라에서 보내온 모란 그림에 나비가 없는 것을 보고 그 꽃에 향기가 없다고 추측했는데 훗날 실제 꽃이 도입되었을 때 진짜로 향기가 없어 선덕여왕의 영민함에 모두 탄복했다고 한다. 하지만 이야기가 무색하게도 사실 나비는 모란꽃을 아주 좋아한다. 고려 시대에는 주로 벼슬하는 집들이 앞다투어 모란을 심었다. 모란이 그려진 고려 청자만 보아도 꽃의 위상을 짐작할 만하다. 조선 시대에도 모란은 최고의 전성기를 구가했다. 왕비와 공주를 위한 왕가의 의상뿐 아니라 왕실 권위를 상징하는 물품에 모란이 그려졌고, 장례식에서도 고인의 혼을 달래고 조상신을 기리는 데 사용되었다. 민간에서도 부귀영화를 향한 염원으로 모란을 가까이하며 병풍, 자개, 장신구, 그릇, 가구 따위에 모란 무늬를 새겼다.

작약에 대한 기록은 11세기 고려 시대 문종(文宗) 때 처음 등장한다. 하지만 중국에서 작약이 모란보다 더 일찍 약초로 재배되었기 때문에 우리나라에도 생각보다 이른 시기에 약재로 도입되었을 가능성이 있다고 보는 견해도 있다.

작약의 꽃은 차로 즐기거나 샐러드로 먹기도 한다. 사람만큼이나 작약꽃을 기다리는 존재가 또 있다. 바로 개미다. 개미는 달콤한 꽃꿀을 먹기 위해 작약의 꽃봉오리가 열리기도 전에 줄지어 기다린다. 물론 벌과 나비도 그 달콤함을 즐긴다. 모란과 작약은 모든 계절의 아름다움을 추구하는 섬세한 가드너의 늦봄 시즌 '필수템'이다. 다만 개화기가 짧은 것이 아쉬울 따름이다. 시인 김영랑은 1935년 아름다운 모란의 짧은 개화기를 다음과 같이 절절히 노래했다.

> 모란이 피기까지는
>
> 나는 아직 나의 봄을 기다리고 있을 테요
>
> 모란이 뚝뚝 떨어져 버린 날
>
> 나는 비로소 봄을 여읜 설움에 잠길 테요
>
> 5월 어느 날, 그 하루 무덥던 날
>
> 떨어져 누운 꽃잎마저 시들어 버리고는

천지에 모란은 자취도 없어지고

뻗쳐 오르던 내 보람 서운케 무너졌느니

모란이 지고 말면 그뿐, 내 한 해는 다 가고 말아

삼백 예순 날 하냥 섭섭해 우옵내다

모란이 피기까지는

나는 아직 기다리고 있을 테요, 찬란한 슬픔의 봄을

하지만 우리에게는 모란과 함께 작약이 있어 그 짧은 개화기의 아쉬움을 조금이나마 덜 수 있다. 5월 초 모란이 질 무렵 작약의 꽃봉오리가 영글어 1~2주 후 꽃을 피운다. 그래서 5월 한 달은 모란과 작약으로 정원이 아름답다.

모란과 작약을 구별하는 방법에는 몇 가지가 있다. 먼저 모란은 나무이고, 작약은 풀이다. 작약은 다 자란 높이가 60~70센티미터인 데 반해, 모란은 최대 2미터까지도 자란다. 모란은 잎들이 깃 모양으로 자라는 우상 복엽인 데 비해 작약은 3개의 길쭉한 타원형 잎들이 모인 삼출엽을 가진다. 모란 잎에는 광택이 없지만, 작약 잎에서는 광택이 난다. 꽃봉오리도 다르다. 모란은 끝이 뾰족하고 작약은 둥글다. 꽃 크기는 모란이 작약보다 큰 편이며, 암술과 노란 수술이 더 확실하게 구별되는 것은 모란이다. 모란의 씨방에는 털이 있지만 작약의 씨방은 매끈하다. 하지만 오늘날 모란과 작약 종류는 워낙 많은 품종이 있어서 크기와 색깔, 모양, 생육 습성 등이 아주 복잡하고 다양하다. 꽃 모양만 가지고 구별한다면 홑꽃, 반겹꽃, 겹꽃, 아네모네 형

모란.

태로 크게 네 가지 그룹으로 나눌 수 있다. 전통적인 빨간색, 분홍색, 흰색뿐 아니라 보라색, 진홍색 등 꽃 색깔도 다양하다.

　　작약을 정원에 심을 때는 9~10월이 적기다. 가을에 뿌리가 잘 나기 때문에 이 시기에 심으면 뿌리 활착이 잘 되어 겨울을 잘 날 수 있다. 옮겨 심을 때도 이 시기가 좋다. 뿌리를 나눌 때는 뿌리를 캐어

흙을 털어 내고 그늘에 말린 후 한 덩이당 눈이 최소한 3개씩 붙어 있도록 잘라 심고 4~5센티미터 흙을 덮어 준다. 씨앗을 파종해도 번식할 수 있는데 4~5년이 지나야 꽃을 볼 수 있다. 작약 종류는 개화기가 짧지만 여러 품종을 잘 선택하면 4월부터 6월까지 꽤 긴 기간 동안 꽃을 즐길 수 있다. 꽃이 진 후에도 잎의 관상 가치가 좋아서 다른 꽃의 훌륭한 배경이 되어 준다. 초록의 채도도 여러 가지다. 짙은 초록빛 혹은 푸른빛이 있는가 하면 은빛 혹은 회색빛을 띤 초록색도 있다. 가을에는 구릿빛이나 주황색으로 물들어 단풍도 제법 즐길 수 있다.

　　작약은 평소에 꽃꽂이로 즐길 수도 있다. 절화용으로 꽃을 자를 때는 타이밍이 중요하다. 너무 일찍 자르면 꽃이 잘 피지 않고 너무 늦게 자르면 하루 이틀밖에 꽃을 못 본다. 꽃봉오리를 눌러 보았을 때 너무 무르지도 않고 너무 딱딱하지도 않은, 마시멜로 같은 단계에서 꽃봉오리가 색이 비치기 시작할 때 자르면 꽃을 오래 볼 수 있다.

　　20세기 초 영국 가드닝의 가장 예술적인 감성을 담은 로런스 존스턴(Lawrence Johnston)의 히드코트 매너 가든에는 5월 무렵 작약이 탐스럽게 피어난다. 구례의 300년 고택 쌍산재(雙山齋)에도 장독대 화단이며 서당채 앞뜰과 오솔길에 작약꽃이 활짝 피어 절정을 이룬다. 제철 음식이 있듯 제철에 즐기는 꽃도 따로 있다. 정원에 앞으로 피어날 다른 꽃들도 많지만 봄의 절정기에는 아름다운 작약을 볼 수 있어 행복하다.

작약 *Paeonia lactiflora*

티베트 동부에서 중국 북부와 시베리아 동부까지 중앙아시아와 동아시아에 걸쳐 분포하는 여러해살이풀이다. 꽃이 큼직해서 함박꽃이라 불리며 예로부터 약용, 관상용으로 재배되었다. 50~70센티미터 높이로 자라며 모란이 진 후 늦봄에 개화한다. 종명인 락티플로라(*lactiflora*)는 우윳빛 꽃을 뜻하지만 붉은색 꽃도 있다. 18세기 중반 유럽에 도입되어 수많은 현대 품종의 모본과 부본이 되었다. 비옥하고 배수가 잘 되는 흙과 햇빛을 좋아한다.

작약.

독일 뉘른베르크의 약제사이자 식물학자 바실리우스 베슬러(Basilius Besler)가 그린 플로리스트의 아네모네.

· 18장 ·
아네모네
이루지 못한 애처로운 사랑

아네모네는 어떤 꽃에도 뒤지지 않을 만큼 아름답고 우아한 자태를 지녔다. 쉽게 자신의 미모를 뽐내거나 과시하려 애쓰지 않고 다른 화려한 꽃들과 잘 어우러지며 정원에 섬세함을 더해 주니 매력적이다. 봄바람에 부드럽게 흔들리는 아네모네꽃을 보면 첫사랑, 짝사랑, 혹은 이루어지지 못한 슬픈 사랑처럼 어딘가 모르게 애처로운 느낌을 받는다.

아네모네는 그리스 신화에서 사랑과 아름다움의 여신 아프로디테와 그녀의 연인이었던 아름다운 청년 아도니스(Adonis)에 얽힌 이야기에 등장한다. 멧돼지에 물려 죽은 아도니스가 흘린 피에 아프로디테의 눈물이 떨어져 섞인 자리에서 피어난 꽃이 아네모네나. 아노니스의 허무한 죽음을 상징하듯 이 꽃은 바람에 쉽게 꽃잎이 날리는 연약한 꽃으로 묘사된다. 아네모네는 그리스 어로 바람을 뜻하는 아네모스(ánemos)와 딸을 뜻하는 오네(-ónē)가 합쳐져 만들어진 것으로 '바람의 딸'을 뜻한다.

우리나라에서도 아네모네는 사랑의 괴로움, 덧없는 사랑의 표상으로 기억된다. 1936년 주요섭(朱耀燮)은 자신의 단편 소설 「아네모네의 마담」에서 같은 이름의 다방에서 일하는 마담 영숙의 복잡한 심경을 대변하는 데 이 꽃을 사용한 대학생 단골손님이 자기를 좋아하는 줄로 착각했던 영숙의 서글픈 사랑을 표현한 것이다. 이미자가 노래한 「아네모네」에서도 잊을 길도, 전할 길도, 달랠 길도 없는 허무한 사랑을 피고 지는 아네모네로 그리고 있다.

아네모네에 대한 기록은 고대 그리스 시대로 거슬러 올라간다. 고대 그리스는 6,000종이 넘는 꽃식물, 양치식물 약초가 풍부하게 자라는 식물의 보고였다. 그리스 사람들은 대부분 식물의 효용에 관심이 많지만 아네모네는 그 아름다움에만 찬사를 보냈다. 아테네는 보랏빛 아네모네로 덮인 도시로 묘사되고는 했다. 그 아네모네는 기다란 수술이 가운데 암술 부분을 감싸고 있는 모습이 왕관처럼 보이는 아네모네 코로나리아(Anemone coronaria)다. 이 꽃은 지금도 그리스의 가장 큰 섬인 크레타의 들판에 널리 퍼져 자라며 장관을 이룬다. 꽃 색깔은 보라색뿐만 아니라 빨간색, 파란색, 흰색으로 다양하며, 두 가지 색깔이 혼합된 종류도 있다. 각기 다른 색깔의 꽃은 동시에 피지 않고 한 번에 한 종류가 지배적으로 피어나며 카펫처럼 펼쳐진다. 크레타 섬의 아네모네는 12월부터 5월까지 계속해서 꽃을 피운다.

아네모네 코로나리아가 자생하는 크레타의 들판.

    아네모네는 기원전 3세기 테오프라스토스의 『식물 연구(*Historia Plantarum*)』, 기원후 1세기 디오스코리데스의 『약물지(*De Materia Medica*)』에도 등장한다. 기원후 1세기경 대플리니우스는 야생종 아네모네와 재배종 아네모네를 구별하기도 했다. 재배종에는 꽃 색깔이 다양한 아네모네 테누이폴리아(*Anemone tenuifolia*)도 포함되었다.

    그리스 로마 시대 이후 아네모네가 사랑받았던 곳은 이슬람 정원이었다. 사막 한가운데 오아시스 주위에 식재된 아몬드, 자두, 배, 사과 같은 과일나무 아래로 아네모네 꽃이 피어났다. 15세기 이슬람 정원을 그린 그림에는 어김없이 아네모네가 등장하고, 16세기 사파비 왕조의 전성기를 이끈 아바스 대제의 눈부신 돔과 꽃무늬 아라베스크로 장식된 광대한 정원에도 아네모네가 자랐다.

이슬람 정원의 아네모네를 더 넓은 세상에 알린 공신은 튀르키예 인들이다. 온갖 종류의 꽃을 좋아했던 오스만튀르크 제국의 훌륭한 꽃 감정가와 상인 들은 고대 페르시아 정원에서 콘스탄티노플(튀르키예 이스탄불의 옛 이름)로 아네모네를 들여와 유럽에 전해 주었다. 물론 튤립, 붓꽃, 히아신스, 수선화, 백합 같은 꽃들도 함께였지만 아네모네는 정원에서 높은 수준의 세련미를 더해 주는 꽃으로 돋보였다. 16세기 후반 유럽의 식물 애호가와 정원사는 앞다투어 아네모네 품종을 수집했다. 이 시대에 새롭게 도입된 꽃들은 새로운 상징을 부여받고 즉각적인 흥미를 불러일으켰다. 이탈리아 르네상스 정원에서도 은매화, 회양목, 라벤더, 로즈메리 관목을 심은 화단에 화려하고 풍성하게 꽃을 피우는 아네모네가 인기였다.

세르모네타 공작(Duca di Sermoneta)이었던 프란체스코 카이타니(Francesco Caetani)가 이탈리아 시스테르나(Cisterna)에 만든 정원은 특히 아네모네로 유명했다. 그는 아네모네를 가장 좋아했는데 무려 230품종 2만 9000본에 달하는 아네모네를 보유하고 있었다. 그의 정원에는 커다란 화분과 화려한 문양으로 장식된 화단마다 색깔별로 아네모네가 자랐고, 각각의 품종에는 기념하고자 하는 가문 혹은 기부자의 이름이 붙었다. 가령 '카이타누 공작 부인(Duchessa Caetano)', '루크레티아(Lucretia)', '자코모 첼리니(Jacomo Cellini)' 따위다.

많은 이탈리아 품종이 프랑스를 포함한 유럽에 선물, 교류, 매매를 통해 전해졌다. 프랑스에서는 플랑드르 약초학자 람베르트 도도엔스(Rembert Dodoens)가 1583년 출판한 책에 아네모네가 처음 등장한다. 세 가지 색상의 홑꽃 아네모네 코로나리아 종류였다. 프랑스 왕 앙리 4세(Henri IV)의 두 번째 부인으로 여왕의 자리에 오른 마리 드 메디시스(Marie de Medicis)는 꽃 재배와 함께 정원과 예술 분야를 크게 부흥시켰다. 궁정 화가 피에르 발레(Pierre Vallet)가 1608년에 그린 그림 속에서는 서로 다른 아네모네 12종이 왕실 정원에 자라는 것을 볼 수 있었다. 프랑스에 붉은색의 겹꽃 아네모네 테누이폴리아가 들어온 것은 1598년이었는데, 나름 고급 아네모네 종류로 여겨졌다. 당시 유명한 플랑드르 식물 세밀화가였던 얀 브뤼헐(Jan Brueghel)이 특히 그 종류의 아네모네를 많이 그렸다.

유럽에서 아네모네의 가장 훌륭한 공급원으로 유명했던 사람은 파리의 르네 모랭(Rene Morin)이었다. 재배가라기보다는 유통가이자 사업가였던 그는 1623년 아네모네 카탈로그를 발행했는데, 재배 지침서와 함께 여러 쇄에 걸쳐 인쇄될 정도로 인기가 많았다. 1630년대에는 영국의 식물학자이자 정원사인 존 트러데스캔트(John Tradescant)도 모랭으로부터 아네모네를 구입할 정도였다. 르네 모랭의 동생 피에르 모랭이 가꾼 꽃의 정원에는 세계에서 가장 희귀한 종류의 아네모네가 피어 있었다. 1629년 『태양의 낙원, 지상의 낙원들』을 출간한 영국의 식물학자 존 파킨슨이 가장 좋아했던 꽃 역시 아네모네였다.

17세기 영국의 식물 애호가 토머스 한머(Thomas Hanmer)는 열렬한 새로운 알뿌리 수집가였는데, 자신의 책을 통해 아네모네가 "너무 아름다워 어떤 꽃에도 자리를 내주지 않는다."라고 기록하며 극찬했다. 잉글랜드 슈롭셔에 자리한 그의 정원에는 모든 색깔의 아네모네가 자라고 있었다. 당시 아네모네 같은 꽃들은 플로리스트를 통해 구입할 수 있었다. 사실 플로리스트라는 개념이 처음 등장한 것이 바로 이 시기였다. 영국의 일기 작가이자 가드너, 왕립 협회의 창립 멤버였던 존 에벌린(John Evelyn)은 플로리스트를 꽃을 재배하는 가드너 또는 같은 방식으로 꽃을 이해하고 기쁨을 주는 모든 사람으로 정의했다. 보다 구체적으로 말하자면 플로리스트는 아네모네, 히아신스, 패랭이꽃, 라넌큘러스, 튤립, 붓꽃, 프로방스장미(*Rosa x centifolia*)처럼 당시 '핫하게' 유행했던 꽃의 디테일을 잘 아는 전문 재배가를 뜻하게 되었다. 플로리스트는 주로 플랑드르와 프랑스에서 종교적 박해를 피해 탈출한 사람들이었는데 자신들이 좋아하는 식물과 원예 기술을 영국으로 가져왔다.

 18세기 영국에서 일어난 풍경식 정원(landscape garden) 조성 운동, 그리고 아메리카와 중국에서 대거 유입된 흥미로운 식물에 밀려 아네모네는 점점 인기가 떨어졌다. 그러다가 19세기 중후반에 들어서면서 빅토리아 시대의 인공적이면서도 요란한 정원에 염증을 느낀 사람들이 자연주의적인 섬세한 정원을 필요로 함에 따라 아네모네는 다시 주목을 받게 되었다. 하지만 이때의 아네모네는 숲 하부에 어울리는 아주 소박한 종류였다. 가령 1860년대 런던 인근 클리브던 하우스(Cliveden House)의 정원에서 존 플레밍(John Fleming)은 숲 지대의 개방된 경관에 아네모네 네모로사(*Anemone nemorosa*)를 심었다. 여기에 블루

벨, 프림로즈도 함께 혼합하여 더욱 자연스러운 느낌을 주었다. 1870년 출간된 윌리엄 로빈슨의 『야생의 정원(*The Wild Garden*)』을 미리 선보인 셈이었다. 1614년에 출간한 『꽃의 정원』을 통해 아네모네 그림을 소개한 크리스핀 판 더 파세부터 20세기 프랑스 상징주의 화가 오딜롱 르동(Odilon Redon)까지 아네모네를 그린 화가들의 작품과 책도 많았다.

전 세계적으로 150종에 이르는 아네모네는 주로 온대와 아열대 지방에 분포하지만 오스트레일리아와 뉴질랜드, 남극에는 없다. 흰색 아네모네는 주로 동양에 자생하는 반면, 빨간색, 파란색, 노란색 아네모네는 유럽과 북아메리카에서 자생한다. 호북대상화(*Anemone hupehensis*), 대상화(*Anemone* x *hybrida*), 털대상화(*Anemone tomentosa*) 종류처럼 가을에 피는 아네모네도 있다. 동양이 원산지이고 주로 군락을 이루며 자란다. 바람에 흔들리는 철사 같은 꽃줄기 끝에 핀 흰색 혹은 분홍색 꽃들은 정원에 가을 정취를 불어넣기에 그만이다. '호노린 조베르(Honorine Jorbert)'라는 품종은 내한성이 강하고 다양한 환경에서 잘 자라 인기가 많다.

우리나라에서는 아네모네를 바람꽃이라고 부른다. 한국 특산 식물인 홀아비바람꽃(*Anemone koraiensis*)을 비롯하여 숲속에 자라는 꿩의바람꽃(*Anemone raddeana*) 등 15종이 자생한다. 특히 해마다 4월이 되면 비무장 지대의 숲에서 순차적으로 피어나는 여러 종류의 바람꽃이 이 땅의 고유한 아름다움을 전한다. 나도바람꽃(*Enemion raddeanum*)이나 너도바람꽃(*Eranthis stellata*)처럼 이름에 바람꽃이 들어 있지만 아네모네가 아닌 종도 있다. 서양 정원에서 인기 있었던 크고 화려한 아네모네 종류와 달리 우리나라 바람꽃 종류는 작고 수수한 매력이 있어 숲 지대나 암석원에 적합하다.

아네모네는 일단 정원에 자리를 잡으면 안정적으로 잘 자란다. 양지와 반음지 모두 괜찮고 배수가 잘 되는 토양이 좋다. 바람꽃이라는 이름답게 통풍이 잘 되는 곳을 선호하며 대부분 더위에는 취약하다. 미나리아재비과 식물이 대개 그렇듯 아네모네 역시 독성을 지니고 있다. 아네모닌(anemonin)이라는 물질이 들어 있어 동물과 사람의 피부와 점막을 자극하고 물집을 유발할 수 있다. 그럼에도 불구하고 우리나라 바람꽃 종류는 혈액 순환을 촉진하는 등 여러 효능도 있다고 한다. 하지만 서양에서는 아네모네의 약효에 관한 기록이 드문 편이며, 중세 시대 약초원에서도 잘 사용하지 않았다.

바람에 하늘하늘 섬세한 꽃잎을 흔들거리며 피어나는 아름다운 아네모네가 가드너에게 좋은 이유가 하나 더 있다. 바로 사슴이 아네모네를 기피한다는 사실이다. 애써 가꿔 놓은 정원의 많은 식물이 사슴과 고라니의 먹이가 되는 상황에서 조금이라도 꽃을 지킬 수 있다면 가드너에겐 작지만 소중한 기쁨이 된다.

아네모네 코로나리아 *Anemone coronaria*

이스라엘, 요르단 등 지중해 지역 원산이다. 길가, 초원, 숲 가장자리 등 양지 혹은 반양지 건조한 곳에 잘 자라며 1~4월 개화한다. 덩이줄기에서 자라는 여러해살이풀인데 겨울이 추운 지방에서는 매년 가을에 심어 봄에 꽃을 보는 한해살이풀로 즐긴다. 꽃이 더 큰 품종들로 개발된 '데칸(De Caen)' 그룹은 파란색, 보라색, 진분홍색, 흰색, 그리고 빨간색과 흰색이 섞인 홑꽃 종류이며, '세인트 브리지드(St. Brigid)' 그룹은 반겹꽃과 겹꽃 종류로 나와 있다. 아네모네 코로나리아는 2013년에는 이스라엘 국화로 지정되었다. 이스라엘에서는 매년 한 달 동안 붉은색 아네모네꽃 축제가 열린다.

아네모네 코로나리아로부터 육종된 '모나리자(Mona Lisa)' 그룹 품종.

《커티스 보태니컬 매거진》(1836년)에 수록된 포인세티아 판화.

· 19장 ·
포인세티아
크리스마스 이브의 꽃

　　포인세티아는 인간의 문명사에 등장하는 꽃의 역사 속에서 비교적 늦은 시기인 19세기 초반에 미국에서 알려지기 시작한 이래 지금까지 전성기를 구가해 온 식물이다. 특히 전 세계적으로 겨울을 대표하는 식물로, 지금도 크리스마스 식물 하면 누구나 자연스럽게 포인세티아를 떠올린다. 이렇게 한 종류의 식물이 짧은 시간에 걸쳐 집중적으로 겨울 장식을 거의 장악하다시피 하는 식물도 드물다. 크리스마스 전후로 실내 정원에는 빨간색 포인세티아가 물결을 이룬다. 동네 꽃집은 물론 대형 식물원의 기프트샵, 레스토랑과 카페, 집 안 거실 창가나 탁자, 감각 있는 직원의 사무실 책상 위에서도 포인세티아를 쉽게 찾을 수 있다. 과연 이 식물은 어떤 과정을 거쳐 오늘날과 같은 인기를 얻게 되었을까?

야생의 포인세티아는 원래 멕시코와 과테말라 남부의 건조한 열대 숲에 분포한다. 주로 태평양 바다가 바라다보이는 해발 고도가 그리 높지 않은 협곡의 가파른 비탈에서 관목 또는 소교목으로 자란다. 야생에서 포인세티아는 키가 4~5미터에 이르고 좁고 길쭉한 잎을 가져 오늘날 보통 꽃시장에서 유통되는 포인세티아와는 매우 다르게 생겼다. 원주민은 이 식물의 선홍색 포엽으로부터 염료를 생산하거나, 하얀 유액을 짜내어 해열제로 사용했다. 1428년 멕시코 고원에 수립된 아즈텍 제국에서 이 식물은 쿠에틀락소치틀(Cuetlaxochitl)이라고 불렸는데 '순수한 모든 것과 마찬가지로 소멸되는 필멸의 꽃'이라는 뜻이다. 아즈텍 제국의 마지막 황제였던 몬테수마 2세(Moctezuma II)는 궁전을 장식하는 데 포인세티아를 쓰기도 했다. 이 시기 아즈텍 정원은 체계적이면서도 아름답게 가꿔졌는데, 다알리아, 백일홍, 메리골드, 코스모스 같은 자생 식물뿐 아니라 다른 지역에서 온 열대 식물도 자라고 있었다.

포인세티아가 크리스마스와 관련을 맺게 된 전설의 배경은 16세기 무렵이었다. 그때는 스페인 정복자 에르난 코르테스(Hernán Cortés)에 의해 아즈텍 제국이 멸망하고 가톨릭이 그 지역의 주된 종교가 되어 가고 있던 시기였다. 한 마을에 페피타(Pepita)라는 이름의 소녀가 있었는데, 너무나 가난해서 성탄절 미사에 봉헌할 예물을 구할 수 없었다. 가장 보잘것없어 보이는 선물이라 할지라도 중요한 것은 사랑이 담긴 마음이라는 천사의 메시지에 힘을 얻어 길가의 풀과 나뭇가지를 모아 만든 부케를 제단에 봉헌했다. 그런데 성탄 미사가 열릴 때쯤 그 식물 중 일부가 매우 아름다운 빨간색으로 물이 드는 기적이 일어났다. 그 식물은 당시 사람들이 쿠에틀락소치틀이라 불렀던 오늘날의 포인세티아였다.

멕시코 게레로(Guerrero) 주에 위치한 탁스코(Taxco)라는 작은 마을의 프란치스코회 수사들이 17세기부터 이 식물을 성탄절에 사용하기 시작했다. 어쩌면 어린 소녀 페피타와 거룩한 성탄 전야의 꽃에 관한 전설이 이때 크게 부각되었을지도 모르겠다. 포인세티아의 뾰족뾰족한 초록색 잎 모양은 구세주의 탄생을 알린 베들레헴의 별을 상징하고, 포엽의 붉은색은 십자가에 못 박힌 예수가 흘린 희생의 피를 의미했다. 이후 초록색과 붉은색의 조합을 크리스마스의 상징색으로 여기는 전통이 정착하면서 포인세티아는 오늘날까지도 통용되는 크리스마스 이브의 꽃(Flores de Nochebuena)이라는 별명을 얻었다. 하지만 그 후로도 오랫동안 이 식물은 오직 멕시코의 작은 마을과 그 전통 안에만 머물러 있었다.

포인세티아가 더 넓은 세상에 알려지게 된 것은 미국 사우스캐롤라이나 출신의 조엘 로버츠 포인세트(Joel Roberts Poinsett) 덕택이었다. 열정적인 식물학자이자 의사였던 그는 1825년부터 1829년까지 멕시코에 주재한 첫 번째 미국 공사였다. 그는 1828년 탁스코 지역을 여행하다가 아주 화려하고 붉은 잎을 가진 포인세티아를 발견하고, 살아 있는 개체들을 찰스턴에 있는 자신의 집 온실과 필라델피아의 바트람 가든(Bartram's Garden)에 배편으로 보냈다. 바트람 가든은 식물학자 존 바트람(John Bartram)이 1728년 필라델피아에 설립한 미국

1840년 샤를 펜데리히(Charles Fenderich)가 그린 조엘 로버츠 포인세트.

최초의 식물원이다. 1829년에는 펜실베이니아 원예 협회(Pennsylvania Horticultural Society, PHS)에서 대중을 위해 개최한 첫 번째 필라델피아 플라워 쇼(Philadelphia Flower Show)에서 포인세티아가 첫선을 보였다. 목련, 펠라르고늄, 중국에서 온 작약, 아라비아 커피나무, 서인도 사탕수수 등 미국인들이 그전까지 쉽게 보지 못했던 식물이 함께 전시됐다. 그 후 포인세티아는 크리스마스 시즌에 위쪽 잎이 붉게 물들어 황홀한 분위기를 연출하는 식물로 유명세를 타게 되었다.

특히 스코틀랜드 출신 양묘업자로 PHS 사무관이자 전시 기획자인 로버트 부이스트(Robert Buist)가 포인세티아를 재배하여 판매하기 시작하면서 이 식물에 대한 좋은 평판이 널리 구축되었다. 그는 1834년 포인세티아를 유럽으로 보낸 장본인이기도 했다. 1836년부터 이 식물은 공식적으로 포인세티아라는 이름으로 유통되었다. 이 식물을 미국에 처음 들여와 크리스마스와 연말연시의 새로운 전통에 불을 붙인 조엘 포인세트를 기념하는 그 이름은 워낙 영향력이 컸다. 도입 초창기에는 소수층의 전유물이었던 포인세티아는 점점 대중화의 물결을 타게 되었다.

1900년대에 들어서자 포인세티아의 새로운 전성기를 만들어 낼 특별한 가문이 등장했다. 독일 출신의 알베르트 에케(Albert Ecke)라는 사람이 1900년대 초 로스앤젤레스에 이민 와서 이글 록 지방에서 농장 사업을 시작했고, 1909년부터는 포인세티아를 재배하기 시작했다. 그리고 그의 아들인 폴 에케(Paul Ecke)는 접목 기술을 개발하여 크기가 더 작으면서도 잎이 더 많은 포인세티아를 만들어 냈다. 그는 포인세티아 화분 재배 시스템도 최초로 개발하여 캘리포니아 할리우드 가판대에서도 판매했다. 1923년에는 폴 에케 랜치(Paul Ecke Ranch)라는 회사를 설립하여 포인세티아의 생산량과 유통 범위를 크게 넓혔다. 크리스마스 시즌과 연계한 포인세티아 마케팅을 대대적으로 펼친 사람은 그의 아들 폴 에케 주니어(Paul Ecke Jr.)였다. 그는 「투나잇 쇼(The Tonight Show)」와 「밥 호프(Bob Hope)」 같은 텔레비전 프로그램에 출연하여 포인세티아를 홍보했다. 곧 유명한 여성 잡지도 포인세티아

사진이 지면을 채웠다.

포인세티아의 붉은 잎은 연말 시즌 많은 사람에게 따스한 온정을 불러일으키는 역할을 했고, 포인세티아는 계속해서 북아메리카 전역으로 퍼져 나갔다. 품종도 100종이 넘게 개발되었는데, 빨강, 분홍, 주황, 연두, 크림, 하양 등 눈에 확 띄는 여러 가지 환상적인 색상과 잎 모양, 다양한 크기로 즐길 수 있게 되었다. 멕시코 야생에서 자라던 키 크고 엉성한 포인세티아는 다부지고 짱짱한 품종으로 다시 태어났다.

1990년대에는 대학 연구자들이 자체 연구를 통해 포인세티아 접목 기술을 밝혀냈다. 원래 에케 가문만 알고 있는 비법이었는데 이제 만인에게 알려지게 되었고, 포인세티아 재배는 무한 경쟁의 시대로 돌입했다. 결국 에케 가의 회사는 2012년 네덜란드의 세계적인 종묘 기업인 아흐리비오 그룹(Agribio Group)에 매각되었지만, 오늘날에도 에케라는 이름을 달고 있는 포인세티아 유통량은 어마어마하다. 크리스마스를 앞둔 6주 동안 미국에서만 매년 7000만 본 이상의 포인세티아가 판매된다. 우리나라로 치면 남녀노소 할 것 없이 전 국민이 포인세티아 화분을 하나씩 구입하는 셈인데, 그 판매액은 무려 3000억 원에 이른다.

포인세티아의 이야기는 식물의 잠재력과 가능성을 발견한 사람의 안목이 어떻게 시대를 초월해 막대한 영향력을 발휘할 수 있는지를 보여 준다. 스미스소니언 협회의 전신이었던 미국 국립 과학 진흥원(National Institute for the Promotion of Science)의 공동 설립자이기도 했던 조엘 포인세트는 의사이자 정치인으로 매우 화려한 경력과 커다란 업적이 있음에도 불구하고 포인세티아를 미국으로 처음 가져온 사람으로 더 많이 기억되고 있다. 심지어 미국에서는 2002년부터 매년 12월 12일을 국가 포인세티아의 날로 지정해서 조엘 포인세트를 추모하고 이 식물에 관한 그의 업적을 기린다.

포인세티아에 대해 꼭 알아두어야 할 것이 있다. 사실 우리가 좋아하는 벨벳같이 고운 질감과 눈에 띄는 선명하고 화려한 색상으로 물든 꽃잎처럼 보이는 부분은 꽃이 아니다. 많은 이들이 화려한 꽃이라 생각하는 부분은 포인세티아의 포엽이고, 실제 꽃은 가운데 아주 작은 크기로 핀다. 이러한 형태의 꽃을 배상 꽃차례라고 하는데 포인세티아가 속한 대극과에서 많이 볼 수 있다. 즉 변형된 형태의 잎인 포엽으로 둘러싸인 중심부에 퇴화한 수꽃 몇 개와 암꽃 1개가 한데 모여 있는 형태다.

포인세티아는 어떻게 겨울만 되면 잎이 그렇게 곱게, 붉게 물드는 것일까? 바로 광주기성(光週期性, photoperiodicity)이 그 원인이다. 포인세티아도 국화처럼 단일성 식물에 속한다. 즉 해가 점점 짧아져야 꽃이 핀다. 개화기가 되면 아주 작은 꽃이 피고 꽃의 주변부를 장식하는 포엽이 아름답고 선명하게 붉게 물든다. 아마도 꽃가루 매개자를 유혹하기 위해서일 것이다. 포엽이 선명하게 물들기 위해서는 낮에 햇빛을 충분히 받고 6~8주 동안 연속적으로 매일매일 14시간 이상의 어둠이 필요하다. 구체적으로 말하자면 9월 말부터 본격적인 단일(短日) 처리 과정에 들어가야 하는데, 오후 5시부터 다음 날 오전 8

시까지는 무조건 완전한 어둠 속에 놓아 두어야 한다.

좋은 포인세티아를 고르는 데는 몇 가지 팁이 있다. 먼저 초록색 잎과 붉은색 포엽의 색깔 대비가 확실할수록 좋다. 아래쪽 잎은 진한 초록색이면서 노란 잎이 없어야 하고, 포엽의 색깔은 선명할수록 좋다. 가운데 작은 꽃은 노랑 꽃가루가 덮인 것보다는 아직 끝부분이 불그스름한 신선한 상태가 좋다. 겨울에 포인세티아는 최대한 밝은 곳에서 직사광이 아닌 간접광을 받게 해야 한다. 온도는 낮에는 섭씨 20도 밤에는 섭씨 15도가 이상적이다. 온도가 높으면 그만큼 최상의 상태로 감상할 수 있는 기간이 짧아진다. 온풍기 바람을 맞는 곳이나 문 앞에서 자주 찬 바람을 쐬는 위치는 좋지 않으며, 물을 준 후에 받침에 물이 고여 있지 않도록 주의한다.

포인세티아가 속해 있는 대극속 식물의 유액은 대부분 독성을 지니고 있다고 한다. 하지만 한 연구 결과에 따르면 포인세티아는 독성이 그리 심하지 않다고 한다. 그럼에도 불구하고 일부 민감한 사람들의 경우 유액의 라텍스 성분이 피부, 눈, 점막에 문제를 일으킬 수 있고, 반려 동물의 경우 잎을 먹으면 구토나 설사를 할 수도 있다.

해마다 겨울이면 어김없이 새롭게 싹트는 설렘과 함께 크리스마스 시즌이 찾아온다. 빨간색의 아름다운 포인세티아가 계속해서 사람들의 관심을 받는 한 아마도 꽃의 문화사 속에서 조엘 포인세트라는 이름과 그에 얽힌 이야기는 영원히 기억되지 않을까? 그런 맥락에서 식물이 지닌 능력과 그것이 우리 몸과 마음에 미치는 영향에 대한 세심하고 날카로운 안목은 앞으로도 더욱더 중요하게 여겨질 것이다.

포인세티아 *Euphorbia pulcherrima*

포인세티아의 속명인 에우포르비아(*Euphorbia*)는 서아프리카 모리타니의 고대 국가 마우레타니아의 왕 유바 2세(Juba II)의 의사였던 그리스인 에우포르부스(Euphorbus)의 이름에서 유래되었고, 종명인 풀케리마(*pulcherrima*)는 아름답다는 뜻이다. 멕시코와 중앙아메리카 원산으로 크리스마스 시즌에 빨갛게 물드는 화려한 포엽이 특징적이다. 섭씨 20도 전후에서 잘 자라며, 섭씨 10도 밑으로 내려가면 잎이 떨어지며 생육이 나빠진다.

포인세티아.

1896년 출간된 『정원과 온실의 특별한 꽃들(*Favourite Flowers of Garden and Greenhouse*)』에 수록된 에드워드 스텝(Edward Step)의 제비꽃 그림.

· 20장 ·

제비꽃

나폴레옹의 죽음과 함께한 꽃

제비꽃은 천연 항생제라 불릴 정도로 뛰어난 효능뿐 아니라 색깔과 향기로 아주 오래전부터 세상을 사로잡았다. 작지만 강한 영향력, 심지어 정치적 상징으로도 이용되었던 꽃이다. 꽃의 문화사에서 제비꽃에 얽힌 이야기를 들여다보면 이 꽃은 더 이상 숲속에서 홀로 조용히 피어나는 수수한 야생화가 아니라는 것을 알게 된다.

전 세계적으로 수백 종류에 이르는 수많은 제비꽃 가운데 향기제비꽃(sweet violet)이라는 영어 이름을 가진 비올라 오도라타(*Viola odorata*)는 기원전 500년 전인 고대 그리스 시대부터 약용으로 그 가치를 널리 인정받았다. 이름에서 짐작할 수 있듯 이 제비꽃은 향기가 아주 좋은데, 특히 한번 맡으면 금세 사라져 버릴 듯한 오묘한 향기로 유명하다. 마치 아름다운 누군가를 스쳐 지나간 후 그 여운과 잔상이 남아 뒤를 돌아보았는데 그 사람은 이미 사라지고 없는 느낌이라고 할까. 다른 꽃에서는 쉽게 맡아 볼 수 없는 이 특별한 향기는 향수(鄕愁)를 불러일으킨다고 알려져 있다. 여기에는 비밀이 있는데, 이 제비꽃의 향기에는 사람의 후각을 일시적으로 둔감하게 만드는 이오논(ionone)이라는 화학 물질이 들어 있다.

잡힐 듯 잡히지 않는 매력을 지닌 제비꽃 향기를 사람들은 매우 좋아했다. 이슬람교의 예언자 무함마드는 모든 꽃 가운데 제비꽃의 향이 가장 우수하다고 극찬하기도 했다. 그리스 인들은 달콤하고 향이 좋은 제비꽃으로 와인을 빚어 마시고, 요리와 약에도 사용했다. 심지어 제비꽃은 아테네를 상징하는 꽃이 되었고, 제비꽃을 상업적으로 재배하는 전문 농장도 생겨났다. 로마 시대에 식물 재배에 관한 책을 저술한 마르쿠스 테렌티우스 바로(Marcus Terentius Varro)는 제비꽃 농장에 대해 자세히 기술하기도 했다. 비록 장미 농원에 비해 수익이 많이 안 난다며 한탄하기는 했지만 말이다. 『박물지』의 저자로 유명한 대플리니우스도 자신의 저서에서 수레국화, 시클라멘, 수선화와 함께 제비꽃을 언급했다.

제비꽃은 그리스 신화에도 자주 등장한다. 모든 신 가운데 가장 추한 신, 헤파이스토스(Hephaestus)가 제비꽃으로 화관을 만들어 그 향기로 아프로디테를 매료시켰다는 이야기와 아폴로의 구애를 거부한 님프 이오(Io)가 벌을 받아 이온(Ion)이라는 이름의 제비꽃으로 피어났다는 이야기도 있다. 이렇게 제비꽃은 아름다운 순결을 상징하는 꽃으로 자리매김했다.

존 윌리엄 고드워드(John William Godward)의 「제비꽃, 달콤한 제비꽃(Violets, Sweet Violets)」(1906년). 제우스의 연인이었던 이오의 이름에서 제비꽃의 이름을 따왔다는 그리스 신화도 있다. 이 이야기에 따르면 헤라의 질투로부터 이오를 보호하기 위해 암소로 변신시킨 제우스는 이오가 거친 풀을 먹는 게 안쓰러워 제비꽃을 자라게 만들어 먹였다고 한다.

    제비꽃은 보라색이라는 특별한 색깔과도 연관이 깊다. 이 꽃의 그리스 어 이름인 이온과 어원이 같은 라틴 어 비올라(viola)에서 유래된 바이올렛(violet)은 보라색 자체를 뜻하는 단어가 되었다. 보라색은 원래 고대부터 레바논 티레 지방에서 나는 바다달팽이의 분비물로부터 극소량만 얻을 수 있는 매우 비싸고 귀한 염료였다. 주로 로마와 비잔틴 제국의 황제들, 중세 주교들과 왕들만 배타적으로 쓸 수 있었다. 엘리자베스 여왕 시대에는 왕실의 가까운 친척 외에는 보라색 의상을 입는 것이 법으로 금지될 정도였다.

고귀한 색과 향을 동시에 지닌 제비꽃은 유럽의 중세 시대에는 섬세한 사랑과 믿음, 존엄을 상징했는데, 7세기에는 성모 마리아의 겸손을 표현하는 꽃이기도 했다. 12세기 수도원에서는 제비꽃이 장미, 백합, 붓꽃 등과 함께 자라고 있었다. 이슬람 정원에서도 제비꽃은 필수 아이템이었다. 샤 아바스의 정원, 콘스탄티노플과 아드리아노플의 왕실 정원에 만들어진 기하학적인 화단 안에서도 제비꽃을 쉽게 볼 수 있었다. 17세기 중반 네덜란드 인은 튤립, 패랭이꽃과 함께 제비꽃을 재배했다.

제비꽃의 소박한 아름다움은 셰익스피어 등 많은 작가와 예술가의 작품 소재가 되기도 했다. 18세기 독일의 극작가 요한 볼프강 폰 괴테(Johann Wolfgang von Goethe)는 「제비꽃(Das Veilchen)」이라는 제목의 시를 발표했는데, 동시대를 살았던 오스트리아의 작곡가 볼프강 아마데우스 모차르트(Wolfgang Amadeus Mozart)가 이 시를 가곡으로 만들어 더 유명해졌다. 양치기 소녀가 자신을 바라봐 주기를 애타게 바라는 제비꽃의 이루어지지 못한 사랑을 담담하면서도 구슬프게 표현한 시와 가곡은 오늘날까지도 많은 사랑을 받고 있다.

19세기 초에 이르러 제비꽃은 역사상 가장 비범하고 특출했던 황제 중 한 사람이었던 나폴레옹과 특별한 인연을 맺었다. 특히 그의 첫 번째 아내 조제핀 황후와 얽힌 제비꽃 이야기는 유명하다. 둘의 결혼식 때 조제핀은 제비꽃이 그려진 웨딩드레스를 입었고, 매년 결혼 기념일에 나폴레옹은 조제핀에게 제비꽃을 선물했다. 하지만 1809년 두 사람은 파경을 맞게 되었고 이후 나폴레옹은 오스트리아의 황녀 마리 루이즈(Marie Louise)와 결혼하여 아이를 낳았지만, 여전히 조제핀을 잊지 못했다. 1814년 4월 나폴레옹은 퐁텐블로 조약에 따라 지중해 외딴섬 엘바 섬으로 유배를 가게 되었는데, 그때 병사들에게 "제비꽃과 함께 돌아올 것"을 맹세하면서 제비꽃은 나폴레옹을 상징하는 꽃이 되었다. 나폴레옹의 지지자들은 그를 '제비꽃 상사(Corporal Violet)'라는 별명으로 부르기 시작했고 제비꽃을 상징으로 삼아 결속했다. 지지자들은 낯선 사람을 만났을 때 서로를 확인하는 암구호 수단으로 제비꽃을 좋아하는지 물었는데, 만약 "글쎄. (Eh, bien.)"라고 답하면 나폴레옹의 지지자인 보나파르트주의자로 간주했다. 그들 사이에서 제비꽃 리본이나 제비꽃 문양이 새겨진 시곗줄이나 브로치, 반지는 정체성을 드러내는 비밀스러운 표식이었다.

결국 나폴레옹은 이듬해인 1815년 봄 자신의 약속을 지켜 엘바 섬을 탈출하여 제비꽃과 함께 파리로 귀환했다. 그가 가장 먼저 찾은 곳은 조제핀의 정원이 있는 말메종이었다. 자신이 유배된 지 얼마 되지 않아 죽음을 맞이한 조제핀의 무덤에 헌화할 제비꽃을 따기 위해서였다. 그는 파리 근교 몽트뢰유에 있는 생 피에르-생 폴(Saint Pierre-Saint Paul) 교회에 안치된 그녀의 무덤에 제비꽃을 뿌렸고, 일부

꽃은 자기 목걸이에 다는 로켓 속에 넣어 죽을 때까지 간직했다.

다시 돌아온 나폴레옹을 축하하는 군인과 대중은 나폴레옹의 상징인 제비꽃을 가슴에 달고 그를 반겼다. 제비꽃은 나폴레옹의 코트 단추부터 모자, 의상을 장식하며 온갖 위세를 자랑했다. 장도미니크에티엔 카뉘(Jean-Dominique-Etienne Canu)는 「1815년 3월 20일의 제비꽃(Violettes du 20 mars 1815)」이라는 제목의 판화 작품을 통해 파리에 다시 등장한 제비꽃 상사, 나폴레옹을 표현하여 유명해지기도 했다. 언뜻 보기에 간단한 그림 같지만, 자세히 보면 나폴레옹의 상징인 펠트 모자와 그의 얼굴 윤곽이 숨어 있고, 그의 두 번째 아내 마리 루이즈와 아들 나폴레옹 2세(Napoléon II)의 얼굴선도 찾아볼 수 있다. 하지만 1815년 6월 워털루 전투에서 패배한 나폴레옹은 역사의 무대에서 물러나게 되었고 세인트 헬레나 섬에 유배된 후 1821년 생을 마감했다. 그렇지만 나폴레옹을 지지한 보나파르트주의자의 상징인 제비꽃의 영향력이 얼마나 강했는지 프랑스 정치가들은 1874년까지도 제비꽃의 생산을 금지할 정도였다.

하지만 제비꽃은 프랑스를 넘어 온 유럽에서 빅토리아 시대까지도 계속해서 큰 사랑을 받으며 가장 중요한 식물 가운데 하나로 쓰였다. 특히 19세기 후반에는 많은 화장품과 향수뿐 아니라, 문학 작품과 그림, 패션, 식기류에 등장하기도 했다. 가장 향이 좋은 제비꽃 종류는 16세기부터 이탈리아에서 재배되었던 파르마의 제비꽃 품종이었다. 나폴레옹이 엘바 섬으로 축출되던 해 파르마 공국의 여 공작으로 새 인생을 살게 된 그의 두 번째 부인 마리 루이즈가 계속해서 제

장도미니크에티엔 카뉘가 그린 동판화 「1815년 3월 20일의 제비꽃」. 프랑스 국립 도서관 소장. 그림 속에 나폴레옹과 마리 루이즈, 그리고 아들인 나폴레옹 2세의 얼굴 윤곽이 숨어 있다.

· 20장 ·

제비꽃

비꽃에 관심을 두고 장려한 덕이었다. 그녀는 각종 식기와 도자기, 종이 등 수많은 생활용품 디자인에 제비꽃이 사용되는 유행을 퍼뜨렸고, 최고급 궁정 향수를 만들기 위해 제비꽃 에센스를 추출하는 데 정성을 쏟았다.

1910년대 영국 데번 주의 돌리시 지방은 제비꽃 재배의 중심지가 되었다. 1920년대 콘월에서 런던으로 가는 특별 기차를 통해 매일 많은 꽃이 런던으로 운반되었고, 늦겨울과 초봄 사이 코벤트 가든 시장에는 제비꽃 향기가 가득했다. 1930년대 제비꽃은 동서양을 막론하고 그 향기 때문에 널리 재배되었고 그 거래는 절정을 이루었다. 하지만 세계 대전이 발발하자 제비꽃 유행은 끝나 버렸고, 1950~1960년대에는 제비꽃 향수가 자취를 감추기도 했다. 비록 그 인기가 예전만은 못하지만 오늘날에도 제비꽃은 여전히 향수의 중요한 원료로 쓰이고 있다. 가벼운 과일 향, 그윽한 나무 향, 신선한 꽃향기는 과하지 않으면서도 매우 희귀하고 독특한 품질로 인정받고 있다.

제비꽃은 전 세계적으로 600종 가까이 분포한다. 숲, 사막, 습지 등 서로 다른 서식 환경에 맞게 적응하여 살고 있다. 대부분 북반구 온대 지역에 자생하는데, 오스트레일리아 일부 지역과 남아메리카의 안데스 산맥이나 하와이에도 산다. 일년생도 있고 다년생도 있으며 작은 관목으로 자라는 종도 있다. 대부분 내한성이 강하고 낙엽수 그늘과 시원한 곳, 촉촉한 토양을 좋아한다. 다양한 색깔과 크기, 특히 서로 다른 꽃뿔은 그만큼 다양한 나비와 곤충이 이 꽃의 꽃가루받이를 해 주고 있다는 증거다. 전 세계 수많은 제비꽃은 묵묵히 숲속 작은 생명을 위한 꿀 공급원으로 중요한 역할을 하고 있다.

우리나라에도 약 50종의 제비꽃 종류가 자생한다. 꽃 뒤쪽으로 튀어나온 꽃뿔이 오랑캐를 연상시킨다고 오랑캐꽃으로 불리기도 했으나, 물 찬 제비처럼 빼어난 제비를 닮아 제비꽃이라는 이름이 붙었다. 가장 흔한 남산제비꽃(*Viola albida* var. *chaerophylloides*)부터 흰제비꽃(*Viola patrinii*), 노랑제비꽃(*Viola orientalis*), 고깔제비꽃(*Viola rossii*) 등 색깔과 크기도 매우 다양하다. 태백제비꽃(*Viola albida* Palib.)처럼 우리나라에만 자라는 특산 제비꽃도 있다. 근근초(菫菫草)라고도 불리는 이 제비꽃은 어린잎과 꽃을 나물로 먹을 수 있고, 뿌리를 비롯한 식물체 전체의 약효가 뛰어나 염증을 줄이고 소변 배설을 증가시키며 피를 맑게 하는 데 좋다. 서양에서도 제비꽃을 설탕에 절여 케이크나 디저트에 고명으로 곁들이거나 샐러드로 식용해 왔다. 맛과 향도 좋지만 비타민 C도 풍부해서 건강에도 좋다.

봄철 정원에서 화단용 초화류(herbaceous flowers)로 많이 쓰는 팬지와 비올라도 넓게 보면 모두 제비꽃 종류다. 대개 일년초로 사용하는데 추위와 더위에 모두 강해서 아주 이른 봄에 심어 초여름까지도 꽃을 볼 수 있다. 물론 시든 꽃을 계속 따 주고 가끔 줄기를 잘라 주어야 더 많은 꽃이 피어난다. 팬지(*Viola* x *wittrockiana*)는 꽃이 마치 생각에 잠긴 얼굴처럼 생겨 '명상' 또는 '사색'이라는 뜻의 프랑스 어 팡세(pensée)가 어원이다. 비올라는 유럽 원산의 제비꽃을 개량하여 만든 삼색제비꽃(*Viola* x *tricolor*)으로부터 나온 품종이다. 팬지는 비올라보나 꽃과 잎이 더 큰 편인데, 대신 비올라는 더 많은 수의 꽃이 달리고 더

위와 추위에 더 강해 개화기가 조금 더 길다.

　　우여곡절이 많았던 오랜 역사에도 불구하고 제비꽃은 여전히 우리 마음속에 소박하고 아름다운 꽃으로 자리하고 있다. 그 꽃은 조동진이 노래한 것처럼 한 수줍은 소녀의 꿈과 인생 이야기를 담고 있는 제비꽃("머리엔 제비꽃 너는 웃으며 내게 말했지 / 아주 멀리 새처럼 날으고 싶어."), 혹은 안도현 시인이 그린 것처럼 봄이 오면 언제나 우리 곁에 한결같이 피어나는 수수한 제비꽃("제비꽃을 알아도 봄은 오고 / 제비꽃을 몰라도 봄은 간다.")과 비슷한 이미지일 것이다. 항상 낮은 곳에 있지만 언제든 우리를 한껏 고양시켜 줄 만큼의 아름다움과 겸손의 미덕을 지닌 제비꽃이 여전히 이 땅에 우리와 함께 살고 있다는 것이 고맙고 기특하다.

향기제비꽃 *Viola odorata*

제비꽃과(Violaceae)의 여러해살이풀로 유럽, 북아프리카, 서아시아에 분포한다. 숲 가장자리, 습기가 있는 비옥한 토양에서 8~15센티미터 크기로 자란다. 잎은 심장 모양이며, 5장의 꽃잎을 가진 꽃은 봄철 짙은 청자색, 혹은 간혹 연보라색과 흰색으로 핀다. 다른 제비꽃과 달리 향이 매우 좋아 스위트 바이올렛(sweet violet), 플로리스트 바이올렛(florist's violet), 가든 바이올렛(garden violet) 등으로 불린다.

향기제비꽃.

팩스턴의 『꽃의 정원』 3권에 실린 루이아리스티드레옹 콘스탄스(Louis-Aristide-Léon Constans)의 무궁화 1850년 그림.

·21장·
무궁화
끊임없이 피는 꽃

여름이면 더위에도 아랑곳하지 않고 날마다 꽃을 피워 내는 무궁화 꽃을 만난다. 특히 광복절 즈음하여 전국의 정원과 축제 현장에는 무궁화 꽃이 절정을 이룬다. 무궁화가 우리나라를 상징하는 꽃이 된 시점은 1,000년을 거슬러 올라간다. 통일 신라 시대 최치원이 당나라에 보낸 국서에서 우리나라를 무궁화의 나라를 뜻하는 "근화향(槿花鄕)"으로 일컫는 대목이 나온다. 이보다 1,000년을 더 거슬러 올라가 중국 춘추 전국 시대에 저술된 『산해경(山海經)』에는 우리나라를 가리키는 군자(君子)의 나라에 아침에 피었다가 저녁에 지는 훈화초(薰華草)가 있다는 내용이 나오는데, 훈화초를 무궁화의 다른 이름으로 본다면 이것이 가장 오래된 기록이라는 견해도 있다. 본래 근화(槿花)로 불렸던 이 식물이 끊임없이 피는 꽃이라는 뜻의 무궁화(無窮花)

라는 이름으로 문헌에 등장한 것은 1241년 고려 시대 이규보(李奎報)의 『동국이상국집(東國李相國集)』이 처음이라고 한다.

무궁화의 원산지는 중국 남부 지역으로 보고 있다. 아쉽게도 우리나라에서는 무궁화 자생 군락이 발견된 기록이 없다. 하지만 아주 오래전부터 이 땅에 들어와 곳곳에 터를 잡고 자라며 자연스럽게 꽃뿐 아니라 그 실용성으로도 많은 사람의 사랑을 받아 왔다. 옛사람들은 무궁화 어린잎을 식용하고 꽃은 차로 우려 마셨으며 줄기와 뿌리껍질은 말려 해열, 기관지염 치료 등에 사용했다. 1613년 간행된 『동의보감(東醫寶鑑)』에도 무궁화 줄기 껍질이 장풍(腸風)과 이질 등에 좋다고 쓰여 있다.

무궁화 꽃은 보통 하루만 피지만 가지에서 새로운 꽃봉오리가 많이 발생한다. 거기서 약 100일 동안 계속해서 신선한 꽃을 피운다. 다함이 없다는 이름도 이런 성질에서 왔다. 꽃이 질 때면 오무라진 꽃이 꽃부리째 떨어진다. 이런 무궁화가 나라꽃으로서의 상징성을 두드러지게 띠게 된 것은 19세기 말과 20세기 초중반이다. 1892년에는 다섯 냥짜리 은화에 무궁화 문양이 등장했다. 1897년 8월 17일 《독립신문》은 조선 개국 505주년 기념식 소식을 전하며, 행사 중에 「무궁화 노래」가 불렸다는 내용도 언급했다. 1900년 도입된 대한제국의 문관 대례복에도 무궁화 도안이 새겨졌다.

자연스럽게 우리나라의 상징이 된 무궁화는 일제 강점기에 큰 수난을 겪었고, 많은 독립 운동가들이 무궁화를 지키고 살리기 위해 애썼다. 특히 남궁억(南宮檍) 선생은 강원도 홍천 모곡 학교에서 무궁

자단심계 무궁화 '칠보' 품종.

화 묘목을 재배해 전국 각지에 보급하며 민족 정신을 고취하다 1933년 체포되었고, 한용운(韓龍雲) 선생은 1921년 옥중에서 무궁화에 대한 시를 발표하기도 했다. 광복 이후 무궁화는 다시 정부의 각종 공식 문양으로 제자리를 찾았다. 그 후로도 무궁화는 희망과 절망이 교차하는 힘들고 어수선한 시기마다 국민에게 힘과 용기를 북돋아 주었다. 1985년 발표된 심수봉 작사 작곡의 「무궁화」라는 노래 속에는 어려운 상황에서도 끝없이 피고 지는 무궁화의 포기하지 않는 강인한 정신이 담겨 있다.

무궁화 꽃은 보통 희지만, 꽃의 중심부에 붉은색 반점이 있는 '단심계', 꽃잎에 분홍색 무늬가 있는 '아사달계', 단심이 없고 숭심부가 순백색인 '배달계'로 나뉜다. 단심계는 다시 꽃잎의 색깔에 따

왼쪽 위부터 시계 방향으로 백단심계, 홍단심계, 아사달계, 배달계 무궁화.

라 흰색 꽃은 '백단심계', 붉은색 꽃은 '홍단심계', 푸른색 꽃은 '청단심계' 등으로 분류된다. 무궁화는 오랜 세월에 걸친 품종 육종을 통해 지금까지 300여 품종이 개발되었다. 그중 절반 이상이 우리나라에서 육성한 품종이다.

광복 이후 서울 대학교 류달영(柳達永) 교수를 필두로 국립 산림 과학원, 농촌 진흥청 원예 연구소(현재 국립 원예 특작 과학원), 한국 원자력 연구소(현재 한국 원자력 연구원), 성균관 대학교, 강원 대학교 등에서 무궁화 연구를 진행했다. 서울 대학교 화훼학 연구실에서는 1970년대에 '사임당', '옥토끼' 등 신품종들을 만들어 널리 보급했다. 역사적으로 유서 깊은 무궁화가 재발견되어 의미 있는 품종들이 개발되기도 했다. 경북 안동의 예안 향교에는 1919년 독립 운동의 일환으로 유림의 선비들이 모여 특유의 재래종 무궁화를 심었는데, 1992년 서울 대학교 임경빈 교수 등이 이를 확인하여 애기무궁화(*Hibiscus syriacus* var. *micranthus* Y. N. Lee & K. B. Yim)라는 이름으로 학계에 등재했다. 일반 무궁화와 달리 꽃이 한번 피면 36시간씩 유지되는 백단심계 종류였다. 이 무궁화로부터 1999년 '안동'이라는 품종이 새롭게 탄생했다. 성균관 대학교 심경구 교수 연구진의 작품이었다. 그는 또한 '안동' 무궁화와 전북 남원의 무궁화를 교배시켜 2003년 '삼천리,' '화합'을 비롯해 수많은 품종을 개발했다. 최근에는 '안동'과 '백령도'를 교배하여 만든 '움찬세종'이라는 새로운 품종을 국립 세종 수목원에 기증한 바 있다. 천리포 수목원은 2000년경부터 무궁화를 수집, 전시하기 시작하여 현재 300개 분류군이 넘는 무궁화속(*Hibiscus*) 식물들을 보유하고 있다. 2006년 한국 원자력 연구원에서는 방사선 육종 기술을 활용하여 '꼬마'라는 왜성 무궁화 품종도 탄생시켰다. 5~6년 자라도 키가 50센티미터밖에 안 되며 진딧물에 강하여 분재로 키우기 적당한 무궁화다.

  무궁화가 유럽으로 전해진 것은 1600년경이었다. 비단길을 통해 시리아로부터 전해진 이 꽃은 매우 새롭고 특별한 모습으로 서양인의 눈길을 사로잡았다. 당시 오스만튀르크 제국 통치하의 시리아는 영토가 지금보다 훨씬 더 넓었으며 이스라엘의 샤론 평야 등 성경에 등장하는 성지들을 다수 포함하고 있었다. 그곳에서 온 무궁화는 유럽 사람들의 상상력을 자극하기에 충분히 아름다웠다. 구약 성경의

「아가서」에 등장하는 샤론의 장미(Rose of Sharon)가 이 꽃이 아닐까 여길 정도였다. 사실 역사적으로 샤론의 장미의 후보로 거론되는 꽃들이 많았는데, 영미권에서 아직도 그 이름으로 부르는 대표적인 꽃이 바로 무궁화다.

한편 18세기 분류학의 아버지인 린네는 무궁화의 학명을 히비스쿠스 시리아쿠스(Hibiscus syriacus)로 명명했다. 속명인 히비스쿠스는 아욱 같은 식물을 일컫던 고대 그리스 어 이비스코스(ibískos)에서 유래했다. 로마의 박물학자이자 역사가 대플리니우스가 마시멜로(Althaea officinalis)에 붙인 히비스쿰(hibiscum)이라는 라틴 어 이름이 무궁화속을 일컫는 이름으로 채택되었다. 무궁화의 종명인 시리아쿠스는 시리아를 뜻한다. 당시 무궁화의 원산지 등에 관한 정확한 기록이 없는 상황에서 유럽에 처음 도입된 무궁화가 시리아에서 왔기 때문에 그렇게 된 것으로 추정된다.

무궁화는 내한성이 아주 강한 나무임에도 불구하고 유럽에 처음 도입되었을 때는 겨울 추위로부터 보호해야 하는 식물로 여겨졌다. 1629년 영국의 약초학자 존 파킨슨도 자신의 저서 『태양의 낙원, 지상의 낙원들』에서 겨울에는 무궁화를 집 안이나 따뜻한 지하실로 옮겨야 한다고 기록했다. 17세기 말에 이르러서야 런던 저택의 바깥 정원에서 무궁화를 땅에 심어 재배한 기록을 찾을 수 있다. 18세기까지 무궁화는 영국의 여러 정원과 북아메리카로 퍼져 나갔다.

그런데 무궁화는 결실이 매우 잘 이루어지다 보니 씨앗이 발달하기 시작하면 꽃이 잘 피지 않는 문제가 있었다. 따라서 정원에서는 매일매일 발생하는 많은 양의 시든 꽃들을 부지런히 제거하고 정리하는 일이 필요했다. 이는 가드너 입장에서 효율적이지 않았다. 땅에 많은 씨앗이 떨어져 주변에 여기저기 잡초처럼 자라는 문제도 있었다. 이런 이유로 무궁화는 정원 식물로 인기가 그리 높지 않았다. 워싱턴 D. C.에 위치한 미국 국립 수목원의 육종가 도널드 에골프(Donald Egolf)는 1960년대부터 이 문제를 해결하기 위해 무궁화 신품종을 육성하기 시작했다. 그 결과 씨앗을 맺지 않는 품종이 나왔다. 그 가운데 그리스 여신의 이름을 딴 '다이아나(Diana)', '미네르바(Minerva)', '헬레네(Helene)' 같은 품종은 지금도 여전히 인기다.

오늘날 무궁화는 정원 식물 소재로 꾸준히 인기를 끌고 있다. 특히 유럽과 미국에서 정원수와 가로수로 인기다. 진한 초록색 잎과 청자색 홑꽃, 진홍색 단심을 가진 '마리나(Marina)', 연파랑 반겹꽃으로 바깥 꽃잎에 별 모양 적자색 단심 부분이 매력적인 '블루 시폰(Blue Chiffon)' 등 영국 왕립 원예 협회로부터 우수 정원 식물로 선정된 무궁화도 16종류나 된다.

무궁화가 속해 있는 아욱과의 무궁화속에는 우리나라 꽃 무궁화 말고도 온대, 아열대, 열대 지방에 분포하는 수백 종류의 히비스쿠스 종류가 있다. 그중에는 일년초, 다년초도 있으며 다른 관목과 소교목 종류도 포함되어 있다. 대부분 커다랗고 화려한 꽃으로 유명하다. 대표적인 관상 식물로 가장 흔히 볼 수 있는 히비스쿠스 중에 하와이무궁화(*Hibiscus rosa-sinensis*)가 있다. 뒤쪽의 종명은 중국의 장미라는 뜻이다. 원산지는 확실하지 않으나 중국 남부 혹은 인도 동부로 보고 있다. 그렇다면 왜 하와이무궁화라 부르게 되었을까? 하와이를 비롯한 태평양 섬들에는 여러 히비스쿠스 종들이 자생하고 있었는데, 이들이 중국에서 들어온 종과 만나 오늘날의 많은 품종을 탄생시켰다. 여기에서 하와이가 가장 중추적인 역할을 했고, 1914년에는 식물학자 게릿 와일더(Gerrit Wilder)를 주축으로 첫 번째 무궁화 쇼가 하와이에서 개최되었다. 그 후 하와이무궁화 육종에 대한 붐이 크게 일어 수천 종의 새로운 품종이 탄생했고, 1950년대에는 미국에서 선풍적인 인기를 끌었다.

하와이무궁화와 달리 우리 무궁화는 추위에 매우 강하며 땅을 잘 가리지 않고 어디서나 잘 자란다. 제때 가지치기를 해 주고, 병해충 방제와 거름주기 등 약간의 정성을 보태 주면 여름 내내 다른 어떤 식물보다 더 풍성하고 화려하게 꽃을 피운다. 잘 참고 이겨 낸다고 해서 방치하고 홀대하는 것이 아니라 잘 보살피고 마음을 써 주면 진정한 나라꽃으로 더욱더 아름답게 거듭날 수 있을 것이다. 산림청 산하 한국 수목원 정원 관리원에서 운영 중인 국립 세종 수목원에서도 8월이 되면 무궁화의 계절을 맞아 가드너의 손길로 새롭게 단장한 무궁화 전문 전시원을 선보이고, 무궁화 나눔 행사, 토론회 등 다채로운 프로그램을 진행한다.

무궁화 *Hibiscus syriacus*

아욱과의 낙엽 소교목으로 1.5~4미터 높이로 자라며 7월 초부터 10월 중순까지 개화한다. 꽃은 새벽에 피기 시작해 날이 저문 다음에 지지만 매일 수많은 꽃이 새롭게 피어난다. 양지바른 곳에서 잘 자라며 모래, 점토, 양토가 적절히 섞인 배수 잘 되는 토양을 좋아한다. 하지만 열악한 토양과 환경에도 잘 적응하여 여러 지역에서 잘 자란다. 수명은 보통 40~50년으로 알려져 있지만, 강릉시 사천면 방동리에 자라고 있는 무궁화는 수령이 약 120년으로 천연 기념물 제520호로 지정되어 있다.

청단심계 무궁화.

4부

인간을 달래는 꽃의 힘

꽃은 항상 사람들이 더 나아지도록,
더 행복하도록, 더 쓸모 있는 존재가 되도록 해 준다.
꽃은 영혼을 위한 빛이자, 양식이자, 치료제다.

— **루서 버뱅크**(Luther Burbank, 1849~1926년)

1887년 발간된 『원예 도해(L'Illustration horticole)』에 실린 국화 원예 품종.

·22장·
국화
외로움을 이겨 내는 고고함

평생 행복하려면 국화를 기르라는 말이 있다. 필자가 근무하는 수목원에도 국화를 아주 좋아하는 직원이 있는데 늘 즐겁게 일하며, 가을이면 자신이 애지중지 키운 국화 화분을 동료들에게 나눠 준다. 미국 롱우드 가든에서 일할 때도 국화를 담당하는 가드너와 함께 수 개월 동안 국화를 재배했는데, 늘 웃는 모습으로 활기차게 일하며 동료를 챙기는 그의 살뜰한 마음이 아직도 진한 향기로 가슴에 남아 있다. 국화 전시를 멋지게 마무리하고 나면 함께 고생한 가드너들이 모두 모여 국화 꽃잎으로 만든 샐러드와 차를 즐기며 온정 넘치는 시간을 가졌다.

국화는 거의 모든 꽃이 시들어 가는 11월에 정원을 밝히는 주인공이다. 이 시기에 국화보다 인상적인 꽃은 드물다. 8월 말부터 이

국화 '샤워스'(*Chrysanthermum x morifolium* 'Showers').

미 꽃 시장에는 국화가 등장하여 가을을 예고하고 가드너는 여름 꽃의 화려함이 저물어 가는 정원에 마지막 불씨를 살리듯 국화를 심는다. 주변에 울긋불긋 단풍이 드는 나무들을 배경으로 볏짚과 그라스류, 호박 같은 가을 소재들이 노란색, 자주색, 붉은색, 분홍색, 주황색 국화와 함께 가을의 깊은 정취를 자아내면 한 해를 마무리하는 황혼의 계절에 가장 아름다운 정원의 모습이 완성된다.

국화는 특히 한국, 중국, 일본 세 나라에서 역사가 깊다. 특히 중국의 영향이 크다. 재배 기록은 지금으로부터 약 3,000년 전으로 거슬러 올라간다. 처음에 국화는 노란색 작은 꽃을 가진 모습이었고, 관상용 식물이라기보다는 주로 식용과 약용을 위한 허브였다. 뿌리를 달여 두통 치료에 쓰거나, 꽃잎과 어린싹은 샐러드로 식용하고, 잎은 차로 우려 마셨다. 중국 최초의 약초학 책으로 약초 365개 종류가 수록된 『신농본초경』에는 몸을 가볍게 하고 머리와 눈을 맑게 하는 국화는 수명을 연장하는 가장 좋은 영약이라고 했다. 후한 시대에 들어서서는 1년 중 홀수가 두 번 겹쳐 복이 들어오는 날 가운데 하나인 음력 9월 9일(중양절)에 산에 올라 국화주를 마시는 전통이 생겨나기도 했다. (음양설에서 홀수는 양(陽)의 수, 짝수는 음(陰)의 수다.)

때로는 보다 고차원적 의미를 지니기도 했다. 4세기 때 진나라 시인 도연명(陶淵明)은 국화를 "상하걸(霜下傑)", 즉 서리 속에서도 절개를 잃지 않는 영웅이라고 칭송했다. 벼슬에 연연하지 않고 산야에 묻혀 지낸 시인이자 은자(隱者)에게 국화는 은일(隱逸)과 절조(節操)의 상징이었다. 북송 시대에는 여러 국화 품종이 대대적으로 등장했다. 수도였던 개봉(현재의 카이펑)은 그때나 지금이나 도시 전체가 국화로 가득하다. 명나라 시대에 이르러 사군자(四君子) 개념이 등장하면서, 국화는 매화, 난초, 대나무와 함께 유교 문화에서 큰 사랑을 받았다. 겨울을 상징하는 매화, 봄을 상징하는 난초, 여름을 상징하는 대나무에 이어 국화는 쓸쓸하고 황폐한 가을, 깊고 요묘한 도(道)의 경지에 이른 군자에 비유되었다.

국화가 우리나라에서는 언제부터 어떻게 재배되기 시작했는지에 대한 정확한 기록은 남아 있지 않다. 다만 중국 남송 시대의 정치가이자 식물 애호가였던 범성대(范成大)가 국화에 대해 저술한 『범촌국보(范村菊譜)』나 유몽(劉蒙)의 『국보(菊譜)』에 따르면, 옥매(玉梅) 또는 능국(陵菊)이라고도 불렸던 신라국이 중국으로 건너왔다는 기록이 있어 이미 삼국 시대 이전부터 국화가 재배되었으리라 추정할 뿐이다. 1713년 출간된 일본의 백과사전 『화한삼재도회(和漢三才圖會)』에도 4세기경 일본이 백제의 국화를 수입했다는 기록이 있다.

국화는 고려 시대 이르러 모란과 함께 궁궐을 장식하는 대표 꽃으로 사용되었는데, 12세기 고려 의종(毅宗)은 궁궐 정원에 신하와 재상을 초대하여 국화를 감상했다. 조선 초기 강희안이 집필한 우리나라 최초의 원예서 『양화소록』에 따르면 고려 충숙왕(忠肅王) 때 원나라로부터 여러 진기한 국화 품종이 많이 도입되었다.

고려 시대에 국화가 주로 화려함의 상징이었다면 유교의 영향을 받은 조선 시대에는 소박한 지조와 절개를 상징했다. 양산보(梁山甫)의 소쇄원에도 국화가 자라고 있었는데, 그의 절친 김인후(金麟厚)는 자신이 지은 「소쇄원사십팔영(瀟灑園四十八詠)」의 「제27영」에서 국화는 소나무와 함께 찬 서리에도 꿋꿋한 기개를 보여 준다고 노래했다. 이황(李滉)은 도산서원 동편 산밑에 절우사(節友社)라는 이름의 단을 조성하고 매화와 대나무, 그리고 소나무와 국화를 심었다. 이황의 정원은 이후 학자들에게도 영향을 미쳤다. 그의 학통을 이어받은 정영방(鄭榮邦)이 1613년 경북 영양 서석지(瑞石池)의 주일재(主一齋) 앞 연못가에 조성한 사우단(四友壇)에서도 그 모습을 볼 수 있다.

국화는 군자에 비유되면서 사람처럼 벼슬을 부여받기도 하고

귀한 손님이나 벗으로 여겨지기도 했다. 숙종 때 영의정을 지낸 김수항(金壽恒)은 국화에 "오상처사(傲霜處士)"라는 벼슬을 내렸다. 조선 후기 이정보(李鼎輔) 역시 국화를 "오상고절(傲霜孤節)"로 표현하며 서리가 내리는 추위와 외로움 속에서도 절개와 품격을 지닌 선비에 비유했다. 조선 시대 사대부 집 사랑채는 문화 교류 등 공적 성격이 강한 공간이었는데 마당에는 손님을 맞이하기 위해 국화를 심은 화분들이 있었다. 담장 옆에는 화계(花階) 대용으로 작은 화오(花塢)를 만들어 여기에도 국화를 심었다.

조선 초기에 강희안의 『양화소록』이 있었다면 조선 후기에는 유박(柳璞)의 『화암수록(花庵隨錄)』이 있었다. 유박 역시 강희안 못지않게 뛰어난 원예 전문가였다. 이 책에서 유박은 꽃과 나무를 품격과 운치에 따라 9등급의 품계로 나눈 "화목구등품제(花木九等品第)"를 소개했는데, 국화는 매화, 대나무, 소나무, 연꽃과 함께 일품을 차지하여 운치가 높고 뛰어난 꽃으로 평가했다.

당시 여러 가지 모양과 색깔의 국화 품종은 수십 가지가 재배되고 있었으나 그중 노란색 국화가 오행(五行) 중 토(土)에 해당하는 금빛을 띤다 하여 가장 귀하게 여겨졌다. 정조(正祖)는 규장각 검서관을 선발할 때 "국화에는 황국이 있다."라는 제목의 시를 짓게 해 오방색(五方色)의 중심인 황색과 같이 기울거나 치우침 없이 올바른 중정(中正)의 뜻을 가진 인재를 가려내고자 했다. 정약용(丁若鏞)은 젊은 시절 한양에 있던 자기 집 죽란서옥(竹欄書屋)에서 벗들과 함께 송송 시와 술을 즐기는 시주(詩酒) 모임을 가졌는데 밤중에 등불을 켜 놓고 벽에

김홍도가 그렸다고 전해지는 「풍속도병」(19세기)의 일부. 화분에 심은 노란색과 붉은색의 국화가 보인다. 프랑스 기메 박물관 소장.

비치는 국화 그림자를 감상하기도 했다. 그는 전남 강진으로 유배를 갔을 때도 다산초당(茶山草堂)의 화계에 국화를 길렀다.

한편 8세기 무렵인 헤이안 시대부터 국화가 중요하게 인식되었다. 고토바(後鳥羽) 천황은 꽃잎 16장을 가진 국화를 문장으로 사용했는데, 이후 이것이 일본 황실을 상징하는 가문(家紋)이 되었다. 에도 시대에는 국화의 품종 개발이 활발하게 이루어졌고, 옷, 식기, 가구 등 일상 생활의 물건에도 국화를 모티프로 한 디자인이 널리 사용되었다.

국화가 유럽에 도입된 것은 17세기다. 주로 죽음을 상징하여 장례식에 사용되고 무덤에 바쳐졌다. 특히 프랑스, 벨기에, 오스트리아 같은 나라에서 국화는 거의 추모의 꽃으로만 쓰였다. 폴란드에서는 모든 성인의 대축일에 고인들을 추모하며 무덤에 국화를 놓았다. 1753년 스웨덴 식물학자이자 분류학자인 린네는 국화의 속명으로 크리산세뭄(Chrysanthemum)이라는 이름을 부여했다. 금을 뜻하는 그리스 어 크리오스(chryos)와 꽃을 뜻하는 안테몬(anthemon)이 합쳐진 말로, 노란색 국화의 특징을 잘 묘사하는 이름이다. 빅토리아 시대에 국화는 유럽의 예술가들 사이에서 큰 인기를 끌었다. 특히 19세기 후반 모네, 카유보트 등 인상파 화가들이 가장 좋아하는 꽃 중 하나였다. 추상화의 선구자 피트 몬드리안(Piet Mondrian)의 초기 작품들 속에서도 국화를 많이 찾아볼 수 있다. 국화는 미술뿐 아니라 음악 분야에도 영향을 미쳤다. 이탈리아의 오페라 작곡가 자코모 푸치니(Giacomo Puccini)는 친구의 죽음을 애도하며 1890년 「국화(Crisantemi)」라는 타이틀로 현악 사중주를 위한 엘레지를 작곡했다.

국화가 처음 미국에 전해진 것은 유럽보다 약간 늦은 1798년이었는데, 유럽에서 주로 죽음을 애도하는 의미로 사용된 것과 달리 가을을 대표하는 꽃으로 큰 인기를 끌며 컨테이너 식물로도 널리 재배되었다. 미국에서 국화는 기쁨과 긍정의 의미가 부여되어 집들이 선물, 병문안 꽃다발, 코르사주(corsage)로도 인기였다. 재미있게도 미국에서 전통적으로 매년 가을 졸업생을 모교에 초대하여 개최하는 홈커밍 풋볼 게임에서 응원의 꽃으로 국화가 많이 사용되었다. 1883년 펜실베이니아에서 최초의 국화 쇼가 열린 이래로 오늘날에도 롱우드 가든이나 뉴욕 식물원에서 해마다 성대하게 국화 축제가 개최되고 있다. 특히 롱우드 가든의 가을철 대표 전시로 유명한 '1,000송이 국화(Thousand Bloom Mum)'는 장장 17개월 동안 재배한 한 줄기 국화로부터 1,500개가 넘는 꽃을 피워 낼 정도로 놀라운 원예 기술을 선보인다.

국화가 속해 있는 국화과(Asteraceae)는 2만 3000종 이상의 식물을 포함하며 난초 다음으로 큰 과를 이루고 있다. 코스모스나 해바라기 같은 일년초, 엉겅퀴나 아티초크 같은 다년초뿐 아니라 관목과 덩굴식물, 교목도 있다. 우리가 즐겨 먹는 상추도 국화과다. 국화과의 꽃은 혀 모양의 설상화와 통 모양의 관상화로 이루어진 가장 진화된 형태의 복잡한 두상화라는 꽃의 구조를 가지고 있다. 한 송이로 보이는 꽃이 사실은 수많은 작은 꽃들의 집합체인 셈이다.

지금까지 수천 종의 국화 품종이 개발되었는데 워낙 많은 종류가 있다 보니 분류하는 방법도 여러 가지다. 가장 단순하게는 꽃의 지름에 따라 대국(18센티미터 이상), 중국(9센티미터 이상), 소국(8센티미터

이하)으로 나눈다. 꽃 피는 시기에 따라 나눌 수도 있다. 일반적으로 가을에 피는 국화는 추국, 약간 늦게 초겨울에 피는 국화는 동국, 개화 시기를 한참 앞당겨 여름에 피는 국화는 하국이라고 한다.

용도에 따라서는 정원용과 전시용, 절화용으로 나눌 수 있다. 정원용은 화분에서 키우는 포트 멈(pot mum)과 쿠션 멈(cushion mum), 가든 멈(garden mum) 종류로 나눌 수 있는데, 주로 정원 화단에서 비바람과 겨울을 견디며 작은 꽃들을 풍성하게 많이 피워 낸다. 꽃 시장에서 가장 많이 볼 수 있는 작은 화분에 담긴 국화는 포트 멈 종류인데 대부분 식물의 마디 사이 생장을 억제하여 식물의 키를 인위적으로 낮추는 왜화제(矮化劑) 처리를 한 것이다. 작고 조밀하게 자라며 짧은 기간 동안 꽃을 피운다. 전시용 국화는 주로 중국이나 대국 품종을 한 송이씩 정성스럽게 피워내는 입국작을 비롯해, 소국을 작은 나무처럼 키우는 분재작, 반구형, 탑형, 나선형, 구름형 등 다양한 형태로 재배하는 특수작, 절벽 아래로 늘어진 듯한 현애작, 그리고 한 줄기에서 여러 송이를 피우는 다륜대작 등이 있다.

설상화와 관상화로 이루어진 꽃 자체의 형태에 따라서는 홑꽃, 겹꽃, 장식형, 폼폰형, 아네모네형, 거미형, 스푼형 등 13개 그룹으로 나뉜다. 스프레이 멈(spray mum)은 한 줄기에 여러 꽃송이가 달리는 국화 종류를 말하는데 꽃은 여러 형태를 가질 수 있으며 절화용이나 정원용으로 쓰인다. 전 세계적으로 유통되는 국화 품종들 가운데 '코리안(Korean)' 그룹이라고 불리는 종류들은 우리나라 산구절초에서 유래된 품종들인데 왜성이면서 강한 내한성을 지니고 있어 인기가 많다.

국화는 낮의 길이가 점점 짧아져야 꽃망울이 생긴다. 낮의 길이는 빛의 양을 뜻하므로 얼마든지 인위적으로 조절할 수 있다. 여름철에 빛가림으로 단일 처리를 하면 개화기를 앞당길 수 있다. 하지만 온도가 높을 때 빛가림 재배를 하다 보면 기형 꽃이 발생하는 등 생리 장해가 생기므로 유의해야 한다. 반대로 빛을 더 오래 비춰 주는 장일(長日) 처리로 개화기를 늦출 수도 있다. 이런 인위적인 조절을 통해 8주, 10주, 혹은 13주 만에 꽃이 피는 다양한 국화가 재배될 수 있다.

　국화는 모든 것이 스러져 가고 서리가 내려앉는 계절에 오히려 영광스러운 시간을 맞이한다. 인생으로 비유하자면 대기만성(大器晩成)인 셈이다. 그래서 국화를 즐기는 것도 천천히 음미하는 완상법이 좋다. 정신을 명료하게 하는 찬 바람과 따스한 저녁노을이 공존하는 늦가을의 정원에서 국화꽃을 바라보며 고요한 휴식의 시간을 갖는다면 잠시 모든 근심을 잊고 진정한 자아를 성찰할 수 있을 것이다. 한 해 동안 수고하느라 지친 몸과 마음에 좋은 기운을 보충해 줄 국화차 또는 국화주를 살짝 곁들여도 좋겠다.

국화 *Chrysanthemum morifolium*

국화과의 여러해살이풀 가운데 하나로 주로 관상용으로 재배하며 노란색, 하얀색, 분홍색, 자주색, 빨간색 등을 띠는 화려한 설상화와 노란색 관상화로 이루어진 다양한 품종이 있다. 종명인 모리폴리움(*morifolium*)은 뽕나무 잎을 닮았다는 뜻이다. 내한성이 강하여 바깥 정원용으로 많이 쓰이며 쿠션 멈, 가든 멈 등으로 불린다. 6시간 이상 햇빛이 비치는 양지를 좋아하며, 배수가 아주 잘 되는 유기질이 풍부한 토양에서 잘 자란다.

폼폰 형태의 국화.

1887년 『쾰러의 약용 식물(*Köhler's Medicinal Plants*)』에 수록된 살비아 오피키날리스(*Salvia officinalis*). 발터 오토 뮐러(Walther Otto Müller)의 그림.

· 23장 ·
샐비어
불멸의 허브

샐비어는 특유의 향과 아름다운 꽃으로 오랫동안 많은 사랑을 받아 온 식물이다. 어린 시절 달콤한 꿀물을 빨아 먹던 추억 속 '사루비아'는 샐비어를 일본어식으로 부르던 이름이다. 여름에서 가을에 걸쳐 파란색 꽃이 피는 청세이지 '빅토리아 블루'(*Salvia farinacea* 'Victoria Blue'), 솜털이 보송보송한 보랏빛 꽃받침에 흰색 꽃이 피는 멕시칸세이지(*Salvia leucantha*), 상큼한 꽃과 향기를 지닌 체리세이지(*Salvia greggii*)도 모두 우리에게 친숙한 샐비어 종류다.

샐비어는 원래 고대부터 중요한 약초로 쓰였던 식물이다. 기원전 1500년경 고대 이집트의 의약서 『에버스 파피루스(*Ebers Papyrus*)』에는 위장병과 치통, 가려움증 치료제로 나온다. 고대 그리스 로마의 약초학 책에도 수많은 기적적 효능이 기술되어 있는데 심지어 불멸의 허브로 언급되기도 했다. 식물 분류학상 꿀풀과(Lamiaceae)에 속하는 샐비어는 '건강한'이라는 뜻의 라틴 어 살베레(salvere)에서 유래했다.

샐비어는 한해살이풀, 두해살이풀, 여러해살이풀, 아관목 등 1,000여 종류가 있다. 주로 멕시코를 비롯한 남아메리카 지역과 유라시아, 그리고 지중해 지역에 분포하며 오랜 역사를 통해 전 세계 여러 지역으로 퍼져 나갔다. 샐비어 속은 우리나라에서 배암차즈기속이라고 부른다. 뱀이 나올 것 같은 수풀이 우거진 들녘에 자라며 차즈기를 닮은 데서 비롯된 이름이다. 참배암차즈기, 둥근잎배암차즈기 등이 이 땅에 자생한다. 샐비어는 다른 꽃에서 보기 드문 강렬한 파란색, 여러 색조의 빨간색과 보라색 등을 띠고 종마다 꽃 색깔이 다양하다. 무엇보다 중요한 것은 종마다 다른 특유의 향을 지니고 있다는 점이다. 초식 동물을 쫓아내기 위해 샘털(모용, trichome)에서 분비하는 휘발성 기름(향유) 때문이다. 이러한 향유는 대부분 항균 효과와 함께 특유의 약효를 지니고 있다.

전통적으로 약효가 뛰어난 것으로 평가받는 샐비어는 두 종류다. 먼저 지중해 북부 해안가 원산의 목본성 여러해살이 관목인 살비아 오피키날리스(*Salvia officinalis*)라는 종이다. 샐비어 속 가운데 가장 유명한 종이기도 한 이 종은 영어로 세이지(sage)라고 불리는데, 옛 프랑스 어(sauge)와 중세 영어(sawge)를 거쳐 형성된 이름이다. 이 명칭 역시 앞서 언급한 라틴 어 살베레에서 유래한 말로 '지혜로운'이라는 뜻도 내포하고 있다. 이 종은 샐비어 속의 기준 식물이기도 해서 트루 세이지(True sage), 커먼 세이지(Common sage), 혹은 가든 세이지(Garden sage)

라고 불리며, 크로아티아 해안에 걸친 달마티아 지방에 많이 자라 달마티안 세이지(Dalmatian sage)라고도 부른다.

발칸 반도에 있던 (구)유고슬라비아가 이 세이지 잎과 기름을 가장 많이 생산하는 나라였는데, 오늘날에는 알바니아, 헝가리, 독일, 프랑스 등지에서 널리 재배되고 있다. 종명인 오피키날리스는 전통적으로 허브와 약재를 저장했던 저장소 혹은 약국을 뜻하는 라틴 어 오피키나(officina)에서 유래했다. 약효에 어울리는 이름이다. 약초학자뿐만 아니라 요리사들이 좋아할 만큼 향이 좋고, 은회색 잎과 초여름 장뇌 향을 지닌 연보랏빛 꽃은 관상 가치도 높다.

로마 인들은 이 세이지를 뱀 물린 곳, 궤양, 이뇨, 피부 마취, 지혈, 인후통 등에 처방했고, 여성의 가임력을 높이는 데도 사용했다. 성스러운 허브로 여겨 악령을 쫓아내거나 종교 의식을 할 때 쓰기도 했다. 그리스의 약학자 디오스코리데스는 세이지 잎과 줄기를 달여 먹으면 이뇨, 상처 치유, 지혈, 기침에 좋고, 특히 백포도주와 함께 곁들이면 이질에 좋다 했다.

중세 시대에도 세이지 종류는 꾸준히 훌륭한 약초로서 그 명성을 유지했다. 프랑크 왕국의 카롤루스 대제는 통치 말년에 발표한 『도시에 관한 법령집』을 통해 100종에 가까운 약초와 채소, 유실수를 심도록 명했는데 여기에 세이지가 포함되었다. 베네딕도회 수도사이자 저술가였던 발라프리트 슈트라보는 정원 재배 식물의 치유력을 『작은 정원(Hortulus)』이라는 시집을 통해 설파하기도 했다. 여기서 그는 세이지를 가장 중요한 첫 번째 허브로 소개하며 기분 좋은 향기와

14세기 후반 중세 시대 건강과 위생에 관한 안내서 『건강 지침서(Tacuinum Sanitatis)』에 수록된 삽화. 세이지를 채취하는 모습을 볼 수 있다.

함께 인간의 여러 질병에 유용하다고 묘사했다.

9세기 설립된 세계 최초 의과 대학 이탈리아 살레르노 의학교에서 1480년 발표한 『건강 요법(Regimen Sanitatis Salernitanum)』에서 세이지는 구세주이자 자연의 조정자로 등장한다. 정원에서 세이지를 기르고 있는데 왜 인간이 죽어야 하느냐는 물음과 함께 세이지 예찬이 이어진다. 비록 죽음에 대항할 약은 없지만 세이지는 신경을 안정시키고 손 떨림을 낮게 해 주고 열을 치료해 준다고 상찬한다. 프랑스에서는 차로 마시기 위해 세이지를 생산했는데, 세이지 차 1파운드를 중국 차 4파운드와 맞바꿀 만큼 인기였다.

 14세기 중세 유럽에서 흑사병이 창궐할 때 만들어졌다는 「네 도둑의 식초(Four Thieves Vinegar)」이야기도 유명하다. 백포도주 식초에 향쑥, 오레가노, 세이지 등 허브를 넣고 정향, 장뇌와 함께 15일 동안 재어 둔 후 걸러 낸 액체를 손과 귀, 관자놀이에 문지르면 역병에 걸리지 않는다는 전설의 식초였다. 네 도둑의 정체에 대해서는 여러 설이 있는데 당시 죽거나 아픈 사람들로부터 강도질을 일삼았던 네 도둑이 어떻게 전염병에 걸리지 않을 수 있었는지 밝혀내는 과정에서 알려지게 된 비법이라는 이야기도 있다. 그만큼 세이지의 항균 효과가 뛰어남을 알 수 있는 대목이다. 현대적인 네 도둑의 식초는 사과 식초에 네 가지 허브 종류인 세이지, 라벤더, 로즈메리, 백리향, 그리고 말린 후추 열매를 넣어 만든다.

 세이지는 14세기와 15세기 무렵부터 요리에도 많이 쓰였다. 신선한 세이지 잎은 소화를 돕기 때문에 주로 고기 요리에 첨가하는 향신료로 사용했다. 소고기에 세이지 잎을 곁들인 이탈리아 요리 살팀보카(Saltimbocca)가 유명하다. 1393년 출간된 『중세 프랑스 여성을 위한 안내서(Le Ménagier de Paris)』에도 세이지를 이용한 수프와 소스 등이 소개되기도 했다. 16세기 후반 엘리자베스 1세(Elizabeth I) 여왕 치하의 튜더 시대 영국에서도 요리용 허브로 세이지가 많이 언급되었다. 이러한 전통을 이어 영국과 미국에서는 오늘날에도 추수 감사절에 칠면조나 닭고기 요리에 세이지를 넣어 먹는다.

세이지는 중세 후기 국제 교역이 이루어졌던 영국 요크셔 지방 해안 마을 스카보로 시장을 배경으로 한 전통 민요에도 등장한다. 록 그룹 사이먼 앤드 가펑클(Simon & Garfunkel)이 새롭게 편곡하여 불러 전 세계에 널리 알려진 「스카보로 페어(Scarborough Fair)」라는 노래에서 세이지는 파슬리, 로즈메리, 타임(백리향)과 함께 후렴구에 반복적으로 등장한다. 여기서 세이지는 수천 년 세월에도 변치 않는 것을 상징한다.

근대로 접어들면서 세이지의 종류와 쓰임새에 대한 기록도 점점 더 구체화되었다. 외과 의사이자 약초학자였던 영국의 존 제라드가 1597년 출간한 『약초 의학서』에는 일반 세이지와 그릭 세이지(Greek sage)를 비롯하여 9가지 종류의 세이지가 소개되어 있다. 그는 이 책에서 세이지가 특히 뇌에 좋아 기억력을 좋게 하고, 정력을 강화하며, 중풍을 낫게 한다고 기록했다. 독일의 의사이자 신학자였던 크리스티안 프란츠 파울리니(Christian Franz Paullini)는 1688년 세이지에 관한 414쪽 분량의 책을 펴내기도 했다. 약효로 유명한 두 번째 샐비어 종은 잎이 세 갈래로 갈라지는 살비아 프루티코사(*Salvia fruticosa*)다. 지중해 동부 원산으로 그릭 세이지라고 불리기도 하는데, 기원전 1400년경의 유적인 크레타 섬 크노소스 궁전의 프레스코 벽화에 등장할 정도로 역사가 깊다.

'사루비아'라는 이름으로 익숙한 살비아 스플렌덴스.

　　18세기 후반부터는 관상용 샐비어에 대한 관심도 높아졌다. 식물 사냥꾼들이 라틴 아메리카에서 유럽으로 새로운 식물을 들여왔기 때문이다. 대표적인 관상용 샐비어로 멕시코 원산의 청세이지(*Salvia farinacea*)가 있다. 청자색 꽃에 윤기 나는 잎을 가져 지중해 원산의 샐비어와 다르다. 여름 정원용 초화류로 널리 쓰이는 빅토리아 블루도 이 종으로부터 개발된 품종이다. 역시 멕시코 남서부 고산 지대 원산으로 1미터가 넘는 긴 꽃대를 가진 살비아 론기스피카타(*Salvia longispicata*)와 청세이지의 교잡을 통해 '인디고 스파이어(Indigo Spire)'라는 유명한 품종이 탄생하기도 했다. 사루비아로 불려 왔던 브라질 원산의 살비아 스플렌덴스(*Salvia splendens*)는 우리나라에서 깨꽃이라는 이름의 익숙한 꽃이 된 지 오래다. 원래 1810년대 중반 브라질에서 스칼렛 세이지(Scarlet sage)로 불리며 관상용으로 이용되던 것이 유럽 전역으로 퍼졌고, 보라색, 분홍색, 파란색, 하얀색, 라벤더색, 복색(複色) 등 갖가지 색을 띤 신품종들로 개발되었다. 대표적으로 세 가지 색 무늬 잎을 가진 '트리컬러(Tricolor)', 보라색 잎을 가진 '푸르푸라스 켄스(Purpurascens)', 노란색 무늬 잎의 '이크테리나(Icterina)' 같은 품종을 현대 정원에서 쉽게 볼 수 있다.

오늘날 샐비어는 텃밭이나 허브 정원, 약초원뿐 아니라, 도시 정원, 시골 정원, 일년초 화단, 혼합 식재 화단 등 전 세계 여러 정원에서 빼놓을 수 없는 소재다. 살짝 곁을 스쳐 지나가기만 해도 상큼한 향을 풍기고 늦봄부터 서리가 내릴 때까지 많은 꽃을 피워 오감을 즐겁게 해 줄뿐더러, 벌과 나비 등 여러 꽃가루 매개 곤충들에게 귀중한 꽃꿀을 내어 준다.

물론 세이지의 약효도 여전히 중요하게 쓰이고 있다. 살비제닌(salvigenin) 같은 플라보노이드(flavonoid) 성분과 함께 강력한 항산화, 항염증, 항균 효과가 있어, 기침과 감기, 갱년기 여성의 상열감, 잇몸 질환에 좋을 뿐 아니라 강장 작용, 콜레스테롤 감소 등에 도움이 된다. 수천 년간 불멸과 지혜의 상징으로 인간의 곁에 살아 온 샐비어는 혼돈의 시대를 사는 지금 우리에게도 깊은 위로와 놀라운 치유의 선물을 주고 있는 것이다.

세이지 *Salvia officinalis*

꿀풀과의 여러해살이 관목으로 내한성이 강하다. 지중해 북부 해안 지역 원산으로 고대부터 중요한 약초로 사용되었다. 40~60센티미터로 자라며 회색빛을 띤 초록색의 잎에서 특유의 향을 발산한다. 초여름에 피는 푸른빛이 도는 라벤더 색깔의 꽃은 입술 모양이며 벌과 나비, 벌새가 좋아한다. 배수가 잘 되는 토양과 양지바른 곳을 좋아하고 지나치게 습한 곳에서는 잘 자라지 못한다. 씨앗을 뿌리거나 꺾꽂이(삽목, cutting)로 번식하며 봄에 잎을 따 주면 새로운 잎이 더 많이 생긴다.

무늬 잎을 가진 품종으로 개발된 세이지 '트리컬러'.

독일의 식물학자이자 식물 화가 오토 빌헬름 토메(Otto Wilhelm Thomé)의 『독일, 오스트리아, 스위스의 식물상(*Flora von Deutschland, Österreich und der Schweiz in Wort und Bild für Schule und Haus*)』(1885년)에 수록된 프리몰라 베리스(*Primula veris*).

·24장·
앵초
천국의 열쇠라는 아름다운 약초

앵초는 이름만 들어도 가슴이 설레는 예쁜 꽃이다. 앵두꽃을 닮아 앵초라고 불리는 이 꽃은 이른 봄에 빨강, 노랑, 파랑 등 여러 빛깔로 피어나 꽃 시장과 정원에 화사한 봄기운을 불어넣는다. 긴 겨울에 추위에 얼어붙은 마음을 사르르 녹여 주는 아름다움을 지닌 앵초는 오래전부터 소중한 약초로서 사람의 몸을 치유해 주기도 했다.

앵초의 속명인 프리물라(*Primula*)는 첫 번째를 뜻하는 라틴 어 프리무스(primus)에서 유래했다. 봄에 처음 꽃이 핀다는 뜻이다. 앵초속은 주로 북반구 온대 지방에 약 450종이 분포하는데 유럽에 30여 종, 북아메리카에 20여 종, 나머지는 아시아 지역에 집중되어 있고, 특히 중국-히말라야 지역에 절반가량이 분포하고 있다. 습지에서부터 고산 지역, 그늘진 숲속과 바위 틈새까지 다양하고 폭넓은 서식지에서 자란다. 우리나라에도 깊은 산중에서 산겨릅나무 잎을 닮은 손바닥 같은 잎과 함께 진홍색 꽃을 피우는 큰앵초(Primula jesoana), 어린 상춧잎 같은 주걱 모양의 잎과 함께 바위틈에 자라는 설앵초(Primula modesta) 등 자생 앵초 6종이 국가 표준 식물 목록에 등재되어 있다.

그런데 우리나라에서 일반적으로 앵초라고 부르는 종과 서양인들에게 친숙한 앵초는 그 종류가 다르다. 먼저 우리가 앵초라고 부르는 식물은 한국, 중국, 일본이 원산지로 겨자 잎처럼 생긴 잎들 사이에서 한 뼘 높이로 곧추 자란 꽃줄기 끝에 여러 송이의 분홍색 꽃들이 사방을 바라보며 앙증맞게 모여 달린다. 프리물라 시에볼디(Primula sieboldii)라는 학명을 갖고 있는데, 독일 의사이자 생물학자로 1820년대 일본의 식물을 연구한 필리프 프란츠 폰 지볼트의 이름이 종명으로 붙었다. 각각의 꽃은 5장의 하트 모양 꽃잎으로 갈라지는데 밑부분은 통 모양으로 합쳐져 있다. 우리나라에서는 이 꽃의 모양이 앵두꽃을 닮았다고 해서 한자어로 앵초(櫻草)라 부르는데 일본에서는 벚꽃과 비슷하다 하여 사쿠라소(サクラソウ)라고 부른다. 앵초의 어린싹은 나물로 먹고 꽃은 관상용으로 쓴다. 뿌리는 진해, 거담의 효과가 있다.

대표적인 서양 앵초 종류는 일반적으로 프림로즈(primrose)라고 불리는 프리물라 불가리스(Primula vulgaris)다. 주름진 잎들 사이로 여러 줄기의 꽃대가 올라와 연노란색 꽃을 한 송이씩 피우는데 안쪽 중심부는 오렌지색이다. 프림로즈 꽃은 먹을 수 있다. 비타민 C, 베타카로틴, 칼슘이 풍부하여 스페인에서는 샐러드에 넣어 즐기기도 한다. 프림로즈 역시 기관지 분비물 배출을 촉진하는 기침약으로 쓰여 왔다.

프리뮬라 불가리스.

뿌리에는 사포닌을 비롯해 항산화, 항균, 항염증에 좋은 플라보노이드도 풍부하다.

    치유 효과와 관상 가치가 높은 또 다른 앵초로는 프리뮬라 베리스(*Primula veris*)가 있다. 베리스는 봄에 꽃이 핀다는 뜻이다. 높다란 꽃줄기 끝에 노란색 종 모양의 꽃들이 수줍은 듯 고개를 숙이며 달린다. 원산지는 유럽과 서아시아의 온대 지방이다. 영어로는 카우슬립(cowslip)이라 불리는데 소똥이 많은 곳에서 자라기 때문에 생겨난 이름이다. 그만큼 목초지에 흔했던 꽃이었지만 지금은 서식지 감소로 매우 희귀한 식물이 되었다. 꽃들이 모여 달린 모양이 꼭 열쇠 꾸러미 같아서 '천국의 열쇠'라는 별명을 갖고 있다. 같은 맥락에서 요한 제바스티안 바흐의 「요한 수난곡(Johannespassion)」 속에도 "천국의 카우슬립"이라는 묘사가 등장한다.

릴케, 워즈워스 등 위대한 시인들의 시에서도 이 꽃을 종종 만날 수 있다. 특히 릴케는 이 꽃의 소박한 아름다움에서 진정한 행복을 발견한 듯하다. "프리물라여, 나는 나의 단순한 드레스를 좋아하기 때문에 더 높은 것을 목표로 하고 싶지 않아요. 나는 인생에서 가장 큰 행복은 만족에 있다고 믿어요." 셰익스피어의 「한여름 밤의 꿈」에서도 카우슬립의 노란 꽃잎에 점점이 박혀 있는 오렌지색 반점을 진주라고 표현하는 대목을 찾을 수 있다.

찰스 다윈은 1877년 이 꽃에서 과학적으로 중요한 사실을 발견하고 뛸 듯이 기뻐했다. 꽃마다 꽃술의 길이가 다른 이형화주(heterostyly)에 관한 것인데, 앵초 중에는 꽃 중심부에 있는 구멍으로부터 암술이 수술보다 길게 나와 있는 장주화(pin flower)와 반대로 암술이 짧고 수술이 길게 나와 있는 단주화(thrum flower)가 있다는 것을 발견했다. 머리와 꽃밥의 위치가 서로 다른 꽃을 만듦으로써 자가 수정을 줄이고 근친 교배의 확률을 낮춘 진화의 증거를 발견한 것이다.

앵초류는 새로운 교배 품종과 재배 품종이 점점 더 늘어나고 분화됨에 따라 사람들의 주목도도 높아져 갔다. 그중 '폴리안투스(Polyanthus)' 타입, 혹은 프리물라 폴리안사(Primula x polyantha)는 18세기 플로리스트들 사이에서 크게 유행했다. 꽃이 많다는 뜻의 이름을 지닌 폴리안투스 계통의 품종들은 프리물라 불가리스, 프리물라 베리스, 프리물라 엘라티오르(Primula elatior) 사이에서 탄생했다. 19세기 말 영국의 저명한 정원 디자이너 거트루드 지킬이 폴리안투스 품종을 정원에 쓰기 시작하면서 큰 인기를 끌게 되었다.

'아우리쿨라(Auricula)' 타입도 유명하다. 프리뮬라 아우리쿨라(Primula auricula)와 프리뮬라 히르수타(Primula hirsuta)의 교배를 통해 만들어졌는데, 원래 알프스 산맥 같은 고산 초원 지대가 원산지여서 고산 정원 또는 암석원, 화분 재배용으로 적합하다. 이 타입은 독특하게 꽃 중심부에 동그란 눈이 있는데, 꽃잎 가장자리와 중심부 색깔이 확연한 대비를 이루어 관상 가치가 높다.

19세기 초에는 중국에서 여러 앵초 종류들이 유럽으로 도입되어 유전자군이 더욱더 다양해졌다. 중국앵초(Primula sinensis)는 1821년 영국에 도입되었으나 원산지는 확실치 않았다. 중국에서 워낙 오래전부터 재배되어 왔지만 야생종은 발견되지 않았기 때문이다. 중국앵초는 아주 큰 인기를 끌면서 매우 다양한 품종으로 개발되었다. 특히 노란색을 제외한 거의 모든 색깔의 꽃이 나왔으며, 꽃잎 가장자리에 술 장식이 있는 종류도 있었다. 중국앵초는 식물 유전학계의 초파리 같은 역할도 수행해서 20세기 초반에도 모든 식물 가운데 유전적으로 이해가 가장 잘 되어 있는 식물로 유명했다. 19세기 말에는 일본에서도 많은 앵초 종들이 도입되었다. 일본앵초(Primula japonica)는 1870년 영국의 식물 수집가 로버트 포춘(Robert Fortune)이 일본에서 수집하여 이듬해 첼시 플라워 쇼에서 꽃을 선보였다.

아시아 출신의 앵초들은 20세기 초에 매우 인기를 끌었다. 이중에는 오늘날에도 화분 식물로 인기인 프리뮬라 말라코이데스

존 린들리(John Lindely)의 『식물학 선집(Collectanea Botanica)』(1821~1826년)에 수록된 중국앵초 수작업 채색 판화.

(*Primula malacoides*)와 프리뮬라 오브코니카(*Primula obconica*)도 포함되어 있다. 말라코이데스는 원래 중국 윈난 지방 논에서 잡초처럼 자라던 이 식물을 1908년 스코틀랜드 출신 식물학자 조지 포레스트(George Forrest)가 발견하여 영국에 도입한 후 상업적으로 큰 인기를 얻었다. 오브코니카는 중국 원산으로 하트 모양 잎과 함께 연보라색 꽃이 늦겨울부터 이른 봄에 걸쳐 핀다. 둘 다 영국 왕립 원예 협회로부터 우수 정원 식물 상까지 받았지만, 일부 사람들에게는 알레르기를 유발할 수 있다.

1900년에 폴란드 생물학자 줄리아 블로코시에비치(Julia Mlokosiewicz)가 코카서스에서 발견한 프리뮬라 줄리아이(*Primula juliae*)는 프리뮬라 불가리스와 교배를 통해 화단용으로 적합한 키 작은 앵초로 거듭났는데, 폴리안투스 앵초와 교배로 만들어진 '줄리안앵초(*Primula juliana*)' 같은 품종은 오늘날에도 많은 사랑을 받고 있다.

1900년대에 단지 30종 정도만 재배되었던 앵초류는 1920년대에는 거의 100종을 넘어섰다. 비스 시즈(Bees Seeds) 종묘사를 운영했던 아서 불리(Arthur Bulley)는 '캔들라브라(Candelabra)' 품종들을 특화시켰는데, 일본앵초에서 유래한 이 품종들은 키가 크고 강건한 꽃줄기를 따라 꽃들이 간격을 두고 여러 층으로 돌아가며 나서 마치 삼단 접시에 그득 담긴 과일 디저트처럼 아름다운 구조미와 색채미를 갖추었다. 1930년대에는 오레곤의 플로렌스 벨리스(Florence Bellis)가 '반헤븐(Barnhaven)' 계통을 탄생시켰는데 눈에 띄게 높은 꽃줄기로 전문 가드너에게 인기를 끌어 왔다.

매우 복잡한 품종 계보를 형성하고 있는 앵초류는 습지, 연못가, 암석원, 숲, 화단, 또는 화분 등 다양한 정원 구역에 적용이 가능하다. 또한 종류별로 개화기가 달라 구색을 잘 갖추면 늦겨울부터 초여름까지도 꽃을 볼 수 있다. 원래 앵초류는 대부분 고지대, 고위도에서 자라기 때문에 서늘함을 좋아한다는 공통점이 있다. 이른 봄 눈이 녹은 물로 축축한 초지대에서 충분한 햇빛을 받으며 잎을 키우고 꽃을 피운 뒤, 온도가 조금씩 올라감에 따라 생장이 더뎌지다가 덥고 습한 여름이 찾아오면 휴면에 들어간다. 유기질이 풍부하며 지속적으로 충분한 수분을 공급받으면서도 물 빠짐이 아주 좋은 토양을 좋아한다. 뿌리 부분을 시원하게 해 주면 꽃이 더 오래 간다. 내한성이 약한 종류는 실내용 화분 식물로 키우는데, 일부 고산 종들은 겨울에 건조한 환경을 선호하기도 한다. 번식은 일반적으로 파종, 포기 나눔, 뿌리꽃이 등의 방법을 이용한다. 앵초는 비슷한 시기에 개화하는 복수초나 노루귀 같은 식물보다 재배가 쉽고 번식이 빨라 야생화 애호가들 사이에서도 인기다.

앵초의 꽃말은 '젊음', 그리고 '당신 없이는 살 수 없음'이라는 열정적인 사랑의 메시지를 담고 있다. 봄이 오면 정원 연못가에 청초하게 피어날 앵초를 보며 새로운 생명의 기운을 얻고, 지금 내 곁에 있는 소중한 사람이 얼마나 고맙고 사랑스러운지 생각하며, 진솔한 고백을 준비해 보는 것도 좋을 것이다.

앵초 *Primula sieboldii*

한국, 중국, 일본, 러시아 원산으로 축축한 초지대나 숲에 자란다. 로제트를 형성하는 긴 타원형의 연두색 잎에는 주름이 많고 솜털이 나 있으며, 이른 봄 곧추 자란 꽃대 끝에 2~15개의 꽃들이 산형 꽃차례로 모여 달린다. 지름 2.5센티미터 정도의 꽃은 분홍색, 보라색, 진홍색을 띠는데, 중심부 꽃술 주변은 흰색으로 되어 있다. 내한성이 매우 강하고, 예로부터 기관지 천식에 뿌리를 달여 먹었으며, 식물 전체를 관절염이나 신경통 치료에 사용했다.

앵초.

1787년《커티스 보태니컬 매거진》에 수록된 시클라멘 코움(Cyclamen coum).

· 25장 ·
시클라멘
겨울에 강한 꽃

 꽃이 귀한 겨울에 시클라멘은 실내 공간에서 분홍색, 빨간색, 하얀색, 자주색 등 화사한 꽃을 피운다. 춤을 추듯, 혹은 하늘로 날아오르는 듯 가느다란 꽃자루에 매달린 섬세한 자태의 꽃들과 함께, 그 아래로는 연두색 바탕에 은빛 마블링 무늬가 들어가 있는 하트 모양 잎들이 풍성하게 자란다. 감사와 축복의 계절에 잘 어울리는 고마운 꽃이다.

 앵초과에 속하는 시클라멘은 시리아, 이스라엘, 튀르키예 등 중동 지역과, 프랑스 남부, 이탈리아 등 유럽의 지중해 분지 지역, 그리고 로도스, 크레타 등 그리스 섬 지역에 23종이 분포한다. 종마다 서식 환경과 개화 시기, 내한성도 다양한데, 시클라멘 헤데리폴리움(*Cyclamen hederifolium*)과 시클라멘 푸르푸라스켄스(*Cyclamen purpurascens*)는 여름과 가을에, 시클라멘 페르시쿰(Cyclamen persicum)과 시클라멘 코움(Cyclamen coum)은 겨울에, 시클라멘 레판둠(Cyclamen repandum)은 봄에 꽃이 핀다.

시클라멘이라는 단어는 원, 바퀴, 동그라미를 뜻하는 그리스어 키클로스(kyklos)에서 유래했다. 둥글고 납작한 알뿌리 때문이다. 이 알뿌리는 지하 저장 기관의 일종으로 감자처럼 줄기가 비대해져 덩어리를 형성한 덩이줄기다. 지중해 지역의 고온 건조한 여름에는 잠을 자면서 생을 유지하기 위한 방편이다. 덩이줄기 크기는 종마다 다르다. 시클라멘 헤데리폴리움의 덩이줄기는 지름이 어른 손으로 한 뼘 정도로 크고, 시클라멘 파비플로룸(Cyclamen parviflorum)의 덩이줄기는 병뚜껑 크기만큼 작다.

꽃잎 5장은 대부분 위로 젖혀 있고, 암술과 수술이 있는 부분은 노출되어 아래쪽을 향하고 있다. 꽃이 지면서 꽃줄기는 코일 또는 꽈배기처럼 비비 꼬이며 지면을 향한다. 땅에 씨를 뿌리기 좋게 하기 위해서다. 캡슐 모양의 동그란 열매가 개방되면서 땅에 떨어진 씨앗은 끈적거리는 물질로 덮여 있는데 개미가 이것을 좋아해서 씨앗을 개미굴로 운반한 뒤 그 물질을 먹고 씨앗은 그대로 둔다. 자연스럽게 땅속에 파종을 해 주는 셈이다. 개미는 빛이 없는 조건이 되어야 발아하는 시클라멘 씨앗을 땅속으로 옮겨 주고, 그 보답으로 시클라멘은 개미에게 달콤한 먹이를 제공하여 서로 이익을 주고받는 상리 공생(相利共生, mutualism)을 한다.

시클라멘은 인간에게도 매우 쓸모 있는 식물이다. 약초로

2,000년, 관상용 식물로 400년이 넘는 역사를 자랑한다. 1세기경 그리스의 약학자 디오스코리데스는 『약물지』에서 그리스 시클라멘(*Cyclamen graecum*)에 관한 여러 이야기를 구체적으로 기록하고 있다. 원치 않는 임신을 한 경우 시클라멘의 꽃 위로 걸으면 유산이 된다는 이야기부터 독사에 물렸을 때나 시력이 약해졌을 때, 또는 각종 피부 질환 치료, 모발 재생 등이 필요할 때 약효가 있다는 내용도 수록했다. 설사약으로도 사용할 수 있다고 했는데 알뿌리에서 짜낸 즙을 아랫배와 방광, 항문 부위에 발라 주면 된다고 적었다.

비슷한 시기 로마의 대플리니우스도 『박물지』에서 시클라멘을 언급했다. 앞에서 말한 약효들과 다른 약효들도 기록한 다음 물고기를 잡는 데 시클라멘을 사용한다는 이야기도 적었다. 독성이 있는 덩이줄기 가루를 물에 뿌리면 중독된 물고기가 숨을 쉬기 위해 수면 위로 떠오르기 때문에 쉽게 잡을 수 있다는 것이다.

시클라멘이 서유럽에 첫발을 들인 것은 16세기 프랑스에 도입되면서부터. 야생 돼지들이 시클라멘 알뿌리 파먹기를 좋아한다고 알려져 암퇘지빵(sowbread)이라는 이름으로도 불렸다. 하지만 시클라멘은 유럽에서 오랫동안 일부 식물 마니아들 사이에서만 희귀하고 특별한 컬렉션으로 남아 있었다. 새로운 관상용 알뿌리에 대한 열렬한 수집가로 1659년 『정원론(*Garden Book*)』을 집필한 토머스 한머는 프랑스에서 어렵게 구한 시클라멘 알뿌리를 자신의 정원에서 정성껏 길렀다.

시클라멘은 19세기 영국 빅토리아 시대에 이르러서야 대중석 인기를 끌기 시작했다. 주로 크리스마스 시즌 실내를 장식하는 용도였다. 19세기 후반에는 영국과 네덜란드 육종가들이 분홍색, 보라색 시클라멘(*Cyclamen persicum*)으로부터 새로운 품종을 만들어 내기 시작했다. 꽃이 더 커졌고 색깔은 더 다채로워졌다. '플로리스트의 시클라멘(Florist's Cyclamen)'이라고 불리는 이 품종은 대부분 오늘날에도 많은

1903년 영국에서 발행된 월간지 《플로라 앤드 실바(*Flora and Sylva*)》에 수록된 시클라멘 리바노티쿰(*Cyclamen libanoticum*) 삽화.

사랑을 받는다. 특히 플로리스트의 시클라멘은 거대한 규모로 성장한 크리스마스 시즌 꽃시장의 주역이기도 하다. 19세기 말에는 실내용 시클라멘뿐 아니라 야외용 시클라멘도 다시금 주목을 받았다. 미술 공예 운동을 이끌며 자연주의 정원을 주창한 영국의 윌리엄 로빈슨은 웨스트 서식스에 있는 그래비티 저택(Gravetye Manor) 정원에 가을이 되면 꽃 피는 시클라멘 400본을 프랑스에서 들여와 심었다.

유럽에 소개된 이후 시클라멘을 향한 예술가들의 관심도 꾸준히 높아져 갔다. 16세기 초 레오나르도 다 빈치는 이 꽃의 아름다운 자태에 매료되어 여러 필사본의 테두리 문양 장식에 사용했고, 17세기 루이 14세는 베르사유 궁전의 실내 꽃장식에 다른 꽃들과 함께 시클라멘을 사용했다. 19세기 프랑스 낭시파(Ecole de Nancy) 창시자로 아르 누보(Art Nouveau) 운동을 이끈 에밀 갈레(Emile Galle)는 유리 공예와 판화, 섬세한 가구 문양에 시클라멘을 새겨 넣었다.

그동안 지중해 지역에 서식하는 시클라멘 원종은 그간 무분별한 개발과 식물 사냥꾼들의 불법 채취로 인해 심각한 멸종 위기에 처했다. 엎친 데 덮친 격으로 기후 변화로 인한 피해도 가속화되고 있다. 다행히 현지에서 서식지 보전에 관한 관심이 증가하여 야생 개체 보전과 씨앗 파종을 통한 증식, 복원 사업 등 지속 가능한 관리를 위한 노력이 많이 이루어지고 있다. 시클라멘의 주요 원산지 국가 중 하나인 이스라엘에서는 2007년 국민 투표를 통해 시클라멘을 나라꽃으로 선정하여 특별한 애정을 쏟고 있다.

오늘날 시클라멘의 새로운 품종은 꽃이 더 오래 가고 추위에 더 강하다. 꽃 색깔도 다양해졌을 뿐 아니라 두 가지 색깔이 혼합된 품종도 나왔다. 꽃잎 모양도 주름이 지거나, 겹꽃이거나, 향기를 지닌 품종이 개발되었고, 잎의 색깔과 모양, 무늬도 선택의 폭이 더 넓어져서 꽃이 피지 않을 때는 잎 자체만으로도 훌륭한 관상 가치를 지닌다. 잎이 아이비 같은 종류도 있고 거의 둥그렇거나 심장 모양이거나 삼각형인 종류도 있다. 대부분 초록색과 은색이 뒤섞인 독특한 무늬를 가지고 있는데, 특히 시클라멘 코움은 잎에 새겨진 크리스마스 트리 모양의 무늬가 인상적이다. 시클라멘 헤데리폴리움 '실버 텅드 데빌'(*Cyclamen hederifolium* 'Siver Tongued Devil') 역시 은빛 잎이 매우 아름다우면서 내한성도 아주 강해 섭씨 -20도까지도 끄떡없다.

대표적인 지중해 식물인 시클라멘은 덥고 건조한 여름에는 잠을 자고, 선선하고 습한 겨울에 깨어 있는 식물이다. 여름철 덩이줄기가 잠을 자는 동안 토양 배수만 잘 된다면 전 세계 다양한 기후에서도 잘 적응할 수 있다. 꽃 피는 겨울에는 서늘하고 공중 습도가 높으며 간접광이 밝게 비치는 환경을 좋아한다. 낮에는 섭씨 15~21도, 밤에는 섭씨 10도 정도의 온도가 좋다. 온도가 너무 높으면 잎이 누렇게 변하고 꽃이 빨리 진다. 물은 겉흙이 말랐을 때마다 주되 식물체 중심부나 잎에는 물이 묻지 않도록 한다. 특히 화분이 계속 축축하면 뿌리가 썩을 수 있으니 주의해야 한다. 건조한 실내에서 키운다면 물과 자갈을 채운 트레이 위에 화분을 두고 관리하면 시클라멘 화분 주변으로 높은 공중 습도를 유지하기 좋다.

겨우내 화사한 꽃과 잎을 선보인 시클라멘은 온도가 높아짐에

시클라멘.

따라 새잎과 꽃은 더 이상 나오지 않고 남아 있는 잎들도 점점 누렇게 시들어 간다. 마치 죽어 가는 것처럼 보이지만 이제 잠을 자러 갈 시간이다. 주던 물을 점점 줄여 가다가 완전히 휴면에 들어가게 되면 더 이상 물과 거름을 주지 말고 그늘지고 통풍이 잘 되는 시원하고 건조한 장소로 옮긴다. 무더운 여름이 지나고 선선한 가을이 오면 9월쯤 다시 물을 주기 시작하여 잠을 깨운다. 잎이 한참 자랄 때 2주에 1번 약한 액비를 주면 좋다. 화분이 밖에 있다면 겨울이 되기 전에 실내로 들여야 한다.

시클라멘은 씨앗으로 번식할 수도 있지만 넝이줄기를 잘 관리하면 매년 꽃을 볼 수 있다. 뿌리가 화분에 너무 꽉 차 있으면 약간 더 큰 화분으로 옮겨 심고, 분갈이 직후에는 그늘지고 건조한 곳에 둔다. 시클라멘은 유기질이 풍부하고 배수가 잘 되는 약산성 토양을 좋아하는데 화분에 키울 때는 일반 원예 상토에 약간의 피트모스(peatmoss, 이끼류가 완전히 분해되지 않은 상태로 오랜 시간 쌓여 형성된 유기물로 만든 토양 개량제)를 섞어 산도를 높인다. 잘만 관리하면 수십 년부터 100년까지도 키울 수 있다. 병해충은 줄기와 새싹에 진딧물, 줄기와 잎 사이에 응애를 조심한다.

　　시클라멘의 덩이줄기에는 독성 사포닌 종류가 함유되어 있지만 중동 일부 지역에서는 덩이줄기를 말린 다음 구워 먹기도 하고 꽃잎을 차로 우려 마시기도 한다. 뭐니 뭐니 해도 시클라멘의 매력은 겨울철 실내 공간을 화사하게 밝혀 주는 데 있다. 겨울 햇살이 비치는 창가에 놓인 시클라멘 화분은 마치 미술관의 그림 작품처럼 아름답다. 시클라멘은 겸손과 수줍음, 작별을 상징하므로 누군가의 은퇴와 졸업에도 잘 어울리는 선물이다.

시클라멘 페르시쿰 *Cyclamen persicum*

튀르키예, 레바논, 시리아의 비탈진 암석지, 관목 지대, 숲에서 자라는 여러해살이 덩이줄기 식물로, 북아프리카에서 서아시아, 유럽 남동부까지 확장되어 널리 분포한다. 오늘날 유통되는 수많은 관상용 시클라멘 재배 품종들의 모본이 되어, 플로리스트의 시클라멘이라 불린다. 겨울 개화기에는 밝은 곳에서 섭씨 13~16도의 온도와 적절한 습도를 유지해 준다. 여름 휴면기에는 2~3개월 동안 건조하게 관리하다가 가을에 새로 잎이 나기 시작할 무렵 다시 물과 거름을 준다.

시클라멘 페르시쿰.

19세기 말 영국에서 그려진 연꽃. 미국 국립 미술관 소장.

· 26장 ·
연꽃
시공간을 초월하는 씨앗

무더운 여름 고요한 연못에 한데 모여 군무를 하듯 일렁이는 연잎과 화사한 연꽃을 보면 올해도 어김없이 찾아온 아름다운 물의 정원의 계절을 실감한다. 인도 등 아시아 지역이 원산지인 연꽃은 진흙이 가득한 흙탕물에서도 티 하나 없이 깨끗한 잎을 내고 고결한 꽃을 피워 아주 오래전부터 귀하고 신성하게 여겨져 왔다.

인도 힌두교에서는 창조의 신 브라흐마(Brahma)가 태초에 태양과 비옥함의 상징인 연꽃에서 스스로 태어났다는 전설이 전해진다. 이 지역의 물가나 습지에 터줏대감처럼 살아온 이력을 증명하듯, 연꽃의 속명인 넬룸보(*Nelumbo*)는 인도의 남동쪽 섬나라였던 스리랑카에서 연꽃을 일컫던 말에서 유래했다. 연꽃은 특히 불교와 가장 강력하면서도 밀접하게 연결되어 있다. 물질 세계에 대한 욕망과 집착에서 생기는 고통을 멸하고 영혼의 자유와 깨달음을 추구하는 불교 사상에서 연꽃은 청정(淸淨), 불염(不染), 초탈(超脫)을 상징하는 중심 이미지로 자리해 왔다. 연꽃 자체가 불교의 정신 세계를 보여 주고 있으며, 부처는 종종 연꽃 위에 앉은 형상으로 묘사된다.

중국 최초의 시가집인 『시경』에서는 아리따운 아가씨("요조숙녀(窈窕淑女)")를 물 위에 뜬 연꽃("참치행채(參差荇菜)")에 빗대는 표현이 나온다. 그보다 앞서 기원전 7000년과 기원전 5500년 사이 신석기 시대에 일찍이 중국의 평원 지방에 정착한 사람들이 이미 상당량의 연꽃 씨앗과 뿌리줄기를 먹을거리로 수집한 흔적이 발견되었다. 유교에서도 연꽃은 중요한 모티프였다. 북송 시대 유교 사상가 주돈이(周敦頤)는 연꽃에 대한 예찬을 기술한 『애련설(愛蓮說)』에서 연꽃은 더러운 연못에서도 깨끗한 꽃을 피운다 하여 꽃 가운데 군자라 칭했다.

우리나라에서 연꽃에 대한 표현이나 기록이 나타난 시기는 삼국 시대 혹은 그 이전으로 보고 있는데, 백제, 신라, 고구려의 기와 및 고분 벽화 등에 연꽃 문양이 등장한다. 조선 세종 때의 강희안은 『양화소록』에서 주요 식물 16종 가운데 연꽃을 소개했다. 가령 연뿌리를 심을 때는 반드시 소똥을 땅에다 뿌려야 한다든지, 연꽃의 씨앗을 싹 틔우려면 기왓장 위에 놓고 뾰족한 머리 부분을 갈아서 껍질을 얇게 한 후 진흙으로 봉하여 물속에 넣으면 된다는 등의 흥미로운 재배법을 수록했다. 정조 때 정약용은 선비들과 함께 1년에 수차례 꽃과 자연을 즐기며 시를 짓는 죽란시사(竹欄詩社)라는 모임을 가졌다. 여름이면 동틀 무렵 서련지에 조각배를 띄우고 잘 여문 연꽃 봉오리가 마침

내 '북' 하고 터지며 피어나는 소리를 듣는 "청개화성(聽開花聲)"의 풍류를 즐겼다.

연꽃이 아름다운 자태와 신비로운 아우라로 오랫동안 사랑을 받아 온 것은 각 기관이 지닌 특별한 능력들 덕택이다. 먼저 지름 40~80센티미터에 이르는 동그란 방패처럼 생긴 잎은 발수 효과가 뛰어나다. 왁스 같은 큐티클로 덮인 특유의 미세한 돌기가 물방울을 밀어내 잎 표면에 머무르지 못하고 굴러떨어지게 하는 것이다. 연못 바닥에 있는 뿌리로부터 잎자루가 수면 위로 아주 높이 자라나는 덕에 산들바람에도 연잎들이 흔들려 중앙에 고여 있던 빗물이나 이물질을 빠르게 떨군다. 이렇게 탁월한 자정 기능을 일컫는 연잎 효과(lotus effect)는 오늘날 특수 나노 코팅제 개발 연구로 이어져 자가 세정 기능을 갖춘 의류나 발수 페인트 등에 활발히 응용되고 있다.

활짝 피면 지름이 20~30센티미터에 이를 정도로 큼직한 꽃은 주야간 개폐 기능 및 자체 발열 기능을 장착했다. 햇빛과 온도에 반응하여 동틀 무렵 열리고 해 질 무렵 닫히는 꽃은 사나흘 정도 유지되는데, 밤에 닫혀 있는 동안에는 야행성 포식자로부터 꽃가루와 생식 기관을 보호하며, 외부 온도와 상관없이 꽃 내부의 온도를 섭씨 30~36도로 유지한다. 동이 트면 꽃을 활짝 열어 밤새 간직해 둔 열기와 함께 향기를 발산하여 벌이나 딱정벌레 같은 꽃가루 매개 곤충들을 유혹한다.

'극강'의 능력을 지닌 것은 연꽃의 씨앗이다. 꽃이 진 후 꽃턱이 비대해지며 암술이 있던 자리마다 벌집처럼 여러 방이 생기며 연방(蓮房)을 형성하는데 그 안에 씨앗들이 하나씩 들어앉아 자란다. 다 익은 씨앗은 외부 환경과 철저히 차단된 매우 단단한 씨껍질(종피)로 싸여 있는데, 연꽃의 종명 누시페라도 견과를 맺는다는 뜻이다. 기약 없이 오랜 세월 동안 마른 진흙 속에 묻혀 있거나 물속에 잠겨 있는 동안에도 씨앗을 살리기 위한 장치다. 덕분에 땅콩만 한 크기의 연꽃 씨앗은 상당한 세월이 지난 후에도 발아할 수 있어 꽃식물 가운데 가장 오랜 수명을 지녔다고 알려져 있다. 실제로 1994년 중국 북동부 지역 마른 호수 바닥에서 발견된 1,300년 된 연꽃 씨앗이 성공적으로 발아하여 세상을 놀라게 했다.

우리나라에도 유서가 깊은 오래된 연꽃들이 있다. 고려 시대 연꽃으로 알려진 경상남도 함안의 '아라홍련', 조선 시대부터 전해져 온 경기도 시흥 관곡지의 '전당홍' 등이 그 예다. 수백 년 전 과거의 기억을 그대로 간직하고 있을 것만 같은 꽃이 이 시대에 다시 피어나 우리를 만나는 경험은, 마치 주인공이 시공간을 초월해 과거와 현재를 오가는 타임 슬립 드라마 속 이야기처럼 특별하다.

기록상 연꽃이 유럽에 처음 소개된 시기는 1780년대 후반이다. 영국 왕립 원예 협회 회장이었던 조지프 뱅크스(Joseph Banks)의 후원 아래 도입된 연꽃은 난방 온실에서 귀한 대접을 받으며 재배되었다. 유럽에서도 연꽃 씨앗의 특별한 생존 능력이 주목을 받았는데, 1840년대 영국 박물관(British Museum)의 첫 번째 식물학 책임자였던 로버트 브라운(Robert Brown)이 연꽃 씨앗 발아 테스트를 진행하여 150년이 지난 후에도 발아력을 유지한다는 것을 밝혀냈다.

함안군과 협업 전시로 2023년 국립 세종 식물원 궁궐 정원 연못에 피어난 아라홍련.

우리에게 익숙한 연꽃 외에 북아메리카 대륙 원산의 또 다른 연꽃 종류가 있다. 노란색 꽃이 피는 미국황련(*Nelumbo lutea*)이다. 동양과 마찬가지로 아메리카 원주민들도 오래전부터 이 연꽃을 성스러운 식물로 여겼고 뿌리와 잎, 씨앗을 식용, 약용으로 사용했다. 아시아의 연꽃과 미국황련 사이의 교배로 많은 품종이 탄생했는데, 대표 품종으로는 '미세스 페리 디 슬로컴(Mrs. Perry D. Slocum)'이 있다. 미국의 유명한 연꽃 육종가가 1960년대 개발하여 자기 부인의 이름을 붙였는데, 첫날은 분홍색으로 피었다가 둘째 날은 연노란색으로 변화하여 관상 가치가 아주 높다.

연꽃은 실생활에서 먹을거리 약재로도 오랫동안 이용되어 왔다. 식물체 전체에 독성이 없고 뿌리, 잎, 꽃, 열매 등 모든 부분이 유익해서 버릴 게 하나 없다. 특히 연씨, 연밥, 연자라고 불리는 식용 씨앗은 3,000년의 재배 역사를 지니고 있으며 신진 대사 촉진, 불면증 치료, 이뇨 등에 약효가 있어 왕실 진상품으로도 쓰였고, 워낙 단단해서 염주를 만드는 데 쓰이기도 했다. 뿌리줄기 형태로 자라며 늦가을 무렵 비대해지는 연근은 조림이나 튀김 등의 식재료로 사용될 뿐 아니라 설사를 멈추고 위장 운동을 촉진하는 약재나, 혈액 순환 개선, 지혈, 항염 작용을 하는 약을 만드는 데 사용된다. 빈혈 예방과 항산화 활성에 좋은 연잎은 잘 말린 다음 가루를 내어 차로 마시거나 요리에 넣어 먹기도 하고, 특유의 발수 효과 때문에 고기나 생선, 밥을 감싸는 포장재로도 활용된다.

불교의 상징으로서 지니는 가치는 차치하더라도 연꽃으로부터는 배울 점이 참 많다. 더러운 곳에서도 깨끗함을 잃지 않고, 살아 있는 동안 모든 것을 아름답게 내어 주며, 타임 캡슐 같은 작은 씨앗 속에 유전자를 담아 다시 수천 년의 삶을 준비하는 모습은 지구에 존재하는 생물 가운데 가장 높은 수준의 진화를 보여 주는 듯싶다.

연꽃 *Nelumbo nucifera*

인도, 중국, 베트남 등 아시아 지역 원산으로 주로 얕은 연못에 자란다. 뿌리줄기가 옆으로 길게 뻗으며 자라 금세 빽빽한 연밭을 형성한다. 관상용으로 즐길 때는 3~5월 사이 커다란 화분이나 작은 연못에 양분이 풍부한 진흙을 넣고 연근을 식재하여 기른다. 최소 30센티미터의 수심이 필요하며 생육 기간에는 주간 섭씨 25도 전후의 온도가 필요하다. 연꽃 씨앗을 싹 틔우려면 줄톱으로 단단한 껍질을 깐 후 파종해야 한다.

연꽃.

1885년 오토 빌헬름 토메가 그린 원추리.

· 27장 ·
원추리
슬픔을 달래고 마음을 위로하고

 본격적인 여름철을 맞이하여 더위에 지치기 시작할 무렵 피곤함을 잊게 만들어 주는 꽃이 있다. 무더운 날씨가 무색할 만큼 싱그럽게 피는 꽃이 마음에 생기를 돋워 주는 원추리다. 이열치열이라고 할까. 정열의 주황색 혹은 노란색으로 매일매일 피어나는 꽃이 절로 행복감과 열정을 불러일으켜 아무리 힘겨워도 하루하루 뜨겁게 살아가라는 메시지를 전하는 듯하다.
 원추리는 원래 한국, 중국, 일본을 비롯한 동아시아 지역에 자라는 여러해살이풀로, 수천 년 전부터 사람들이 식용, 약용, 관상용으로 재배해 왔다. 야생의 자연 서식지에서는 15종 남짓 분포하지만 지금까지 자연 교잡 및 변이를 비롯해 수많은 재배가의 손길을 거쳐 만들어진 변종과 재배 품종은 무려 10만 종류에 이른다.

원추리를 한자어로 훤초(萱草)라 하는데, 이를 우리말로 발음하면서 원초, 원초리, 원추리라는 이름으로 굳어졌다. 남의 어머니를 높여 부르는 훤당(萱堂)도 원추리 '훤', 집 '당'을 쓴다. 그만큼 원추리는 집 안에서 부녀자들의 고된 삶 가까이에서 꽃을 피우며 늘 그들과 정서적으로 연결되어 마음을 달래 주던 꽃이었다.

중국에서 훤초는 아주 오래전부터 슬픔을 잊는 풀이라는 뜻의 망우초(忘憂草)라고도 불렸다. 최초의 기록은 『시경』의 「위풍편(衛風篇)」에 나온다. 전쟁터에 나간 남편 생각에 걱정과 그리움으로 편치 않은 나날을 보내던 여인이 근심을 잊기 위해 뒤뜰에 망우초를 심어 시름을 잊고자 한다. 원추리의 화사한 꽃이 기운을 북돋아 주고 활력을 주어 마음을 위로하고 슬픔을 잊게 하는 효과가 있었던 것이 아니었을까? 중국 저장 성과 장쑤 성 지방에서는 예로부터 원추리 꽃을 따서 슬픔에 빠진 친구에게 대접하는 전통이 있기도 했다. 그런데 폴란드 루블린 의과 대학의 최근 연구에 따르면 원추리는 보기에만 좋은 게 아니라, 실제로 마음을 편안하게 하고 스트레스와 우울감을 완화하는 물질을 지니고 있음이 밝혀졌다.

원추리의 약효에 대한 최초 기록은 656년 중국 당나라에서 편찬된 『본초(本草)』에 등장한다. 여기서 원추리는 단맛이 있고 독성이 없으며 오장육부를 편안하게 해 준다고 쓰여 있다. 마음에 이롭고 행복을 주며 걱정을 줄여 주고 몸을 가볍게 한다고도 되어 있다. 1061년 송나라 의학자 소송(蘇頌) 등이 편찬한 『본초도경(本草圖經)』에는 원추리를 그린 삽화가 처음으로 등장하며, 원추리의 뿌리가 지닌 진정

효과와 이뇨 작용 등에 대해 자세히 기록하고 있는데, 당시 민간에서 전해져 온 전설과 설화도 소개한다. 그중 원추리를 "의남초(宜男草)"라고 부른다는 내용이 흥미롭다. 이는 3세기경 진나라 주처(周處)의 『풍토기(風土記)』에도 나오는 개념으로, 부인들이 원추리 뿌리를 몸에 지니면 "마땅히 사내아이"를 낳는다는 것이다. 민간에서는 이와 유사한 습속이 다양한 방식으로 전해져 왔다. 가령 원추리 꽃봉오리가 어린 사내아이 성기처럼 생겨 비녀처럼 꽂고 다니면 아들을 낳는다거나, 말린 꽃을 향낭이나 주머니에 넣고 다니면 된다는 설도 있었다. 이 밖에도 1590년 명나라 이시진(李時珍)의 『본초강목』, 1613년 허준의 『동의보감』 등 여러 의서에서도 원추리의 약효에 대해 자세히 언급하고 있다.

　　원추리의 관상 가치도 매우 높게 평가되었다. 특히 조선 중기에서 후기에 걸쳐 원추리는 창덕궁, 경복궁 등 궁궐의 정자 주변이나 화계에서 모란, 작약, 앵두나무, 옥매, 진달래, 철쭉 같은 꽃들과 어깨를 나란히 했다. 그뿐만 아니라 사대부 주택 마당 가장자리나 담장 옆에서도 많이 볼 수 있었다. 신사임당(申師任堂)의 그림 「초충도(草蟲圖)」에서 원추리는 뛰어오르려는 개구리, 줄기에 붙은 매미, 꽃 주변을 날아다니는 나비 한 쌍과 함께 그려졌다. 사람뿐 아니라 생명을 지닌 여러 작은 생명도 이 꽃을 좋아했음을 알 수 있는 대목이다. 조선 후기 홍만선(洪萬選)의 『산림경제(山林經濟)』, 서유구(徐有榘)의 『임원경제지(林園經濟志)』 같은 책에서도 원추리는 중요한 성원 식물도 비중 있게 소개되었다.

조선 시대 중기 신사임당의 「초충도」에 그려진 원추리. 국립 중앙 박물관 소장.

    동양의 아름다움을 간직한, 소박하면서도 자연스럽고 우아한 원추리에 대한 기록이 유럽에 처음 등장한 시기는 16세기다. 먼저 네덜란드 레이던 대학교 의대 교수이자 막시밀리안 2세(Maximilian II)

의 의사였던 람베르트 도도엔스가 1554년 유럽 최초로 원추리 삽화를 그렸다. 그가 그린 종류는 레몬 릴리(Lemon lily)라고 불리는 밝은 노란색의 골잎원추리(*Hemerocallis lilioasphodelus*, syn. *H. flava*)였다. 이어서 플랑드르의 의사이자 약초학자였던 마티아스 드 로벨(Mathias de l'Obel)은 1576년 자신의 저서『식물의 역사(*Plantarum, seu, Stirpium Historia*)』에서 원추리(*Hemerocallis fulva*)를 언급했다. 원추리의 영어 이름인 데이릴리(Daylily)는 영국의 약제상 존 제라드가 저술한『약초 의학서』에 처음 등장한다. 단 하루만 피는 백합 같은 꽃이라는 뜻이다.

하지만 이 시기 원추리를 일컫는 이름과 학명은 제대로 정립이 되지 않은 채 여러 이름이 혼용되었다. 생물 분류학의 아버지 린네가 1753년『식물의 종(*Species Plantarum*)』을 통해 말끔하게 정리해 주기 전까지는 말이다. 그는 이명법에 따라 원추리에 헤메로칼리스라는 속명을 부여했다. 그리스 어로 하루를 뜻하는 헤메로스(hemeros)와 아름다움을 뜻하는 칼로스(kallos)가 합쳐진 말이다. 린네는 이 책에서 골잎원추리와 원추리 2종을 소개하고 있다. 당시 런던에서 재배 중인 가장 관상 가치가 높은 해외 식물을 소개하는《커티스 보태니컬 매거진》도 1780년대 후반 이 두 종의 원추리를 생동감 넘치는 채색 판화 그림과 함께 소개했다.

1850년대 후반 제2차 아편 전쟁 후 중국이 강제로 서방에 문호를 개방하면서 중국의 많은 원추리 종들이 유럽으로 도입되어 신품종 육종의 물꼬가 트였다. 미국으로 원추리가 대거 유입된 시기도 19세기 후반이었다. 미국의 원추리 육종은 20세기 초 미국에서 절정을 이루었다. 뉴욕 식물원에서 일했던 알로 버데트 스타우트(Arlow Burdette Stout)의 공이 컸다. 그는 어린 시절 씨앗도 없이 스스로 번식하는 원추리 종류에 매료되었다. 1921년 그의 첫 번째 논문 주제도 원추리의 불임성에 관한 것이었다. 이후 30여 년에 걸쳐 평생 원추리를 공부하고 수집하며 무수한 교배 작업을 진행했다. 그리고 1929년 첫 교배종 '미카도(Mikado)'를 필두로 100여 종의 원추리 신품종을 만들어 냈다. 1934년 『원추리: 원추리속에 속하는 야생종과 원예종, 그리고 신종과 구종(Daylilies: The Wild Species and Garden Clones, Both Old and New, of the Genus Hemerocallis)』이라는 책을 저술하기도 한 그는 오늘날 현대 원추리의 아버지라고 불린다. 1946년에는 미국 원추리 협회(American Daylily Society)가 설립되었다. 원추리 재배를 장려하고 그 즐거움을 널리 알리기 위한 목적이었다. 협회는 매년 다른 장소를 선정하여 총회를 개최하며 신품종 소개, 새로운 육종 기술, 재배 방법 등을 공유하는 자리를 갖는다. 매년 독특하고 아름다운 12종의 품종을 선별하여 시상을 진행하는데, 스타우트를 기리기 위해 영예로운 스타우트 실버 메달을 수여한다.

영국 왕립 원예 협회의 방대한 정원 식물 데이터베이스인 플랜트 파인더(Plant Finder, www.rhs.org.uk/plants/)에도 5,300여 종류의 원추리 품종이 등재되어 있을 정도로 원추리는 오랫동안 많은 정원 애호가들의 꾸준한 사랑을 받고 있다.

원추리 꽃을 자세히 보면 꽃잎인지 꽃받침인지 구분이 분명하지 않은 6개의 꽃덮이조각, 즉 화피편으로 이루어져 있다. 바깥쪽 3개

원추리. 6개의 꽃덮이조각으로 이루어진 원추리 꽃의 구조를 확인할 수 있다.

의 꽃덮이조각을 외꽃덮이조각(외화피편), 안쪽 3개의 꽃덮이조각을 내꽃덮이조각(내화피편)이라고 하는데, 원추리 품종의 다양성은 이 꽃덮이조각의 색깔과 모양의 수많은 조합에 있다. 외꽃덮이조각이 내꽃덮이조각보다 진한 색을 띠거나 서로 다른 색을 띠기도 하고 꽃 중심부 부분에 다른 색깔의 고리 모양 띠가 형성되기도 하며, 꽃덮이조각의 주맥이 주변부와 대비되는 빛깔을 띠는 품종도 있다. 꽃덮이조각 자체의 모양도 더 둥글거나 뒤로 젖혀져 있거나 가장자리에 물결 모양 혹은 톱니 모양을 띠기도 한다. 전체적인 꽃의 모양에 따라서는 삼각형, 원형, 겹꽃, 별 모양, 거미 모양의 다섯 가지 모양으로 구분한다. 꽃 색깔은 하얀색, 노란색, 주황색에서 진한 보라색까지 파란색을 제외하고 스펙트럼이 매우 다양하다.

　　원추리는 비탈진 사면부 등 넓게 펼쳐진 야생의 자연스러운 아름다움을 느낄 수 있도록 군락으로 식재해도 좋고 여러 종류의 관목과 그라스류, 꽃들이 어우러진 혼합 식재 화단에도 잘 어울린다. 키 작은 품종은 화분에 식재해도 좋다. 원추리의 한 송이 꽃은 단 하루만 피고 지지만 하나의 꽃대에서 가지를 치며 많게는 10개 이상의 꽃송이가 차례차례 피어나 전체적인 개화기는 3주 가까이 될 수 있다. 개화기가 다른 여러 품종을 함께 식재하면 늦봄부터 늦여름까지 매일매일 피어나는 다양한 원추리 꽃을 만끽할 수 있다.

　　전통적으로 우리에게 가장 익숙한 원추리 종류는 일찍이 중국에서 들어와 널리 재배된 원추리와 왕원추리(*Hemerocallis fulva* f. *kwanso*)다. 하지만 전 세계에서도 우리나라에서만 자라는 태안원추리(*Hemerocallis taeanensis*), 홍도원추리(*Hemerocallis hongdoensis*), 백운산원추리(*Hemerocallis hakuunensis*)를 비롯하여, 꽃대가 가지를 치지 않는 큰원추리(*Hemerocallis middendorffii*), 야간에 개화하는 노랑원추리(*Hemerocallis thunbergii*) 등 이 땅에 자생하는 원추리들이 많으므로 앞으로 이 소중한 식물 자원을 지키고 사랑하는 일에도 관심을 쏟아야 할 것이다.

원추리 *Hemerocallis fulva*

백합과에 속하는 여러해살이풀로 중국 원산이다. 꽃이 하루만 피고 시들어 데이릴리라는 영어 이름으로 불린다. 적황색 꽃이 6~7월에 피고 열매는 9월에 삭과로 달린다. 예로부터 식용, 약용, 관상용으로 쓰여 왔는데 훤초, 망우초, 황화채, 금침채, 의남초 등 여러 이름을 갖고 있다. 다양한 토양 환경에 적응할 수 있고 건조에 강한 저관리형 정원 식물로 양지바른 곳을 좋아하여 사면 녹화용 지피 식물로도 좋다. 씨를 뿌리거나 큰 포기를 형성하는 덩이뿌리를 나누어 번식한다. 인도볼록진딧물이 잘 생기므로 고추나무, 말오줌때 등 기주 식물을 근처에 심지 않도록 하고 발생 초기에 철저히 방제한다.

원추리.

독일의 식물학자 야코프 슈투름(Jacob Sturm)이 1796년 그린 개양귀비 세밀화.

· 28장 ·
양귀비
폐허 속에 붉게 피어난 꽃

　　이름만으로도 선명하고 아름다운 붉은색을 떠올리게 하는 양귀비 꽃은 고대 여러 문화권의 신화와 전설, 중세와 근현대에 이르는 역사 속에서 독보적인 상징성과 의미를 지녀 왔다. 곱고 보드라운 질감의 크고 화사한 꽃잎은 종이처럼 얇지만, 시대를 초월하는 마법과도 같은 강한 아우라를 뿜어낸다.

　　양귀비라는 이름은 중국 당 현종(玄宗)의 후궁으로 중국 4대 미녀 중 하나로 손꼽혔던 양귀비(楊貴妃)에서 유래했다. 황제를 미혹시켜 나라를 기울게 하는 미모를 지녔다 하여 경국지색(傾國之色)으로 불리기도 했던 양귀비의 빼어난 미모에 비할 정도라는 의미다.

　　주로 북반구에 걸쳐 70여 종의 양귀비 종류가 분포하는데, 아편과 식용 씨앗을 생산하는 양귀비, 선홍색 꽃으로 아름다운 개양귀비(*Papaver rhoeas*), 알록달록 화단을 밝히는 아이슬란드포피(*Papaver nudicaule*), 관상용으로 인기가 많은 여러해살이 오리엔탈양귀비(*Papaver orientale*) 등 잎과 꽃의 크기와 색깔, 질감도 다양하다. 양귀비는 종에 따라 유럽 중부와 남부, 아시아 온대 지역, 오스트레일리아와 남아프리카공화국, 북아메리카, 심지어 아한대 지방까지 폭넓은 기후대에 걸쳐 자란다. 생육 주기도 한해살이, 두해살이, 여러해살이 등으로 다르다. 양귀비의 속명인 파파베르는 양귀비꽃 종류를 일컫는 고대 라틴어로, 여기서 포피(poppy)라는 영어 이름이 파생되었다.

고대 문명으로부터 전해진 기록을 통해 우리에게 가장 잘 알려진 종류는 양귀비와 개양귀비 두 종류다. 먼저 모르핀, 코데인을 비롯한 20가지 이상의 알칼로이드가 들어 있는 아편(opium)을 생산하는 양귀비는 파파베르 솜니페룸(*Papaver somniferum*)이라는 학명을 가졌다. 종명 솜니페룸은 최면을 뜻하며 식물체의 대사 성분에 환각성이 있음을 나타낸다. 붉은색, 자주색, 흰색으로 피는 양귀비꽃의 암술 부분이 캡슐 형태의 삭과로 성숙하는데, 뚜껑이 있는 작은 단지 혹은 후추통처럼 생긴 청록색의 덜 익은 열매 껍질 속 유액을 굳혀 만든 것이 아편이다. 아편은 진통제, 마취제, 최면제 등 의약용으로 중요하게 쓰이지만, 중독성이 강한 향정신성 마약류여서 우리나라를 비롯한 많은 국가에서 약용 이외 사용을 법으로 금하고 있다.

한편, 봄에 넓은 들판을 수놓으며 화려하게 꽃 피는 관상용 꽃으로 우리에게 익숙한 관상용 꽃으로 널리 알려진 종은 개양귀비다. 주로 붉은색이나 분홍색으로 피는데, 로이아스라는 종명은 그리스 어로 붉은색을 뜻한다. 이 종류는 양귀비와 닮았지만, 아편을 만들어 내지 않아 개양귀비라 부른다. 유라시아, 아프리카 북부 원산으로 전 세계에 널리 퍼졌다. 옥수수밭 등 경작지에 잘 자라는 잡초여서 필드 포피(field poppy), 또는 콘 포피(corn poppy)라고도 불린다.

양귀비는 기원전 3400년경 재배된 기록이 있는데, 현재 이라크 바그다드 남동부에 있던 고대 메소포타미아 도시 니푸르에서 발견된 의약 처방전에서 "기쁨의 식물"로 묘사되었다. 그리스 크노소스 유적지 근처에서는 기원전 1400~1100년에 만들어진 것으로 추정되는 '양귀비 여신' 조각상이 발견되었다. 현재 그리스 이라클리온 고고학 박물관에서 소장 중인데, 테라코타로 만들어진 이 유물의 머리 부분은 영원한 잠을 상징하는 양귀비 씨앗 꼬투리 모양으로 장식되어 있다. 고대 그리스 인에게 양귀비는 종교 의식에 필요한 마법의 식물이자, 수면 유도제, 최면제, 진통제 등으로 쓰이던 약초이기도 했다. 그리스 신화 속에서도 밤의 여신 닉스(Nyx)와 죽음의 신 타나토스(Thanatos), 수면의 신 히프노스(Hypnos), 그리고 꿈의 신인 모르페우스(Morpheus)를 상징하는 꽃이었다. 경작지에서 잘 자라며 수많은 씨앗을 뿌려 풍요와 다산의 상징이기도 했던 양귀비는 곡물과 대지의 여신 데메테르(Demeter)와 밀접한 관련이 있었다. 고대 그리스의 시인 테오크리토스(Theocritos)는 곡식 단과 양귀비를 들고 있는 데메테르의 모습에 대해 언급하기도 했다.

씨앗 꼬투리가 아닌 꽃의 형상도 고대 유적에 많이 등장한다. 양귀비 꽃은 기원전 16세기 이집트 신왕국 데어 엘메디나(Deir el-

Medina) 지역의 무덤에서 발견된 화병에 그려져 있는가 하면, 기원전 14세기 파라오의 무덤 벽화에서 여왕이 투탕카멘에게 꽃다발을 건네는 장면 속에 수련, 파피루스와 함께 그려지기도 했다. 정면도와 측면도가 결합된 특유의 화법으로 그려진 이집트 양식의 그림 속에서 양귀비는 보통 검은 마크 또는 가장자리 검은 선과 함께 표현되었다. 실제로 양귀비 꽃 밑부분에 있는 검은색 무늬를 특징적으로 표현한 것으로 보인다. 기원전 13세기 람세스 2세 시대 고대 이집트의 장인이었던 세네드젬(Sennedjem)의 무덤 벽화에도 수레국화, 맨드레이크(*Madragora officinarum*)와 함께 양귀비가 그려졌다. 기원전 10세기 이집트 제21왕조 네스콘스(Neskhons) 공주의 무덤에서 발견된 미라의 관에 그려진 그림 속에서도 양귀비꽃을 찾아볼 수 있다. 고인이 평화와 안식 속에 고이 잠들고 부활의 마법으로 다시 태어나 영원히 살기를 바라는 이집트 인들의 마음을 엿볼 수 있다.

양귀비 열매 추출물인 아편은 8세기에 인도와 중국에 도입되었고, 10세기와 13세기 사이 유럽에 전해졌다. 17세기에 이르러 영국의 의사 토머스 시든햄(Thomas Sydenham)이 아편을 알코올에 녹인 아편 팅크(opium tincture)를 개발하여 여러 감염병과 원인 불명의 통증을 치료하는 진통제로 널리 대중화시키면서 아편 생산을 위한 양귀비 재배가 크게 늘어났다. 1840년에는 아편 문제를 둘러싸고 영국과 중국(청나라) 사이에 전쟁이 발발하기도 했다. 당시 영국은 중국으로부터 고가의 차(茶)를 대량 수입하는 상황이었지만 이를 상쇄할 만큼 수출 실적이 좋지 않아 무역 적자가 심각했다. 그래서 아편을 더 많이 수출하고자 했던 것이고, 중국이 자국 내에서 아편 단속을 하자 이에 반발하여 전쟁을 일으킨 것이다.

개양귀비는 제1차 세계 대전이 끝나고 폐허가 된 전쟁터에 피처럼 붉게 피어난 꽃으로도 유명하다. 개양귀비 씨앗은 80년 동안 땅속에 생존하며 잠을 잘 수 있는데 언제든 조건이 맞으면 싹을 틔울 수 있다. 한 개체당 수만 개의 씨앗이 뿌려지니 엄청난 양의 후손들이 때를 기다리는 것이다. 전쟁으로 인해 땅이 파헤쳐지면서 땅속에 있던 상당한 양의 양귀비 씨앗들이 발아하여 붉은 꽃의 바다를 이루었다. 이 때문에 개양귀비는 전쟁 희생자를 추모하는 중요한 상징성을 갖게 되었다. 영국에서는 제1차 세계 대전이 끝난 11월 11일을 전쟁에서 죽은 군인들의 넋을 기리는 영령 기념일(Remembrance Day)로 지정했는데, '포피 데이(Poppy Day)'라고도 하는 이날 오전 11시를 기해 전 국민이 2분간 묵념을 한다. 11월은 개양귀비의 개화 시기가 아니므로, 대신 개양귀비 꽃 모양의 조화나 브로치를 가슴에 단다.

이렇게 개양귀비를 전쟁 희생자에 대한 추모의 꽃으로 사용하게 된 것은 캐나다의 시인이자 군의관이었던 존 매크레(John McCrae)가 전쟁의 아픔을 그리며 쓴 「개양귀비 들판에서(In Flanders Field)」라는 시의 영향이 컸다. 그로부터 100년쯤 후인 2014년 영국의 예술가 폴 커민스(Paul Cummins)가 런던탑에 설치한 작품 「피는 대지와 바다를 붉게 휩쓸었고(Blood Swept Lands and Seas of Red)」는 제1차 세계 대전에서 희생된 참전 용사 88만 8246명의 수만큼 제작한 세라믹 개양귀비 꽃들과 함께 매우 감동적인 광경을 연출했다.

1888년 미국의 인상주의 화가 로버트 본노가 그린 「양귀비」.

    양귀비 꽃은 매우 인상적인 만큼 많은 화가가 양귀비를 캔버스에 담았다. 시대와 배경이 다른 작품들 속에서 양귀비는 저마다 다른 의미와 분위기를 보여 주고 있다. 프랑스의 인상주의 화가 클로드 모네는 1873년 「아르장퇴유의 양귀비 밭(The Poppy Field near Argenteuil)」이라는 작품을 통해 사랑하는 아내와 아들이 함께 있는 찬란한 행복을 묘사했지만, 영국의 화가 토머스 쿠퍼 고치(Thomas Cooper Gotch)는 「신부의 죽음(Death the Bride)」에서 양귀비를 죽음의 상징으로 표현했다. 미국의 인상주의 화가 로버트 본노(Robert Vonnoh)

의 1888년 작품 「양귀비(Poppies)」는 화사한 빛을 드러내고, 영국의 화가 존 컨스터블(John Constable)의 「양귀비 연구(Study of Poppies)」(1832년)는 사라져 가는 자연의 모습을 담았다. 영국의 화가 존 밀레이(John Millais)가 셰익스피어의 「햄릿」에 나오는 한 장면을 그린 1852년 작품 「오필리아(Ophelia)」에도 양귀비꽃이 등장한다. 비록 희곡 원작에는 양귀비가 등장하지 않았지만, 화가는 강에 몸을 던져 수면에 떠 있는 오필리아의 죽음을 강조하기 위해 그녀의 손 가까이에 붉은색 양귀비꽃을 그려 넣었다. 우리나라에도 양귀비를 그린 화가가 있다. 16세기 초 여러 꽃과 곤충을 함께 그린 신사임당의 「초충도」 중 하나인 「양귀비와 도마뱀」 속에서 양귀비꽃은 다산의 상징으로 씨앗이 가득한 꼬투리와 함께 그려져 있다.

넓게 펼쳐진 양귀비 꽃밭은 영화 속에서도 종종 등장한다. 가장 인상적인 장면은 미국의 동화 작가 라이먼 프랭크 바움(Lyman Frank Baum)의 원작을 바탕으로 1939년 개봉한 영화 「오즈의 마법사(The Wizard of Oz)」에서 볼 수 있다. 도로시를 비롯한 주인공들이 붉은 양귀비 꽃밭을 지나면서 수많은 양귀비 꽃이 뿜어내는 냄새를 맡고 쓰러져 잠에 빠져드는 장면이다. 고대로부터 수면과 연관된 양귀비의 속성을 잘 나타내는 대목이다.

양귀비는 약용뿐 아니라 식용으로도 오랜 역사를 지니고 있다. 포도주를 더 붉게 하기 위해 양귀비의 진홍색 꽃잎을 첨가하기도 했고, 씨앗에서 짜낸 기름은 요리와 샐러드 드레싱으로 사용해 왔다. 또한 꽃봉오리가 생기기 전에 채취한 어린잎은 샐러드에 넣어 먹기도 하고, 잘 익은 양귀비 씨앗은 제빵과 요리에 고급 재료로 쓰인다. 타르트 반죽에 양귀비 씨앗을 넣고 오븐에 구워 먹는 몬쿠헨(Mohnkuchen)이라는 요리도 있다. 하지만 우리나라에서는 마약류 관리법에 따라 파파베르 솜니페룸이라는 학명을 가진 양귀비를 재배하거나 씨앗을 소지하는 것이 엄격히 금지되어 있으며, 따라서 식용으로도 이용할 수 없다.

양귀비는 오랜 역사 속에서 인간의 삶과 함께하며 많은 사연과 자취를 남겨 왔으며 오늘날에도 여전히 의약을 비롯한 여러 실용적 가치를 지닌 중요한 식물이다. 개양귀비, 아이슬란드포피, 오리엔탈양귀비 등 관상용으로 육종된 재배 품종은 봄 정원에서 매혹적인 색감의 섬세한 꽃을 선보이며 색다른 즐거움을 준다.

개양귀비 *Papaver rhoeas*

아프리카, 아시아, 유럽 등 온대 지방에 널리 퍼져 자란다. 아편 성분이 들어 있지 않아 개양귀비 혹은 꽃양귀비라고 부르며 늦봄부터 초여름에 걸쳐 진홍색과 분홍색 꽃이 핀다. 햇빛과 양분이 풍부하고 배수가 잘되는 토양을 좋아하는데, 재배가 쉽고 관리를 거의 필요로 하지 않는다. 전년도 가을에 씨를 뿌리면 늦봄에 개화하고 당년 봄에 씨를 뿌리면 초여름에 개화한다. 영국의 육종가 윌리엄 윌크스(William Wilks)가 개발한 '셜리(Shirley)' 등 정원에서 인기가 많은 재배 품종이 많이 육종되었다. 시든 꽃을 따 주면 새로운 꽃이 피어 개화기를 연장할 수 있다.

개양귀비.

1875년 《커티스 보태니컬 매거진》에 수록된, 영국 식물 전문 화가 월터 후드 피치(Walter Hood Fitch)가 그린 갈란투스 엘웨시(*Galanthus elwesii*).

·29장·
설강화
마녀의 저주를 푼 해독초

설강화(雪降花)는 새해를 맞은 겨울에 가장 일찍 꽃을 피우는 특별한 꽃이다. 쌓인 눈을 뚫고 올라올 만큼 추위에 강한 순백색의 앙증맞은 꽃망울은 깨끗하고 순수한 겨울 분위기와 잘 어울린다. 체코의 문호 카렐 차페크가 어떤 나무보다 아름다운 "봄의 메시지"라 예찬했듯, 설강화는 정원에서 새로운 한 해의 시작을 알리는 희망의 꽃이다.

하늘에서 내려온 눈처럼 소복이 피어난다고 해서 설강화라 불린다. 1753년 린네는 설강화에 갈란투스 니발리스(*Galathus nivalis*)라는 학명을 부여했다. 이 이름도 온통 하얀색 눈과 관련이 있다. 먼저 속명인 갈란투스는 그리스 어로 우유를 뜻하는 갈라(gala)와 꽃을 뜻하는 안토스(anthos)가 합쳐진 말이다. 말 그대로 우윳빛 꽃이 핀다는 뜻이다. 종명인 니발리스 역시 흰색 또는 눈에서 자란다는 뜻이다. 스노드롭(snowdrop)이라는 일반명으로도 널리 알려진 갈란투스 속에는 설강화를 포함하여 20종이 있다. 유럽 남부와 중부, 지중해 동부, 중동 지역에 걸쳐 분포하는데, 특히 튀르키예와 코카서스 산맥에 집중적으로 다양한 종이 서식하고 있다.

주로 숲 지대에서 비늘줄기 알뿌리 형태로 자라며 해마다 아주 이른 시기에 꽃을 피운다. 크기는 대부분 10~20센티미터 높이로 아담한데, 종마다 꽃과 잎의 모양과 크기 등 섬세한 차이가 있다. 특히 꽃은 가느다란 꽃자루 끝에 예쁜 승마 모자처럼 생긴 씨방 아래 하얀색 종 혹은 페티코트 드레스 모양으로 대롱대롱 매달린다. 꽃에는 종마다 식별 포인트가 되는 초록색 마크가 있는데 자세히 들여다보면 각자 어떤 표정을 짓고 있는 요정 같기도 하다. 꽃잎처럼 보이는 것은 사실 꽃잎과 꽃받침이 융합된 꽃덮이조각 혹은 꽃받침조각으로, 바깥쪽에 3장, 안쪽에 3장이 있다. 기본 종인 설강화의 초록색 마크는 마치 비밀의 표식처럼 안쪽의 더 짧은 꽃받침조각 끝에 거꾸로 된 V자 모양으로 새겨져 있다. 기온이 섭씨 10도 이상 올라가면 벌 같은 꽃가루받이 곤충이 날아다니는데, 이때 설강화의 바깥쪽 꽃받침조각이 위쪽으로 열려 곤충이 꽃 안쪽으로 쉽게 접근할 수 있도록 한다.

설강화의 잎은 작지만 강하고 기능적이다. 추울 때는 땅에 납작 엎드렸다가 온도가 오르면 언제 그랬냐는 듯 다시 일어선다. 잎끝은 언 땅을 뚫고 나올 만큼 뾰족하고 단단한 데다가, 잎 조직 자체가 얼지 않게 되어 있다. 일반적인 식물의 연약한 잎은 기온이 영하로 떨어지면 세포 안에 얼음 결정체가 형성되어 동해를 입는다. 하지만 설강화의 잎은 세포 안에 결빙을 방해하는 부동(不凍) 단백질이 있어 얼음 결정체가 형성되지 않고 따라서 동해도 입지 않는다. 과연 눈의 꽃답게 겨울철에 특화된 식물이다. 그래서 설강화는 키 큰 나무들이 아직 잎을 내지 않은 시기, 고요한 숲속 바닥에서 겨울 햇살을 만끽하며 아주 이른 꽃을 피운다. 군데군데 쌓인 눈밭 사이로 무리를 지어 눈보다 더 흰 꽃을 살랑살랑 흔드는 모습은 1년 중 이 시기에만 볼 수 있는 장관이다.

설강화를 재배한 역사는 2,000년을 거슬러 올라간다. 흥미로운 점은 호메로스(Homeros)의 서사시 「오디세이아(Oδύσσεια)」에 설강화가 해독제로 등장한다는 것이다. 이야기 속에서 마녀 키르케는 오디세우스의 부하들에게 약물이 섞인 음식을 먹이고 지팡이를 흔들어 돼지로 변신시킨다. 오디세우스는 부하들을 구하러 가는 길에 헤르메스를 만나 몰리(moly)라는 식물을 얻는다. 우윳빛 꽃에 검은 뿌리를 가진 그 식물 덕택에 오디세우스는 키르케의 마법을 물리치고 부하 선원들도 구하게 된다.

키르케가 사용한 마법의 독초는 무엇이고 오디세우스가 쓴 해독초는 어떤 식물일까? 이에 대한 설은 분분했다. 독초 후보로는 가지과(Solanaceae)의 독말풀(*Datura stramonium*)이나 바늘꽃과(Onagraceae)의 쥐털이슬(*Circaea lutetiana*)이 거론되었다. 쥐털이슬의 속명인 키르카에아도 마녀 키르케의 이름에서 따온 것이다. 해독초로 쓰인 몰리의 후보 가운데서는 설강화가 가장 유력하다. 첫 번째 이유로는 호메로스의 서

영국의 의사이자 원예학자인 로버트 존 손턴(Robert John Thornton, 1768~1837년)의 『식물의 사원 또는 자연의 정원(The Temple of Flora, or Garden of Nature)』(1804년)에 수록된 설강화 그림.

사시에서 이 식물이 발견된 지역, 그리고 꽃이 희고 뿌리가 검은 것이 설강화와 일치하는 점이다. 두 번째 이유로는 설강화의 알뿌리에 들어 있는 갈란타민(galanthamine)이라는 물질이 항콜린에스테라아제 효능을 지니고 있는데 이것이 히오스신(hyoscine) 또는 아트로핀(atropine) 같은 트로판 알칼로이드(tropane alkaloid)의 주요 작용을 해독시킨다는 것이다. 오래전부터 민간에서 전해져 온 전설 속 약초 이야기가 현대 과학을 통해 힘을 얻고 있는 셈이다. 사실 약초로서 설강화의 효능은 원산지를 중심으로 잘 알려져 왔다. 설강화는 주로 두통 치료제로 쓰였고, 불가리아와 캅카스 산맥 저지대 사람들은 소아마비 치료에 설강화 알뿌리를 달여 사용했다. 오늘날에는 설강화의 갈란타민 성분을 혈관성 치매 또는 알츠하이머병 치료제의 주요 성분으로 쓴다.

설강화는 아주 오래전에 로마 인 혹은 노르만 족 수사들을 통해 유럽에 도입되었다는 설이 있다. 실제로 도입 기록이 확인된 것은 16세기다. 플랑드르 식물학자 람베르트 도도엔스가 1583년에 이 식물에 대해 묘사했고, 영국의 약초학자 존 제라드도 1597년 자신의 저서 『약초 의학서』에서 그리스 철학자 테오프라스토스의 설명을 인용하며 이 식물을 일찍 피는 "알뿌리 제비꽃(bulbous violet)"이라고 했다. 설강화가 런던의 가드너들에게 소개되었을 때는 대롱대롱 달리는 꽃이 당시 유행했던 귀걸이 혹은 펜던트를 닮아 스노드롭이라고 불렸다.

중세 유럽에서 설강화는 순결한 이미지로 성모 마리아를 상징했고 수도원 부지에 많이 식재됐다. 매년 2월 2일, 성모 마리아가 모세 율법대로 정결례를 치르고 성전에서 아기 예수를 하느님께 봉헌한 것을 기리는 주님 봉헌 축일이 다가오면 설강화가 꽃피었다. 이 축일은 촛불을 들고 행렬하는 성촉절(Candlemas Day)이라고도 하기에 설강화를 '캔들마스 벨(Candlemas bell)' 또는 '마리아의 양초(Mary's taper)'라고도 불렀다. 성촉절을 맞은 교회 제단에는 설강화 꽃을 뿌렸고, 신자들은 설강화 꽃다발을 들고 교회를 찾았다.

수도원이나 소수의 정원에서만 자라던 설강화는 점점 정원을 벗어나 야생으로 퍼져 귀화했다. 알뿌리는 번식력이 강해 한번 자리를 잡으면 매년 꾸준하고 안정적으로 새끼 알뿌리를 많이 만들었다. 영국의 낭만주의 시인 윌리엄 워즈워스는 1819년 「설강화에게(To a Snowdrop)」라는 시를 발표하고 이 꽃을 용감하게 봄을 알리는 순결의 꽃이라고 예찬했다. 이와 같이 설강화는 역경을 딛고 피어나는 고귀한 야생화로 우리 마음속에 자리 잡게 되었다.

크림 전쟁 후 군인들의 전리품과 함께 여러 설강화 종류가 영국에 대거 들어왔다. 가장 대표적인 종이 갈란투스 플리카투스(Galanthus plicatus)로 크림 반도에서 왔기 때문에 '크리미안 스노드롭(Crimean snowdrop)'이라고 불렀다. 이 종은 주름진 넓은 잎이 특징이며 재배가 쉽고 꽃이 잘 핀다. 새로운 설강화 종류는 기존 설강화와 교잡을 통해 수많은 새로운 품종으로 거듭났다. 영국의 식물학자 헨리 존 엘위스(Henry John Elwes)가 1874년 튀르키예에서 발견한 갈란투스 엘웨시(Galanthus elwesii)는 꿀 향기가 나며 더 크고 인상적인 꽃이 피는데, 갈란투스 플리카투스와의 교배를 통해 1890년대 '로빈 후드(Robin Hood)'라는 품종이 탄생했다. 빅토리아 시대 설강화는 순백의 매력으로 화이트 피버(White Fever)를 일으켰다. 설강화는 여전히 순결의 이미

눈밭에 핀 설강화.

지를 강하게 지니고 있었다. 영국 북부 미들랜즈 지역에서는 젊은 노동 계급 여성들을 성적 관습으로부터 보호하고 올바른 성교육을 통해 계도하기 위한 '스노드롭 밴드'가 결성되기도 했다.

19세기 말 그리고 20세기에 매년 수십 종에 이르는 새로운 설강화 품종이 쏟아져 나왔다. 1940년대에는 '히폴리타(Hippolyta)' 같은 겹꽃 품종이, 1970년대에는 노란색 마크를 가진 '웬디스 골드(Wendy's Gold)'라는 품종이 개발되었다. 1980년대에는 앵글시 수도원(Anglesey Abbey)에서 완전 겹꽃 품종인 '리처드 아이레스(Richard Ayres)'가 만들어졌는데, 이 품종의 이름은 앵글시 수도원의 전 수석 가드너의 이름을 딴 것이었다. 1990년대에는 안쪽 꽃받침조각의 초록색 표식 위에 점 2개가 마치 화난 표정처럼 보이는 '그럼피(Grumpy)'라는 품종이 개발되어 오늘날까지도 인기다.

    1980년대 이후 설강화의 인기는 날로 높아져 당시 튀르키예에서는 매년 1억 7500만 구의 설강화 알뿌리들이 수출될 정도였다. 이른바 갈란토파일스(Galanthophiles) 또는 갈란토마니아(Galanthomania)라고 불리는 설강화 애호가들이 생겨났다. 이들은 설강화가 개화하는 한 달 동안, 이 시기에만 문을 여는 설강화 전문 정원을 돌아다니며 설강화를 수집한다. 종류별 꽃잎의 크기와 모양, 마크 혹은 줄무늬 모양과 색깔 등 미세한 차이를 관찰하며 마치 고가의 희귀 피규어를 모으듯 새로운 설강화 품종 수집에 열을 올렸다.

    설강화 마니아들이 이렇게 극성을 부리다 보니 마치 17세기 네덜란드 튤립 광풍처럼 설강화 수집은 매우 비싼 취미가 되었다. 희귀한 종은 수백 파운드에 거래되었는데, 2015년에는 '골든 플리스(Golden Fleece)'라는 품종의 알뿌리 하나가 1,390파운드(약 230만 원)를 호가했다. 도둑도 기승을 부렸다. 1997년 콜스본 공원(Colesbourne Park)에서 노란색 희귀 설강화가 도난당한 사건이 유명하다.

    아시시의 성 프란치스코(Saint Francis of Assisi)는 겨울 끝에 피는 설강화를 희망의 상징이라고 했다. 이처럼 사람들에게 가장 먼저 봄을 예고하는 이 꽃은 또한 역경 속 우정, 슬픔과 위안의 의미를 품고 있기도 하다. 지난해의 고난과 슬픔을 어루만져 주고 봄을 기다리며 새로운 희망을 꿈꿔 보기에 설강화 같은 꽃도 드물다.

설강화 *Galanthus nivalis*

피레네 산맥에서 우크라이나에 걸쳐 분포한다. 꽃에서 꿀 향기가 나며 안쪽 꽃받침조각에 거꾸로 된 V자 모양의 초록색 마크가 있다. 추위에 강하며 여름철 휴면 동안 마르지 않도록 적당히 그늘지고 습한 환경이 좋다. 낙엽수 밑에 식재하면 이른 봄 나뭇잎이 나기 전 충분한 햇빛을 받으며 개화 및 광합성을 하고, 나뭇잎이 무성해지면 그늘 밑에서 자연스럽게 휴면에 들어갈 수 있어 좋다. 부엽토와 유기질이 풍부하고 배수가 잘 되는 토양을 좋아한다. 덩어리가 크게 자란 경우에는 개화 후 캐낸 뒤 새끼 알뿌리를 나누어 식재한다.

설강화.

감사의 글

　이 책은 《문화일보》의 「지식 카페」 코너에 연재했던 글을 다듬어 엮은 것이다. 따라서 먼저 2년 6개월이라는 짧지 않은 기간 동안 한 달에 한 번씩 「박원순의 꽃의 문화사」를 풀어 놓을 수 있도록, 부족한 글을 섬세하게 매만져 아름다운 지면으로 탄생시켜 준 문화부 박동미 기자님께 감사 인사를 드려야 할 것 같다.

　또한 집필하는 동안 언제나 곁을 지켜 준 아내와 딸, 그리고 식물과 일에 빠져 늘 바쁜 아들을 묵묵히 응원해 주신 부모님께 가장 큰 감사를 전한다. 특히 아내는 글마다 정리되지 않은 초고와 사진을 몇 번이나 검토하며 조언을 아끼지 않은 최초의 편집자이자, 탈고한 원고를 끝까지 기쁘게 읽어 주고 응원해 준 최고의 애독자다.

　마지막으로 이 책이 멋지게 출판되어 더 많은 독자에게 다가갈 수 있도록 새롭게 기획, 편집해 주신 ㈜사이언스북스 박상준 대표님 이하 편집부와 미술부, 제작부 등 관계자 분들께 깊은 감사의 말씀을 전한다.

용어 해설

가드닝(gardening) 채소, 과일, 화초 따위를 심어서 가꾸는 일이나 기술을 뜻하는 원예(horticulture)와 거의 비슷한 의미를 지니지만, 좀 더 포괄적인 의미로서 정원을 가꾸고 돌보는 일과 관련된 모든 행위를 동적으로 표현하는 말이다.

가종피(假種皮, Aril) 씨앗의 바깥 표면을 덮고 있는 부속 구조.

가짜비늘줄기(僞鱗莖, pseudobulb) 짧은 줄기가 변하여 비늘줄기처럼 비대하여 자란 것으로, '헛비늘줄기'라고도 한다. 다른 식물에 착생하여 자라는 난초과 식물에서 흔히 볼 수 있으며, 주로 수분을 저장하는 기능을 지닌다.

결각(缺刻, lobation) 잎 가장자리가 깊게 패어 들어간 부분.

겹꽃(double flower) 꽃잎이 여러 겹으로 배열된 꽃으로, 주로 변형된 수술이나 암술이 꽃잎처럼 발달하여 화려한 형태를 이루는 것이 특징이다.

관수(灌水, irrigation) 작물 생육에 필요한 토양 수분이 부족할 때 인위적으로 물을 주는 것을 말한다.

그라스(grasses) 주로 관상용으로 재배되는 잎이 길고 가느다란 초본성 식물로, 정원의 질감과 움직임을 더하고 사계절 동안 다양한 매력을 제공한다.

그로토(grotto) 그리스 어에서 유래한 말로, 바깥으로부터 보호된 아늑한 느낌의 작은 동굴을 뜻한다.

꽃가루(花粉, pollen) 수술의 꽃밥에서 생성되는 미세한 알갱이로, 식물의 수정 과정에서 암술에 전달된다.

꽃가루덩이(花粉塊, pollen mass) 꽃가루들이 하나로 뭉쳐 덩어리를 이룬 구조로, 주로 난초과와 선인장과 식물에서 발견되며, 곤충이나 다른 매개체에 의해 한꺼번에 운반되어 수분 과정을 돕는다.

꽃가루받이(受粉, pollination) 꽃가루가 수술에서 암술로 옮겨져 식물의 수정이 이루어지는 과정.

꽃대(花軸, flower stalk) 꽃을 지지하며 줄기와 꽃 사이를 연결하는 구조.

꽃덮이조각(花被片, perianthe segment) 낱낱의 꽃받침과 꽃잎이 구별하기 어려운 경우, 이 둘을 통틀어 일컫는 말.

꽃받침조각(萼片, calyx lobe) 낱낱의 꽃받침.

꽃밥(葯, anther) 수술의 끝부분에 위치하여 꽃가루를 생성하고 저장하는 부분.

꽃봉오리(花蕾, flower bud) 아직 피지 않은 어린 꽃으로, 꽃잎과 생식 구조를 보호하며 성숙 후 개화한다.

꽃뿔(距, spur) 꽃잎으로부터 가늘고 길게 돌출된 자루 모양의 빈 공간으로, 종종 꿀샘이 있다.

꽃식물(flowering plant) 꽃을 통해 번식하는 식물로, 종자를 생성해 생장과 번식을 이어 가는 속씨식물(angiosperms)을 말한다.

꽃줄기(花莖, flower stem) 꽃을 지탱하는 줄기로, 잎이 달릴 수 있고 줄기 자체가 가지로 뻗어나갈 수도 있다.

노단식(露段式, terrace-dominant style) 경사지에 계단식으로 층층이 테라스 정원을 조성하는 방식을 말한다.

다륜대작(多輪大作) 원형의 틀을 이용하여 한 포기로부터 많은 가지가 사방으로 뻗으며 자라 개화기에 꽃을 한꺼번에 피우도록 만든 국화 작품을 말한다.

단정 꽃차례(單頂花序, solitary) 꽃자루 하나에 한 송이 꽃이 달린다.

단주화(短柱花, thrum flower) 암술이 수술보다 짧은 꽃.

덧꽃부리(副花冠, paracorolla) 꽃부리 안쪽에 추가로 형성된 구조로, 보통 꽃의 장식을 돋보이게 하거나 곤충을 유인하는 역할을 한다.

덩이줄기(塊莖, tuber) 주로 지하 저장 기관의 역할을 하는 비대한 덩이를 형성하는 땅속줄기의 한 종류로, 감자, 얌, 돼지감자 따위가 있다.

두상화서(頭狀花序, capitulum) 꽃대 끝에 여러 꽃이 모여 머리 모양을 이루어 한 송이의 꽃처럼 보이는 꽃차례.

땅속줄기(地下莖, subterranean stem) 땅속에서 수평으로 자라는 줄기로, 영양분을 저장하며 새싹과 뿌리를 생성해 식물의 번식과 생존을 돕는 역할을 한다.

레이스캡(lacecap) 레이스 달린 모자를 뜻하며 편평하게 피는 수국 꽃을 묘사하는 말이다.

몹헤드(mophead) 더부룩한 머리 모양을 뜻하며 둥글게 피는 수국 종류를 묘사하는 말.

무성화(無性花, neuter flower) 수술과 암술이 모두 퇴화해 없는 꽃으로, 중성화라고도 한다.

민꽃식물(隱花植物, non-flowering plant) 꽃을 피우지 않는 식물로, 고사리, 이끼, 조류 등이 있다.

밑씨(胚珠, ovule) 식물의 씨방 안에 위치한 구조로, 수정 후 씨앗으로 발달하는 배아 주머니를 포함하고 있다.

배상 꽃차례(杯狀花序, cyathium) 포엽으로 둘러싸인 작은 꽃들이 모여 하나의 꽃처럼 보이는 특수한 꽃차례로, 주로 대극과 식물에서 발견된다.

부화관(덧꽃부리) 덧꽃부리 참조.

비늘줄기(鱗莖, bulb) 짧은 줄기 둘레에 다육질의 잎이 밀생한 땅속줄기로, 양분을 저장하고 있다.

뿌리줄기(根莖, rhizome) 땅속에서 수평으로 자라며 잎과 뿌리를 형성하는 줄기로, 양분을 저장하고 있다.

사분 정원(四分庭園, Chahar Bagh) 중앙에서 열십자로 교차하는 축을 기준으로 네 구역으로 분할된 사각 형태의 정원.

삭과(蒴果, capsule) 익으면 열매 껍질이 말라 쪼개지면서 씨를 퍼뜨리는 열매로, 여러 개의 씨방으로 이루어져 있다.

산형 꽃차례(繖形花序, umbel) 꽃대 끝 한 지점에 모여 달리는 작은 꽃자루들이 편평하거나 볼록한 우산 모양으로 배열한다.

삼출엽(三出葉, trifoliate leaf) 클로버처럼 하나의 잎자루에 세 개의 작은 잎(소엽)이 배열된 형태의 잎.

샘털(毛茸, trichome) 식물의 줄기나 잎의 표면에 생기는 잔털.

소교목(小喬木, small tree) 비교적 높이 자라지 아니하는 나무로, 작은큰키나무라고도 한다.

쇼 가든(show garden) 주로 꽃 전시를 통한 볼거리와 즐거움 제공을 위한 목적으로 만들어진 정원. 현대의 쇼 가든은 런던 첼시 플라워 쇼와 같은 꽃 박람회에서 많이 볼 수 있는데, 가든 디자이너들은 특별한 테마의 쇼 가든을 기획, 연출하여 박람회 기간 동안 경쟁적으로 선보인다.

수분액(受粉液, pollination fluid) 식물의 꽃가루받이가 진행될 때 꽃가루가 쉽게 달라붙게 하기 위해 암술머리에 생성되는 액체를 말한다.

수술(雄蕊, stamen) 꽃의 수컷 생식 기관으로, 꽃가루를 생성하는 꽃밥과 이를 지지하는 수술대로 이루어져 있다.

심피(心皮, carpel) 꽃의 암술을 구성하는 부분으로 씨가 만들어지는 부분.

씨방(子房, ovary) 꽃의 암술 밑부분에 위치한 구조로, 밑씨를 포함하며 수정 후 열매로 발달한다.

알뿌리(球根, bulb) 줄기나 뿌리가 비대해진 땅속 구조(비늘 줄기, 알 줄기, 덩이줄기, 덩이뿌리)를 통틀어 일컫는 말로, 영양분을 저장하고 새싹을 키우는 역할을 한다. 알뿌리는 영어로 벌브(bulb)라고 하는데, 비늘줄기 역시 같은 영어로 쓰인다.

암술(雌蕊, pistil) 꽃의 암컷 생식 기관으로, 씨방, 암술대, 암술머리로 구성되어 수정과 씨앗 형성을 담당한다.

암술대(花柱, style) 암술의 일부로, 씨방과 암술머리를 연결하며 꽃가루가 암술머리에서 씨방으로 이동하도록 돕는 통로 역할을 한다.

암술머리(柱頭, stigma) 암술의 최상단에 위치한 부분으로, 꽃가루를 받아들이는 역할을 하며 수정 과정의 시작점이 된다.

여러해살이풀(多年草, perennial) 겨울에는 땅 위의 부분이 죽어도 봄이 되면 다시 싹이 돋아나는 풀. 숙근초(宿根草)라고도 한다. 겨울에도 땅 위 줄기와 잎을 유지하는 상록성 여러해살이풀도 있다.

왜성(矮性, dwarfism) 식물의 생장 형태가 작고 낮게 자라는 특성으로, 주로 정원식물이나 과수 중에서 자연적인 돌연변이나 품종 개량을 통해 얻어진 형태를 말한다.

왜화제(矮化劑) 식물의 마디 사이 생장을 억제하여 식물의 키를 인위적으로 낮추는 물질.

우상 복엽(羽狀複葉, pinnately compound leaf) 콩과 식물의 잎처럼, 잎자루를 중심으로 깃털 모양으로 배열된 작은 잎들로 이루어진 복엽 구조.

원추 꽃차례(圓錐花序, panicle) 하나의 꽃대를 따라 여러 개의 총상 꽃차례가 가지를 치며 달린다.

유성화(有性花, sexual flower) 수술과 암술을 모두 갖춘 꽃으로, 양성화라고도 한다.

육수 꽃차례(肉穗花序, spadix) 두꺼운 축에 작은 꽃들이 많이 밀집해 있으며, 보통 불염포라는 커다란 포엽에 둘러싸인 형태로, 천남성과 식물에서 흔히 볼 수 있다.

입술꽃잎(脣瓣, labellum) 일부 꽃, 특히 난초과 식물에서 꽃잎이 변형된 구조로, 곤충을 유인하거나 착지 장소를 제공하는 역할을 하며 꽃의 수분 과정을 돕는다.

장일 처리(長日處理) 식물에 빛을 비춰 주는 시간을 12~14시간 이상으로 길게 해 주는 일.

장주화(長柱花, pin flower) 암술이 수술보다 긴 꽃.

절화(折花, cut flower) 꽃봉오리나 꽃, 잎이 달린 줄기를 잘라 꽃다발 혹은 꽃꽂이용으로 사용하는 꽃. 참고로 분화(盆花)는 화분에 심어 놓은 꽃을 말한다.

조매화(鳥媒花, ornithophilous flower) 새를 통하여 꽃가루가 운반되어 꽃가루받이가 이루어지는 꽃.

종피(種皮, seed coat) 씨앗의 가장 바깥층을 이루는 보호 조직으로, 씨앗 내부의 배와 배유를 외부 환경으로부터 보호하는 역할을 한다.

지피 식물(地被植物, ground cover plant) 땅을 덮는 데 사용되는 키가 낮고 번식력이 강한 식물로, 토양 유실 방지, 잡초 억제, 장식 효과를 위해 정원이나 경관 설계에서 활용된다.

초화류(草花類, herbaceous flowers) 목질부가 발달하지 않은 초본성 화훼류. 일이년생 혹은 다년생으로 나뉘며 주로 화단에 심는다.

총림(叢林, bosco) 잡목 등 나무가 우거진 숲.

총상 꽃차례(總狀花序, raceme) 하나의 꽃대를 따라 작은 꽃자루들이 달린다.

캐스케이드(cascade) 계단식으로 흘러내리는 형태를 뜻하며, 정원 설계에서는 물이 여러 단을 따라 흐르는 폭포나, 화초가 아래로 늘어지는 식재 디자인을 가리킨다.

코르사주(corsage) 결혼식, 무도회 등 파티에 참가하는 사람들의 옷에 다는 꽃 장식.

코티지 가든(cottage garden) 19세기 후반 영국의 교외 지역에서 발달한 정원 양식으로, 집과 인접한 곳에 전통적으로 그 지역에서 잘 자라는 초화류, 채소류, 과수류, 허브류 등을 자연스럽게 혼합 식재한 다채롭고 실용적인 정원이다.

콜라레트(collarette) 꽃 중심부 주변에 작은 꽃잎이나 변형된 부속 기관이 고리 형태로 배열된 구조로, 주로 천인국이나 다알리아에서 볼 수 있는 장식적인 특징이다.

타가 수정(他家受精, cross-pollination) 한 꽃의 꽃가루가 다른 개체의 암술로 전달되어 이루어지는 수정 방식으로, 유전적 다양성을 증가시키고 식물의 적응력을 높이는 데 기여한다.

토피어리(topiary) 식물을 여러 가지 장식적 모양으로 자르고 다듬어 보기 좋게 만든 것을 말하는데, 주로 동물이나 기하학적 모양으로 만들어진다.

트렐리스(trellis) 식물의 줄기가 타고 올라가며 자라도록 격자 형태로 만든 구조물.

패턴 북(pattern book) 가구 형태, 직물, 벽지, 도자기 공예 등 디자인에 관한 여러 예시를 수록한 책으로, 16세기 중반 북유럽에 등장하기 시작했으며, 18세기 후반부터 '패턴 북'이라는 용어로 본격 사용되기 시작했다.

포엽(苞葉, bract) 잎이 변형된 형태로, 꽃이나 꽃받침을 둘러싸고 있는 작은 잎을 말한다.

플로리스트(florist) 꽃을 보기 좋게 배열하는 일을 하는 직업 또는 직종.

플라보노이드(flavonoid) 식물의 주요 2차 대사산물 중 하나로 자외선 차단, 식물의 수분을 위한 곤충 유인 등 외부 환경에 적응하는 데 이로운 역할을 한다. 특히 플라보노이드는 항산화 효과가 우수한 것으로 알려져 노화 방지와 생활 습관 질병 예방에 유용한 건강 기능 식품 소재로 각광 받고 있다.

피트모스(peatmoss) 이끼류가 완전히 분해되지 않은 상태로 오랜 시간 쌓여 형성된 유기물로 만든 토양 개량제.

한해살이풀(一年草, annual) 1년 이내에 씨를 뿌려서 싹이 나서 자라며 꽃이 피고 열매를 맺은 후 다시 씨를 뿌리고 시들어 죽는 풀.

현애작(懸崖作) 줄기나 가지가 뿌리보다 낮게 처지며 자라도록 가꾸어 깎아지른 듯한 언덕을 연상시키는 분재 작품

화계(花階, terraced flower bed) 궁뜰, 질, '길림집의 뜰에 층계 모양으로 단(段)은 만들어 화초를 심을 수 있게 만든 화단.

화오(花塢, stone-bordered flower bed) 장대석이나 자연석을 쌓아 흙을 채우고 화초를 식재

할 수 있게 만든 화단

f. 학명 표기에서 품종(form)을 줄여서 쓴 말.

spp. 다수의 종을 뜻하는 라틴 어(species plurialis)를 줄여서 쓴 말로, 어떤 속 내의 여러 종을 나타낸다.

subsp. 학명 표기에서 아종(subspecies)를 줄여서 쓴 말.

var. variety의 약자로 분류학적으로 하위 분류에 속하는 변종을 뜻한다.

x 서로 다른 종 간 교배종의 학명을 표기하는 방식 중 하나. 알파벳 x이며 소문자로 이탤릭체가 아닌 정자체로 표기한다.

참고 문헌

이 책에 등장하는 각 식물의 학명은 『국가 표준 식물 목록』(개정판)(국립수목원, 2019년)과 『국가 표준 재배 식물 목록』(국립수목원, 2016년)을 참고했다.

파란수련

C. O. Masters, *Encyclopedia of the Water-lily* (T.F.H. Publications, Inc. Ltd., 1974).

R. H. Wilkinson, *The Complete Gods and Goddesses of Ancient Egypt* (Thames & Hudson, 2003).

G. Hart, *The Routledge Dictionary of Egyptian Gods and Goddesses* (Routledge, 2005).

수선화

N. Kingsbury, *Daffodil: The Remarkable Story of the World Popular Flower* (Timber Press, 2013).

D. Capell, "A Spring Sonnet: The World's Most Popular Spring Flower: The Daffodil," *High Plains Gardening*, 2020, http://www.highplainsgardening.com/worlds-most-popular-spring-flower-daffodil/ (accessed April 10, 2021).

서유구, 임원경제연구소 옮김, 『임원경제지 예원지 1』(풍석문화재단, 2022년).

붓꽃

M. Lestz, "Fleur de Lys: The Iris of Kings," *Margo Lestz - The Curious Rambler*, 2018, https://curiousrambler.com/fleur-de-lys-the-iris-of-kings/ (accessed May 15, 2021).

F. Velde, "The Fleur-de-lis," https://www.heraldica.org/topics/fdl.htm/ (accessed May 15, 2021).

Missouri Botanical Garden, "Iris pseudacorus." *Plant Finder*, https://www.

missouribotanicalgarden.org/PlantFinder/PlantFinderDetails. aspx?kempercode=c797/ (accessed May 15, 2021).

J. Manning and P. Goldblatt, *The Iris Family: Natural History & Classification*(Portland, Oregon: Timber Press, 2008).

난꽃

스테파노 만쿠소, 알렉산드라 비올라, 양병찬 옮김,『매혹하는 식물의 뇌』(행성B, 2016년).

A. Kumbaric, V. Savo, G. Caneva, "Orchids in the Roman culture and iconography: Evidence for the first representations in antiquity," *Journal of Cultural Heritage*, 2012.

K. Kelleher, "The Ugly History of Beautiful Things," *Longreads*, 2019, https://longreads. com/2019/10/08/ugly-history-beautiful-things-orchids/ (accessed November 14, 2021).

튤립

페넬로페 홉하우스, 박원순 옮김,『가드닝: 정원의 역사』(시공사, 2021년).

H. M. Cathey, *American Horticultural Society A to Z Encyclopedia of Garden Plants*(DK, 2004), pp. 1028-1034.

R. Wilford, *The Plant Lover's Guide to Tulips*(Timber Press, 2015).

알렉상드르 뒤마, 송진석 옮김,『검은 튤립』(민음사, 2011년).

마이크 대시, 정주연 옮김,『튤립, 그 아름다움과 투기의 역사』(지호, 2002년).

다알리아

National Dahlia Society, "History of the Dahlia," https://www.dahlia-nds.co.uk/about-dahlias/history/ (accessed September 20, 2022).

A. Vernon, *The Plant Lover's Guide to Dahlias*(Timber Press, 2014).

S. Raven, "History of Dahlia," *Sarah Raven*, 2020, https://www.sarahraven.com/articles/history-of-the-dahlia/ (accessed September 20, 2022).

크리스 베어드쇼, 박원순 옮김,『세상을 바꾼 식물 이야기 100』(아주좋은날, 2014년).

은방울꽃

C. C. Burrell, "Convallaria and Their Kin," *The American Gardener*, 2021, pp. 18-23.

E. T. Morris, *Fragrance: A story of perfume from Cleopatra to Chanel*(New York: Scribners, 1984).

이유미,『한국의 야생화』(다른세상, 2003년).

아칸투스

B. Tattersall and E. Wilson, "Acanthus," *Grove Art Online*, 2003, https://www-oxfordartonline-com.libra.cnu.ac.kr/groveart/view/10.1093/gao/9781884446054.001.0001/oao-9781884446054-e-7000000312/ (accessed March 14, 2021).

H. Baumann, W. T. Stearn, E. R. Stearn, *The Greek Plant World in Myth, Art, and Literature*(Timber Press, 1993).

해바라기

J. Peacock, *The Look of Van Dyck: The Self-Portrait with a Sunflower and the Vision of the Painter*(Ashgate, 2006).

C. Brickell, *RHS A-Z Encyclopedia of Garden Plants*(United Kingdom: Dorling Kindersley, 2008). p. 1136.

C. B. Heiser, *The Sunflower*(University of Oklahoma Press, 1981).

M. Barnes, "Sunflowers: a native plant with an amazing history," *Walterboro Live*, 2020, https://walterborolive.com/stories/sunflowers-a-native-plant-with-an-amazing-history,32426/ (accessed July 18, 2021).

C. Nardozzi, "Sunflowers are Native American plants with an international history," *American Meadows*, https://www.americanmeadows.com/content/wildflower-seeds/sunflower-seeds/all-about-sunflowers/ (accessed July 18, 2021).

동백나무

"History of Camellias," *American Camellia Society*, https://www.americancamellias.com/education-and-camellia-care/history-of-camellias/ (accessed February 14, 2022).

Y. Cave, J. Trehane, J. Rolfe, *Camellias: The Gardener's Encyclopedia*(Timber Press, 2007).

김태영, 김진석, 『한국의 나무 - 우리 땅에 사는 나무들의 모든 것』(돌베개, 2018년).

수국

"Hydrangeas: A History," *The House & Home Magazine*, 2019, http://thehouseandhomemagazine.com/culture/hyndrangeas-a-history/ (accessed May 28, 2022).

H. M. Cathey, *American Horticultural Society A to Z Encyclopedia of Garden Plants*(DK, 2004), pp. 538-540.

N. Slade, *Hydrangeas: Beautiful varieties for home and garden* (Gibbs Smith, 2020).

접시꽃

조민제, 『한국 식물 이름의 유래』(심플라이프, 2021년).

Shu Kui Shu, "3. ALCEA Linnaeus, Sp. Pl. 2: 687. 1753," *Flora of China* (Harvard University, 2007), 12: 267–268.

A. M. Coats, *Flowers and Their Histories* (McGraw-Hill Book Company, 1956, 1968).

J. Gerard, *Gerard's Herball - Or, Generall Historie of Plantes* (Rossetti Press, 2022).

Xu Chenlu, "China's Flora Tour: 'Land of Abundance' grows the gorgeous hollyhock," *CGTN*, 2019, https://news.cgtn.com/news/2019-08-28/China-s-Flora-Tour-Land-of-Abundance-grows-the-gorgeous-hollyhock-JwGShAUwso/index.html/ (accessed June 29, 2022).

W. P. Wright, *Popular Garden Flowers* (Grant Richards, 1911).

서유구, 임원경제연구소 옮김, 『임원경제지 예원지 1』(풍석문화재단, 2022년).

백합

R. Hyam, and R. J. Pankhurst, *Plants and their names : a concise dictionary* (Oxford: Oxford University Press, 1995).

K. T. Fitzgerald, "Lily Toxicity in the Cat," *Topics in Companion Animal Medicine*, 2010, 25(4): 213–217.

C. Collins, "Easter Lily Tradition and History," *The Guardian*, 2014, https://guardianlv.com/2014/04/easter-lily-tradition-and-history/ (accessed February 7, 2023).

M. S. Dosmann, "A Lily from the Valley," *Arnoldia*, 2020, 77(3), https://arboretum.harvard.edu/stories/a-lily-from-the-valley/ (accessed February 7, 2023).

델피니움

A. Lacy, "Photogenic Delphinium," *The Wall Street Journal*, 1985.

E. Steichen, "Delphinium, Delphinium and more Delphinium!," *The Garden*, 1949.

H. Stippl, "Delphinium, Delphinium and More Delphinium—Edward Steichen, Karl Foerster and Their Obsession with Blue. About the Conceptual Art of Ornamental Plant Breeding," *Research Catalogue*, 2014, https://www.researchcatalogue.net/view/88036/88037/ (accessed April 1, 2023).

카네이션

L. A. Sparrow, "Flowers and Their Renaissance Symbolism," *The Bull*(Newsletter for the Barony of Stierbach), 2007, 10(11): 79.

M. Blamey and C. Grey-Wilson, *The Illustrated Flora of Britain and Northern Europe*, 1989.

N. Kingsbury, *Garden Flora: The Natural and Cultural History of the Plants In Your Garden*(Timber Press, 2016).

D. Larkin, "The Pink Reincarnate," *The Medieval Garden Enclosed*, 2013, https://blog.metmuseum.org/cloistersgardens/tag/dianthus-caryophyllus/ (accessed June 12, 2021).

장미

"Roses: A brief history," *Chicago Botanic Garden*, https://www.chicagobotanic.org/plantinfo/roses_brief_history/ (accessed August 20, 2021).

N. Klimczak, "The Blooming and Fragrant History of Roses," *Ancient Origins*, 2016, https://www.ancient-origins.net/history/blooming-and-fragrant-history-roses-005847/ (accessed August 20, 2021).

H. M. Cathey, *American Horticultural Society A to Z Encyclopedia of Garden Plants*(DK, 2004), pp. 888-913.

P. Schneider, *Right Rose, Right Place Hardcover*(Storey Publishing, LLC., 2009).

강희안, 이종묵 옮김, 『양화소록』(아카넷, 2012년).

작약

이창복, 『대한식물도감』(향문사, 1982년).

"The American Peony Society Story," *American Peony Society*, https://americanpeonysociety.org/about-us/story/ (accessed May 8, 2022).

국립고궁박물관, 『안녕 모란 특별전 도록』(국립고궁박물관, 2021년).

C. Brickell, *RHS A-Z Encyclopedia of Garden Plants*(United Kingdom: Dorling Kindersley, 2008). p. 1136.

H. M. Cathey, *American Horticultural Society A to Z Encyclopedia of Garden Plants*(DK, 2004), pp. 741-744.

J. Fearnley-Whittingstall, *Peonies: The Imperial Flower*(Seven Dials, 2000).

P. Claus, "Ten Iconic Flowers of Greece," *GreekReporter.com*, 2023, https://greekreporter.com/2023/09/04/flowers-of-greece/ (accessed September 4, 2023).

김영랑, 「모란이 피기까지는」, 《문학》 3호, 1934년.

서유구, 임원경제연구소 옮김, 『임원경제지 예원지 1』(풍석문화재단, 2022년).

아네모네

애너 파보르드, 구계원 옮김, 『2천년 식물탐구의 역사』(글항아리, 2011년).

K. Johnstone, "Some Cultivated Anemones and Their Histories," *Scientific Horticulture*, 1972, 24: 14–28, http://www.jstor.org/stable/45126633/ (accessed April 13, 2022).

"Plant Finder: Anemone coronaria," *Missouri Botanical Garden*, http://www.missouribotanicalgarden.org/PlantFinder/PlantFinderDetails.aspx?taxonid=286104&isprofile=0&/ (accessed April 13, 2022).

포인세티아

J. M. Taylor, R. G. Lopez, C. J. Currey, J. Jan, "The Poinsettia: History and Transformation," *Chronica Horticulturae*, 2011, 51(3): 23–27.

C. Anderson, T. Fischer, T. Tischer, *Poinsettias: Myth & Legend ~ History & Botanical Fact*(Waters Edge Pr., 1997).

제비꽃

W. Shakespeare, *A midsummer night's dream*, 1595.

M. Iannotti, "How to Grow and Care for Violas: Planting, Flowering, Overwintering, & More," *The Spruce*, 2022, https://www.thespruce.com/growing-violas-1402895/ (accessed January 12, 2022).

"Viola x wittrockiana (Pansy)," *Gardenia*, https://www.gardenia.net/plant/viola-wittrockiana/ (accessed January 12, 2022).

C. Gracie, *Spring Wildflowers of the Northeast: A Natural History*(Princeton University Press, 2020).

무궁화

서유구, 임원경제연구소 옮김, 『임원경제지 예원지 1』(풍석문화재단, 2022년).

J. Parkinson, *Paradisi in Sole Paradisus Terrestris*, 1629.

B. P. Lawton, *Hibiscus - hardy and tropical plants for the garden*(Timber Press, 2004).

P. Puccio, "Hibiscus syriacus," *Monaco Nature Encyclopedia*, https://www.monaconatureencyclopedia.com/hibiscus-syriacus/?lang=en/ (accessed August 12, 2022).

조민제, 『한국 식물 이름의 유래』(심플라이프, 2021년).

국화

"Chrysanthemums: History and Flower Forms," *NYBG*, 2022, https://libguides.nybg.org/chrysanthemumform/ (accessed October 9, 2021).

H. Joshi, *Chrysanthemum and Marigold*(Agrihortico, 2019).

유박, 정민 옮김, 『화암수록 - 꽃에 미친 선비, 조선의 화훼백과를 쓰다』(휴머니스트, 2019년).

조민제, 『한국 식물 이름의 유래』(심플라이프, 2021년).

서유구, 임원경제연구소 옮김, 『임원경제지 예원지 1』(풍석문화재단, 2022년).

H. M. Cathey, *American Horticultural Society A to Z Encyclopedia of Garden Plants*(DK, 2004), pp. 261-267.

"The History of the Chrysanthemum," *Thursd*, 2020, https://thursd.com/articles/the-history-of-the-chrysanthemum/ (accessed October 9, 2021).

강희안, 이종묵 옮김, 『양화소록』(아카넷, 2012년).

샐비어

D. Larkin, "Salvia, Save Us," *The Medieval Garden Enclosed*, 2010, https://blog.metmuseum.org/cloistersgardens/2010/09/07/salvia-save-us/ (accessed September 24, 2022).

S. Mahr, "Sage, Salvia officinalis," *Wisconsin Horticulture*, https://hort.extension.wisc.edu/articles/sage-salvia-officinalis/ (accessed September 24, 2022).

N. Kingsbury, *Garden Flora: The Natural and Cultural History of the Plants In Your Garden*(Timber Press, 2016).

페넬로페 홉하우스, 박원순 옮김, 『가드닝: 정원의 역사』(시공사, 2021년).

J. Whittlesey, *The Plant Lover's Guide to Salvias*(Timber Press, 2014).

앵초

N. Kingsbury, *Garden Flora: The Natural and Cultural History of the Plants In Your Garden*(Timber Press, 2016).

H. M. Cathey, *American Horticultural Society A to Z Encyclopedia of Garden Plants*(DK, 2004), pp. 826-833.

조민제, 『한국 식물 이름의 유래』(심플라이프, 2021년).

"Plant Finder: Primula (polyanthus type)," *Missouri Botanical Garden*, https://www.missouribotanicalgarden.org/PlantFinder/PlantFinderDetails.

aspx?kempercode=b564/ (accessed January 29, 2023).

시클라멘

C. Gray-Wilson, *Cyclamen. a guide for gardeners, horticulturists and botanists*(Batsford, 2015).

D. Carey and T. Avent, "Cyclamen - Great Hardy Perennials for the Garden." *Plant Delights Nursery, Inc.*, 2012, https://www.plantdelights.com/blogs/articles/cyclamen/ (accessed December 3, 2022).

연꽃

서유구, 임원경제연구소 옮김, 『임원경제지 예원지 1』(풍석문화재단, 2022년).

강희안, 이종묵 옮김, 『양화소록』(아카넷, 2012년).

"Sacred Lotus," *Encyclopedia Britannica*, https://www.britannica.com/plant/sacred-lotus/ (accessed July 29, 2023).

DK『식물』편집 위원회, 박원순 옮김, 『식물 - 대백과사전』(사이언스북스, 2020년).

구활, 「구활의 고향의 맛: 유등지 연꽃」,《매일신문》, 2011년 9월 15일, https://www.imaeil.com/page/view/2011091514420269616/ (accessed July 29, 2023).

H. M. Cathey, *American Horticultural Society A to Z Encyclopedia of Garden Plants*(DK, 2004), p. 697.

W. Orozco-Obando and L. Gettys, "American Lotus, Yellow Lotus: Nelumbo lutea," *UF IFAS Extension*, https://edis.ifas.ufl.edu/publication/AG380/ (accessed July 29, 2023).

"Nelumbo nucifera (Sacred lotus)," *RBG Kew*, https://www.kew.org/plants/sacred-lotus/ (accessed July 29, 2023).

P. K. Mukherjee, D. Mukherjee, A. K. Maji, S. Rai, M. Heinrich, "The sacred lotus (Nelumbo nucifera) – phytochemical and therapeutic profile," *Journal of Pharmacy and Pharmacology*, 2009, 61(4): 407-22.

원추리

서유구, 임원경제연구소 옮김, 『임원경제지 예원지 1』(풍석문화재단, 2022년).

K. Keeler, "Plant Story - Daylilies, From Asia, Beautiful and Not Lilies," *A Wandering Botanist*, 2018, http://khkeeler.blogspot.com/2018/05/plant-story-daylilies-from-asia.html/ (accessed June 2, 2023).

S. Eddison, "Daylilies Provide a Wealth of Ornamentation," *The New York Times*, 1985, https://www.nytimes.com/1985/07/14/arts/leisure-daylilies-provide-a-wealth-ofornamentation.html/ (accessed June 2, 2023).

이유미, 『한국의 야생화』(다른세상, 2003년).

Shiu-Ying Hu, "An Early History of Daylily," *The American Horticultural Magazine*, 1968, pp. 51–85.

양귀비

O. Krgovic, "Poppies in Ancient Egypt," *At the Mummies Ball*, 2018, https://www.atthemummiesball.com/poppies-ancient-egypt/ (accessed April 5, 2023).

P. Veiga, "Opium: was it used as a recreational drug in ancient Egypt?" Proceedings of the ATrA closing workshop Trieste, *EUT Edizioni Università di Trieste*, 2017, pp. 199–215.

N. Kingsbury, *Garden Flora: The Natural and Cultural History of the Plants In Your Garden*(Timber Press, 2016).

설강화

F. Cox, *Gardener's Guide to Snowdrops*(Ramsbury: Crowood, 2013).

"Snowdrops," *Cambridge University Botanic Garden*, https://www.botanic.cam.ac.uk/the-garden/gardens-plantings/snowdrops/ (accessed January 1, 2023).

C. Smith, "Snowdrop History," *Natural History Museum*, 2014, https://www.nhm.ac.uk/natureplus/blogs/wildlife-garden/2014/01/27/snowdrop-history.html/ (accessed January 1, 2023).

K. C. Kei, L. L. Ee, S. W. Sheng, Y. Wei-Hsum, K. Kooi-Yeong, M. L. Chiau, M. Andrei, G. Bey-Hing, G. P. Hui, "Biological Activities of Snowdrop (Galanthus spp., Family Amaryllidaceae)," *Frontiers in Pharmacology*, 2021, vol.11.

M. R. Lee, "The Snowdrop (Galanthus nivalis): From Odysseus to Alzheimer," *Proc R Coll Physicians Edinb*, 1999, 29: 349–352.

도판 저작권

ⓒ김성환　295쪽.

ⓒ박원순　25, 45, 67, 75, 87, 99, 107, 111, 120, 123, 135, 145, 191, 201, 203, 213, 223, 239, 240, 245, 250, 259, 269, 273, 279, 289, 297, 305, 307, 317, 327쪽.

ⓒRBG Kew　52쪽.

국립중앙박물관　302쪽.

Biodiversity Heritage Library (Public Domain)　68, 136, 248, 284쪽.

British Museum (Public Domain)　231쪽.

Forswiki (Public Domain)　36쪽.

Metropolitan Museum of Art (Public Domain)　95쪽.

Picryl (Public Domain)　264쪽.

Pixabay (Free License)　35, 179, 207, 235, 267, 287, 325쪽.

Unsplash (Free License)　2, 14, 88, 166, 246쪽.

Wikimedia Commons (Public Domain)　6, 16, 22, 26, 30, 32, 40, 46, 54, 57, 58, 64, 78, 84, 90, 100, 103, 112, 117, 124, 131, 141, 146, 149, 151, 156, 168, 172, 174, 180, 183, 184, 192, 196, 204, 214, 218, 224, 227, 254, 260, 270, 276, 280, 290, 298, 308, 314, 318, 322쪽.

찾아보기

가

가드너 60, 66, 157, 199, 210, 212, 242, 244, 249~250, 325
가드닝 15, 42, 202, 330, 338, 344
가든 델피니움 163
가든 멈 257, 259
가든 바이올렛 235
가든 세이지 262
가든 핑크 170
가르보, 그레타 134
가인경 48
가임성 유성화 126, 330
가종피 20, 330
가짜비늘 48, 330
가톨릭 41, 81, 150, 158, 216
각성제 21
각시붓꽃 37
갈란타민 323
갈란투스 니발리스 319
갈란투스 엘웨시 324
갈란투스 플리카투스 324
갈레, 에밀 285
강심 배당체 86
강희안 190, 252~253, 292, 342, 344~345
개미 7, 199, 282
개양귀비 308, 310~311, 313, 316~317
개화기 80, 95, 135, 163, 199, 200, 202, 221, 233, 258, 278, 306, 317, 331
겹꽃 28, 60, 65, 76, 85, 109, 115, 121, 142~143, 145, 163, 173, 175~176, 195, 198, 213, 257, 200, 209, 286, 305, 325, 330
계조 무늬 121
고갱, 폴 104
고깔제비꽃 233
고드워드, 존 윌리엄 227
고려 시대 198~199, 238, 252, 294
고사리 92, 332
고산성 식물 165
고추나무 307
고치, 토머스 쿠퍼 314
고토바 천황 255
고트 족 38
고흐, 빈센트 반 100, 104, 110, 196
골든 플리스 326
골든 피라밋 109
골잎원추리 303
공자 50
공진화 8
관다발 식물 48
관목 159, 188, 191, 208, 216, 262, 269, 289
관상화 106~107, 111, 256~257, 259
광주기성 221
괴경 50
괴테, 요한 볼프강 폰 228
교목 123, 256
교잡 친화성 154
국립 과학 진흥원 220
국립 산림 과학원 240
국립 세종 수목원 44, 241, 244, 295
국장(國章) 38~39, 45

국화 13, 55, 76, 126, 137, 221, 248~259, 331, 344
굴광성 101, 106
그라스류 250, 306
그란디플로룸 159
그래비티 저택 정원 285
그랜디플로라 188, 191
그럼피 326
그레이기 66
그레이트 딕스터 가든 34
그리스 로마 시대 8, 184, 207, 268
그리스 시클라멘 283
그리스모란 194
그릭 세이지 266
그린 델피니움 엘라툼 팔마티피둠 156
근경 42
근근초 233
근화향 237
금붓꽃 43
금어초 93
금잔옥대 29
기메 박물관 254
기요, 장바티스트 188
길리플라워 171
김영랑 199, 342
김유정 121
김인후 252
김정희 31, 34
김창업 31
김홍도 254
김홍국 31
꺾꽂이 269
꽃가루 8, 18~20, 48~49, 121, 154, 222, 331, 333~335
꽃가루덩이 49, 331
꽃가루 매개 곤충 106, 126, 268, 293
꽃가루 매개자 8, 49, 53, 106, 128, 145, 221
꽃가루받이 19, 43, 48, 55, 126, 232, 331, 333~334
꽃꽂이 152, 164, 202, 334
꽃눈 67, 128, 135
꽃대 20, 29, 33~35, 69, 79, 93, 134, 137, 148, 159, 161, 163, 176, 267, 272, 279, 306, 331~332, 334
꽃덮이조각 28~29, 35, 39, 148, 304~305, 320, 331

꽃말 44, 76, 116, 144, 196, 278
꽃망울 69, 122, 258, 319
꽃받침잎 158
꽃받침조각 28, 48, 53, 320, 326~327, 331
꽃봉오리 17, 42, 106, 157~158, 199~200, 202, 239, 301, 331, 334
꽃뿔 53, 57, 232~233, 331
꽃사과나무 60
꽃식물 7, 18, 23, 206, 294, 331
꽃창포 37, 39, 42~44
꿀 안내선 43
꿀벌난초 48
꿀주머니 158
꿀풀과 262, 269
꿩의바람꽃 21

나
나도바람꽃 211
나르키수스 29
나무뿌리 49
나무수국 128, 135
나방 7, 53, 57, 97
나이트 라이더 120
나일 강 17, 24
나폴레옹, 보나파르트 13, 72, 187, 225, 229~231
낙엽수 67, 232, 327
난초 13, 43, 47~53, 55~57, 76, 251, 256
난초 사냥꾼 50~52, 56
난초왕 51
날개하늘나리 154
남궁억 238
남산제비꽃 233
내꽃덮이 45
내꽃덮이조각 305
내한성 118, 120, 128, 135, 176, 211, 232, 242, 257, 259, 269, 278~279, 281, 286
내화피편 305
너도바람꽃 211
네로 황제 181, 185
네메시스 29
네바문 22
네스콘스 312
네페르템 18~19

넬룸보 291
넴초바, 보제나 74
노단식 175, 331
노동절 81
노랑꽃창포 36, 38~39, 41, 43~45
노랑붓꽃 43
노랑원추리 306
노랑제비꽃 233
노랑해당화 190
녹병 142~143
농촌 진흥청 원예 연구소 240
누시페라 294
누시페린 21
누와스, 아부 33
뉴욕 식물원 256
뉴욕 현대 미술관 161
니그라 141
니코 블루 135
님파이아 카이룰레아 21

다

다년생 26, 66, 99, 145, 163, 232, 334
다년초 243, 256
다마스크 장미 185
다알리아 12, 69~77, 216, 335, 339
다알리아 로세아 71
다알리아 무도회 74
다알리아 코키네아 68, 71
다알리아 피나타 71, 77
다윈 하이브리드 65
다윈, 찰스 53, 57, 274
다이아나 243
다이크, 안토니 반 103
다키, 구스모토 130
단심계 무궁화 239
단일성 식물 221
단정 꽃차례 152, 331
단정 화서 152
단주화 274, 331
단, 안드레아스 71
달마티안 세이지 262
당나라 125, 138, 198, 237, 300
당나리 154

당년지 128, 135
대극과 221, 332
대나무 55, 251~253
대상화 211
대추야자 23
대퍼딜 30
대플리니우스 207, 226, 242, 283
대한제국 238
대홍사 122
더블 레이트 65
더블 얼리 65
더치 마스터 28
덧꽃부리 28~29, 33, 35, 332
덩굴성 난초 55
덩굴장미 143, 190
덩이줄기 50, 76~77, 213, 282~283, 286~289, 332~333
데이릴리 303, 307
델피니딘 158
델피니움 12, 157~161, 163~165, 341
　델피니움 엘라툼 158~159, 162
도도엔스, 람베르트 303, 323
도리아 양식 92
도연명 251
도종환 144
독말풀 321
독일붓꽃 37, 41, 43
돋을새김 50
돌가시나무 190
돌무화과나무 23
동박새 121, 123
동백 10, 12, 113~114, 118~121
동양란 55
동해 128, 321
돼지감자 109, 332
두상화서 106~107, 332
둥근잎배암차즈기 262
뒤마, 알렉상드르 63, 116~117, 338
뒤퐁, 안드레 187
뒤플레시스, 마리 117
드레이크, 사라 156
디기탈리스 164
디안투스 170

디안투스 카리오필루스 171
디오르, 크리스티앙 82, 167
디오르시모 82
디오스코리데스, 페다니우스 194, 207, 263, 283
딘, 리처드 143
딱정벌레 7, 19, 293
땅나리 154
땅속줄기 97, 332
떡갈잎수국 132~133

라

라넌큘러스 210
라벤더 33, 159, 175, 208, 265, 268~269
라일락 85, 159
라 프랑스 188~189
락스퍼 164
락티플로라 195, 203
랄레 62
랄레 데브르 64
랄리크, 르네 96
랜드스케이프 188
램머츠, 월터 191
램블러 188
랭커스터 가문 186
레니에 3세 82
레몽, 니콜라 195
레오나르도 다 빈치 150, 173, 285
레오폴트 3세 82
레이넬트, 프랭크 159
레이디스 슬리퍼 49
레이스캡 126, 134~135, 332
레티쿨라타동백나무 115
렘브란트 65
로리, 기욤 드 186
로마네스크 양식 95
로마 인 95, 263, 323
로벨, 마티아스 드 303
로빈슨, 윌리엄 143, 211, 345
로빈 후드 324
로사 갈리카 185~186, 191
로사 다마스케나 185
로사 리카르디 182~183
로사 물리가나 190

로사 센티폴리아 187
로사 알바 185
로사 카니나 182, 185
로사 페니키아 185
로세아 85, 139
로스, 리처드 116
로이드, 크리스토퍼 34
로이아스 310
로제 187
로제 트리미에 140
로제트 91, 279
로즈메리 97, 208, 265~266
로즈힙 190
록키모란 195, 198
롱우드 가든 99, 118, 249, 256,
루드니스카, 에드몽 82
루이 6세 39
루이 8세 40
루이 14세 96, 103, 285
루이 16세 118
루이아리스티드레옹 콘스탄스의 무궁화 236
루이즈, 마리 229, 231~232
루카스, 알버트 듀러 84
루크레티아 208
루페올 121
루피너스 164
류달영 240
르네상스 8, 42, 96, 173, 175, 208
르누아르, 피에르 오귀스트 195~196
르동, 오딜롱 211
르두테, 피에르조제프 36, 78, 168, 180, 187~188
르무앙, 빅토르 159
리, 스웨 101
리, 하퍼 119
리슈블룸 39
리처드 아이레스 325
린네, 칼 폰 71, 94, 115, 130, 132, 242, 255, 303, 319
린덴, 장 쥘스 68
린들리, 존 276
릴리 오브 더 밸리 80, 82
릴리움 다비디 우니콜로르 154
릴리움 란키폴리움 154

릴리움 레갈레 153
릴리움 롱기플로룸 152
릴리움 마르타곤 153
릴리움 스페키오숨 151
릴리움 아우라툼 153~154
릴리움 칸디둠 148, 153
릴리 플라워드 65
릴케, 라이너 마리아 274

마

마네, 에두아르 195~196
마돈나 백합 148, 150~151, 153
마르타곤 153~154
마리 앙투아네트 188
마리나 243
마리아의 양초 324
마운트 버넌 132
마이아 여신 81
마잘리스 80
막시밀리안 2세 302
만병초 121
만생종 65
만쿠소, 스테파노 47, 338
말나리 154
말라코이데스 277
말론, 포스트 101
말바 호르텐시스 140
말오줌때 307
매머드 러시안 108
매직 파운틴 164
매크레, 존 313
매화 31, 55, 251~253
맥시밀리언해바라기 109
맨드레이크 312
메농빌, 니콜라 조제프 티에리 드 70
메디시스, 마리 드 209
메디치 가문 175
메리골드 216
메이 릴리 80
메이 벨스 80
메호메트 4세 61
멤링, 한스 171~172
멸종 위기에 처한 야생 동식물 종의 국제 거래에 관한 협약(CITES) 56
모나리자 그룹 213
모네, 클로드 89, 195, 255, 314,
모란 194~195, 198~201, 203, 252, 301, 342
모랭, 르네 209,
모랭, 피에르 187, 209
모리스, 세드릭 43
모리스, 윌리엄 96
모리슨, 토니 134
모본 203, 289
모차르트, 볼프강 아마데우스 228
목근화 237
목련 218
목본 식물 194
몬드리안, 피트 255
몬레알레 대성당 150
몬테수마 2세 216
몬티셀로 132
몹헤드 126, 128, 132, 134, 332
몽, 장 드 186
무궁화 10, 13, 137, 236~245, 343
무함마드 31, 185
문샤인 109
문장 38, 44, 158, 255
뮐러, 발터 오토 260
믈로코시에비치, 줄리아 277
미국 국립 미술관 243
미국 국립 수목원 290
미국 델피니움 협회 161
미국수국 132~133
미국 원추리 협회 304
미국황련 295
미나리아재비과 163, 212
미네르바 243
미노스 문명 150
미들 노트 83
미들턴 플레이스 118
미들턴, 캐서린 엘리자베스 82
미르자, 자항기르 185
미무로토지 129
미세스 에드워드 휘태커 25
미세스 페리 디 슬로컴 295
미쇼, 앙드레 118

미카도 304
미호리마 공주 61
민꽃식물 18, 53, 332
밀레이, 존 315
밑씨 18, 332~333

바

바늘꽃과 321
바닐라 55~56, 70
바로, 마르쿠스 테렌티우스 226
바로크 8, 96, 103
바리에가타 115
바부르 황제 32, 61
바움, 라이먼 프랭크 315
바트람 가든 217
바트람, 윌리엄 132
바트람, 존 132, 217
바흐, 요한 제바스티안 274
반겹꽃 121, 175, 186, 200, 213, 243
반려 식물 147, 244
발레, 피에르 209
발스 드 뮈게 83
발칸작약 194
배달계 무궁화 239~240
배런, 찰스 142
배상 꽃차례 221, 332
배암차즈기속 262
백거이 125
백단심계 무궁화 239~241
백단향 83
백당나무 134
백리향 265~266
백악기 193
백운산원추리 306
백일홍 216
백합 12, 38~39, 41, 60~61, 65, 80, 147~155, 208, 228, 303, 341
뱅크스, 조지프 294
뱅크시아 메달 142
뱅트나, 에티엔 피에르 187
버바스쿰 164
버뱅크, 루서 247
번식 47, 52, 87, 97, 155, 202, 269, 278, 287, 304, 307, 324, 332, 334
번식 메커니즘 49
벌 7, 19, 43, 48~49, 55, 93, 126, 138, 145, 164, 199, 210, 226, 268~269, 293, 320
범성대 252
벚나무 60
베네딕도회 42, 263
베르가모트 83
베르디, 주세페 116
베르크히멜 160
베를린 자이언트 85
베슬러, 바실리우스 204
베이스 노트 83
베이치, 존 굴드 153
베이트만, 제임스 46, 52~53
베타카로틴 190, 272
벤톤 컬렉션 43
벨데, 프랑수아 39
벨라돈나 159
벨벳 퀸 109
보우스라이언, 엘리자베스 82
보춘화 55
보티첼리, 산드로 173
복수초 59, 278
본노, 로버트 314
본플랑드, 에메 71~72
봄꽃 27, 33, 37, 60, 157, 193
부엽토 134, 327
부이스트, 로버트 219
부이예, 루이 야생트 80
부채붓꽃 43
부케 9, 12, 79, 82, 128, 133, 155, 175, 178, 216
부화관 28, 332
부활절 152, 155, 170
분주 97
불교 10, 129, 291~292, 296
불두화 134
불리, 아서 277
불임성 무성화 126
붓꽃 12, 31, 37~39, 42~44, 208, 210, 228, 338
뷰스백, 오기에르 기셀린 드 61~62
브라운, 로버트 294
브라흐마 291

브랜드, 올리버 197
브레이킹 현상 63
브렉, 조지프 142, 175
브뤼헐, 얀 209
브리타니의 안 여왕 140
블랙 나이트 164
블루 미러 19
블루 버터플라이 159
블루 시폰 243
블루 피그미 159
블루벨 210
비노이트, 페터 177
비늘줄기 30, 42, 67, 155, 320, 330, 332~333
비덜프 그레인지 정원 52
비리디플로라 65
비비추 121
비연초 158
비올라 227, 233, 338
비올라 오도라타 225
비잔티움 제국 95
비제, 조르주 80
빅토리아 명예 훈장 143
빅토리아 블루 261, 267
빅토리아 시대 8, 104, 116, 176, 196, 230, 255, 283, 325
빅토리아 여왕 52
뿌리줄기 42, 45, 85, 87, 292, 296~297, 332

사

사군자 55, 251
사분 정원 31~32, 332
사우단 252
사이먼 앤드 가펑클 266
사쿠라소 272
사파이어 블루 157
사프란 55
사향 장미 185
삭과 123, 307, 310, 332,
산구절초 257
산마늘 86
산분꽃나무속 134
산수국 126, 130~131,
산치오, 라파엘로 173

산타 마리아 노벨라 178
산타 크루스 대학 70
산형 꽃차례 152, 279, 332
산형 화서 152
살루에넨시스동백나무 114, 118
살비아 론기스피카타 267
살비아 스플렌덴스 267
살비아 오피키날리스 260
살비아 프루티고사 266
살비제닌 268
살팀보카 265
삼국 시대 137, 252
삼위일체 40, 44
삼출엽 200, 333
삼목 269
샌더, 프레더릭 52
샐비어 13, 261~262, 266~268, 344
생 피에르-생 폴 교회 229
생강나무 121
생태계 8, 24, 164
샤갈, 마르크 84
샤넬, 코코 118~119
샤론의 장미 241
샤를 9세 81
샤워스 250
서로마 제국 31, 41, 97
서양란 55
서인도 사탕수수 218
석곡속 55
석류 150
석죽과 169, 179
선골드 109
선덕여왕 198
선운사 122
설강화 13, 59, 318~327, 347
설상화 106, 109, 111, 256~257, 259
설앵초 272
설중화 29
섬말나리 154
성 요셉 151
성녀 마리아 고레티 151
성모 마리아 41, 81, 158, 173, 228, 323
성지 140, 241

성촉절 324
성탄절 216~217
세귀에리패랭이꽃 173
세네드젬 312
세르모네타 공작 208
세르반테스, 비센테 71
세미-캑터스 76
세인트 브리지드 그룹 213
세쿤두스, 가이우스 플리니우스 139
셀림 2세 61
셈페르 아우구스투스 58, 63
셜리 317
셰익스피어, 윌리엄 27, 182, 228, 274, 315
소교목 123, 216, 243, 245, 333
소송 300
속새 18
손더스, 아서 퍼시 손더스 197
손던 홀 온실 114
손턴, 로버트 존 322
솔나리 154
솔붓꽃 43
송나라 198, 300
쇼 가든 175, 333,
수국 12, 125~130, 132~135, 332, 340
수도원 41~42, 70, 228, 323~325
수레국화 23, 97, 160, 173, 226, 312
수련 17~21, 25, 76, 147, 312
수련과 20, 25
수변 식물 23
수분액 17, 20, 333
수선화 12, 27~31, 33~35, 37, 50, 64, 193, 208, 226, 337
수술 17, 19, 106, 113, 120~121, 126, 148, 193, 200, 206, 274, 282, 330~334
수정 19~20, 53, 56, 274, 331~333, 335
수정 메커니즘 20
수페르부스패랭이꽃 173
수프루티코사 198
숙근초 164, 333
순교자 12, 41, 147
순판 48
쉴레이만 대제 61
슈투름, 야코프 308

슈트라보, 발라프리트 263
스노드롭 320, 323~324
스노 차임스 85
스메타나, 베드르지흐 74
스웨인슨, 윌리엄 존 50
스위트 바이올렛 235
스카이 블루 159
스칼렛 세이지 268
스타우트, 알로 버데트 304
스타이컨, 에드워드 160~162
스테로이드성 글리코사이드 154
스템, 에드워드 224
스파티필룸 147
스펜서, 다이애나 프렌시스 82
스피란테스 스피랄리스 50
시든햄, 토머스 312
시리아쿠스 242
시싱허스트 캐슬 가든 190
시크노케스 에게르토니아눔 46
시클라멘 13, 28, 97, 226, 281~289, 345
시클라멘 레판둠 282
시클라멘 코움 280, 282, 286
시클라멘 파비플로룸 282
시클라멘 페르시쿰 282, 289
시클라멘 푸르푸라스켄스 281
시클라멘 헤데리폴리움 281~282, 286
시프리페디움 속 49, 53
식물 사냥꾼 133, 153, 267, 285
식물학자 62, 68, 70~72, 115, 118, 130, 132~133, 140, 143, 153, 187, 195, 204, 209, 217, 244, 255, 277, 283, 298, 308, 318, 323~324
신라 시대 198, 237
신사임당 301~302, 315
신선 12, 30~31, 125, 129
실스, 밀턴 75
심계항진 86
심비디움 속 53
심수봉 239
심피 193, 333
싱글 레이트 65
싱글 얼리 65
쌍산재 202
씨껍질 294

씨방 200, 320, 332~333,
씨앗 8, 13, 20, 49, 62, 71~72, 97, 102, 106, 108, 110, 121, 123, 132, 137, 140, 143, 161, 163, 194, 202, 242~243, 269, 278, 282, 285, 287, 291~297, 304, 309, 311, 313, 315~316, 330, 332~334

아

아나벨리 133
아네모네 13, 64, 76, 121, 193, 200, 204~212, 343
아네모네 네모로사 210
아네모네 코로나리아 206~207, 209, 213
아네모네 테누이폴리아 207, 209
아네모닌 212
아라비아 커피나무 218
아라홍련 294~295
아로마테라피 21
아르 누보 운동 285
아르놀트 뵈클린 160
아리아드네 150
아메리카 원주민 132, 295
아바스 대제 61, 158, 185, 207
아사달계 무궁화 239~240
아스클레피오스 194
아스트리드 공주 82
아스포델 30
아시시의 성 프란치스코 326
아이리스 42
아이슬란드포피 310, 316
아인슈타인, 알베르트 56
아즈텍 55, 69~70, 216
아칸서스 12, 91~98
아칸투스 몰리스 93, 99
아칸투스 발카니쿠스 99
아칸투스 스피노수스 90, 93, 99
아코코틀리 69
아테네 92, 206, 226
아툼 18
아트로핀 323
아틀라스 61
아편 310~313, 317
　　아편 전쟁 303
　　아편 팅크 312

아포모르핀 21
아프로디테 184, 226
아흐메드 3세 64
안도현 234
안토스 111, 319
안토시아닌 133
알루미늄 133~134
알마타데마, 로런스 183~184
알바 플레나 115
알보스트리아타 85
알뿌리 30, 33~35, 51, 62~63, 66~67, 72, 147, 154~155, 209, 282~283, 320, 323~324, 326~327, 333
알아왕, 이븐 139
알츠하이머병 323
알칼로이드 21, 30, 163, 310, 323
알케아 로세아 139
알케아 피키폴리아 140
암리타 129
암술 17, 19~20, 106, 126, 200, 206, 274, 282, 293, 310, 330~335
암술대 148, 333
암술머리 20, 333
앙그라이쿰 세스퀴페달레 53, 57
앙리 4세 209
애기동백나무 114, 120
애기무궁화 241
애기부들 44
애커먼, 윌리엄 119
앵초 13, 60, 271~275, 277~279, 345
야생 숲당귀 94
약 102, 108, 132, 147, 194, 203, 225, 251, 253, 292, 295, 299, 307, 310, 315
약초 8, 13, 31, 41~42, 150, 193~194, 198~199, 206, 251, 261, 263, 268~269, 271, 282, 311, 323
약초원 41, 212, 268
약초학자 10, 140, 208, 242, 263, 266, 303, 323
양귀비 13, 23, 31, 93, 97, 309~316, 346
양산모자 198
양산보 252
양치류 18, 53
양치식물 121, 206

찾아보기　353

어텀 뷰티 109
얼레지 60
에골프, 도널드 243
에도 막부 130
에드워드 1세 140
에드워드 4세 186
에르난데스, 프란시스코 70
에번스, 아서 존 148
에벌린, 존 210
에우포르비아 223
에케 랜치 219
에케 주니어, 폴 219
에케, 알베르트 219
에케, 폴 219
에코 29
에키네시아 109
엘라툼 그룹 158
엘리자베스 1세 265
엘리자베스 2세 82
엘위스, 헨리 존 324
여러해살이 35, 91, 165, 262, 269, 310
여러해살이풀 109, 203, 213, 235, 259, 262, 299, 307, 333
연꽃 13, 20, 42, 253, 290~297, 345
영국 박물관 294
영국 왕립 식물원 큐 가든 52, 56, 72
영국 왕립 원예 협회 133, 142, 243, 277, 304
영령 기념일 313
예수 41, 81, 150, 155, 173, 217, 323
오르키델리리움 50
오르키스 48
오리엔탈 153
오리엔탈양귀비 310
오색수 129
오스만튀르크 제국 61, 64, 208, 241
오스틴, 데이비드 189
오월제 80~81
오키드 48
오타크사 124, 130, 132
옥수수 70, 311
옥잠화 86
옥토끼 240
온시디움 헤네케니 49

올 서머 뷰티 135
올리비에, 장샤를 117
와일더, 게릿 244
와일드, 오스카 104~105
완전 겹꽃 74, 121, 325
왕원추리 306
왜성 179, 241, 257, 333
외꽃덮이 43, 45
외꽃덮이조각 305
외화피 43
외화피편 305
요크 가문 186
용가시나무 190
우드, 토마스 윌리엄 57
우상 복엽 200, 334
우크라이나 34~35, 108, 327
우타가와 히로시게 130
움찬세종 241
워드, 너새니얼 백쇼 51
워디안 케이스 51~52
워런 헤이스팅스 호 116
워런, 조지 75
워싱턴 국립 미술관 196
워싱턴, 조지 132
워즈워스, 윌리엄 27, 274, 324
워터하우스, 존 윌리엄 30, 151
원예 기술 42, 210, 256
원종 28, 42, 65~66, 148, 153, 193, 285
원추 꽃차례 128, 152, 334
원추 화서 128
원추리 10, 13, 147, 298~307, 346
월계화 188, 190
월동 25, 99, 118, 191
월리스, 앨프리드 러셀 57
웬디스 골드 325
웹, 조지 143
위인경 48
위트먼작약 195
윈저 공작 부인 134
윌리엄스, 벤저민 새뮤얼 51
윌리엄스, 존 118
윌리엄스동백나무 118, 120
윌슨, 어니스트 헨리 153

윌크스, 윌리엄 317
유럽은방울꽃 78, 80~85, 87
유럽작약 194~195
유리 온실 51
유리시보리 120
유몽 252
유미주의 104
유바 2세 223
유박 253, 344
유전자 지도 29
은매화 208
은방울꽃 12, 41, 79~81, 83, 85~87
의남초 301, 307
이규보 238
이리스 37
이미자 206
이스탄불 튤립 65
이시진 301
이오 226~227
이오논 226
이오니아 양식 92, 94
이온 226~227
이집트인 17~18, 21, 312
이크테리나 268
이튼 홀 103
이형화주 274
이황 252
인경 30, 42
인도볼록진딧물 307
인동과 134
인디고 스파이어 267
일년초 109, 159, 233, 243, 256, 268
일랑일랑 83
일본앵초 275, 277
입술꽃잎 48~49, 55, 334

자

자단심계 무궁화 239
자비스, 안나 169
자양화 125
자주괴불주머니 60
자코모 첼리니 208
작약 10, 13, 41, 76, 164, 193~203, 218, 301, 342

장미 13, 33, 41, 72, 83, 113, 121, 140, 150, 164, 173, 178, 181~191, 197, 226, 228, 243, 342
장일 처리 258, 334
장주화 274, 334
재스민 33, 83
전당홍 294
전미 장미 선발전 191
절우사 252
절화 110, 128, 134, 152, 155, 164, 176, ~177, 179, 202, 257, 334
접시꽃 10, 12, 109, 136~137, 139~145, 340
정약용 253, 292
정영방 252
정원사 17, 34, 97~98, 143, 198, 208~209
정향 170, 178~179, 265
제라드, 존 140, 303, 323
제롬, 장 레옹 64
제비고깔 158~159
제비꽃 13, 41, 224~230, 232~235, 343
제비붓꽃 37
제우스 81, 194, 227,
제퍼슨, 토머스 132
조매화 123, 334
조생종 65
조선 시대 31, 198, 252~253, 294, 302
조제핀 드 보아르네 72, 187~188, 229
조중생종 65
조지 이스트먼 박물관 162
존스턴, 로런스 202
존퀼라수선화 28~29
졸정원 129
종피 20, 294, 334
주돈이 292
주요섭 206
주일재 252
죽란서옥 253
죽란시사 292
줄리안앵초 277
중국앵초 275~276
쥐나리 154
중생종 66
쥐꼬리망초 93, 99
쥐털이슬 321

찾아보기 355

지볼트, 필리프 프란츠 폰 130~132, 151, 195
지킬, 거트루드 60, 143, 275
지피 식물 85, 307, 334
지하경 97, 332
진통제 21, 92, 132, 310~312
진평왕 198
진화 8, 18, 47~49, 53, 56~57, 110, 161, 193, 256, 274, 296
젤레 190

차

차나무 114, 123
차이나 핑크 170
차이콥스키, 표트르 84
찰스 1세 103~104
찰스 3세 157
참꽃 126, 128, 135
참나리 154
참배암차즈기 262
채마밭 22, 41
채터, 윌리엄 142~143
채터스 더블 142
처마 돌림띠 96
천남성과 43, 45, 334
청개화성 293
청단심계 무궁화 239, 245
청류지원 44
청세이지 261, 267
체리세이지 261
첼시 플라워 쇼 157, 275, 333
첼시 피직 가든 72
초본 식물 25, 99, 194, 330
촉규화 137~139
총림 175, 334
총상 꽃차례 87, 93, 145, 152, 165, 334
총상 화서 87
최음제 21
최치원 138, 237
추카리니, 요제프 게르하르트 131
춘란 55
충숙왕 252
취작 158
치즈윅 하우스 115

침엽수 18

카

카네이션 13, 31, 150, 168~179, 341
카뉘, 장도미니크에티엔 230~231
카렐 차페크 15, 319
카롤루스 대제 150, 185, 263
카롤링거 왕조 95
카르투시오회 42
카멜, 게오르크 요제프 115
카멜리아 114, 115
카멜리아 야포니카 115
카바닐레스, 안토니오 호세 71, 73
카스티야의 엘레아노르 140
카우슬립 273~274
카우프마니아나 65
카이타누 공작 부인 208
카이타니, 프란체스코 208
카카오 70
카틀레야 속 53
칸디둠 153
칼리마코스 91~93
캐나다 암 협회 34
캐번디시, 윌리엄 51
캐스케이드 175, 334
캑터스 타입 74
캔들라브라 277
캔들마스 벨 324
캡틴 로스 116
커먼 세이지 262
커민스, 폴 313
컨스터블, 존 315
케렌시아 24
케프리 18
켈리, 그레이스 82
켈웨이 앤드 선 197
켈웨이, 제임스 160
켐퍼, 엥겔베르트 114~115, 130
코너, 존 115
코네티컷 양키 161
코레아나 115, 190
코로네이션 120
코르사주 256, 334

코르테스, 에르난 216
코리안파이어 120
코린트 양식 92, 94~95, 99
코스모스 216, 256
코코소치틀 69
코티지 가든 109, 143, 164, 335
코티지 핑크 170
콘발라리아 80
콘발라톡신 86
콘솔리다 아자키스 164
콘 포피 311
콜라레트 76, 335
콜라레트 타입 74
콜리슨, 피터 132
쿠션 멈 257, 259
쿠션패랭이꽃 177
쿠에틀락소치틀 216~217
퀸 엘리자베스 191
크노소스 궁전 148~149, 266
크로커스 59, 97
크리미안 스노드롭 324
크리산세뭄 255
크리산타동백나무 114
크리스마스 9, 13, 215~220, 223, 283, 285~286
크산토판박각시나방 57
큰앵초 272
큰원추리 306
큰제비고깔 158, 165
클라이머 188
클레마티스 163
클레오파트라 183~184
클로브 핑크 170
클로비스 1세 38
클루시우스, 카롤루스 62
키르카에아 321
킹 아서 159~164
킹, 제시 141

타

디페닌그 50
타래붓꽃 37
타제타수선화 28~29
탐라산수국 126

태백제비꽃 233
태안원추리 306
태양신 18, 23, 102
터너, 윌리엄 140
터키 모자 153
털대상화 211
테라리움 51
테오프라스토스 170, 178, 207, 323
토메, 오토 빌헬름 298, 318
토토나카 족 55
토피어리 96, 335
톱 노트 83
투구꽃 163
투탕카멘 21, 312
투트모세 4세 182
툰베리, 칼 페테르 71, 130
툰베리산수국 129
툴리파 아쿠미나타 65
튀르키예 60~62, 67, 208, 281, 289, 320, 324, 326
튜더 장미 186
튤립 12, 37, 58~67, 208, 210, 228, 326, 338
　튤립 파동 51, 60, 62~63, 66
트라이엄프 65
트러데스캔트, 존 209
트럼펫 28, 152~153,
트렐리스 42, 143, 186, 189, 335
트로판 알칼로이드 323
트루 블루 158
트루 세이지 262
트리에, 라스 폰 85
트리컬러 168~169

파

파도바의 성 안토니오 151
파라오 12, 17, 19, 21, 182, 312
파란수련 12, 17~21, 23~25, 102, 337
파스, 크리스핀 반 데 195
파올로, 조반니 디 150
파울리니, 크리스티안 프란츠 266
파이오니아 194
파이온 194
파크스, 클리퍼드 120
파킨슨, 존 140, 209, 242

파파베르 310
파파베르 솜니페룸 310, 316
팔라스, 피터라티플로라 195
팔라이놉시스 속 53
팡탱라투르, 앙리 146
패랭이꽃 169~171, 173, 175~177, 179, 210, 228
패럿 65
패턴 북 96, 335
팩스턴, 조지프 51, 236
팬지 233,
퍼리 댄스 83
퍼시픽 자이언트 164
퍼시픽 하이브리드 159
페로몬 49
페르디난트 1세 61
페브루어리 골드 28
페스티바 막시마 195
페어리 컵스 79
페이지, 어니타 75
펜데리히, 샤를 218
펜실베이니아 원예 협회(PHS) 217
펜할리곤, 윌리엄 헨리 82
펜할리곤스 82
펠라르고늄 218
펠리페 2세 70
포기 나눔 97, 278
포도나무 23
포레스트, 조지 277
포스테리아나 65
포에티쿠스 29
포에티쿠스수선화 26, 29, 31, 33~35
포엽 94, 216~217, 221~223, 332, 334~335
포인세트, 조엘 로버츠 217~222
포인세티아 13, 214~223, 343
포춘, 로버트 275
포테스쿠에브리츠데일, 엘리너 284
포트 멈 257
폴란, 마이클 49
폴리안투스 274~275
폴리안투스 앵초 277
폼폰 74, 76, 257, 259
퐁텐블로 조약 229
푀르스터, 칼 210

푸르푸라스켄스 268, 281
푸치니, 자코모 225
푸케, 장 40
풀케리마 223
풍란속 55
프란치스코회 217
프랑스 국립 도서관 40, 231
프랑스 장미 191
프레스코 벽화 37, 148, 182, 194, 266
프레이저, 존 72
프로방스장미 210
프리뮬라 271, 274
프리뮬라 말라코이데스 277
프리뮬라 베리스 270, 273~274
프리뮬라 불가리스 272~274, 277, 323
프리뮬라 시에볼디 272
프리뮬라 아우리쿨라 275
프리뮬라 엘라티오르 274
프리뮬라 오브코니카 277
프리뮬라 줄리아이 277
프리뮬라 폴리안사 274
프리뮬라 히르수타 275
프린지드 65
프세우다크루스 44
프티 팔레 미술관 117
플라보노이드 268, 273, 335
플랜트 파인더 304
플레밍, 존 210
플로레 플레노 85
플로리분다 188, 191,
플로리스트 65, 141~142, 204, 210, 274, 284~285, 289, 335
플로리스트 바이올렛 235
플록스 109
피보나치 수열 106~107
피아프, 에디트 134
피어니 194
피터 남작 114
피트모스 288, 335
필드 포피 311
필딩스 골드 97
필라델피아 플라워 쇼 218
필로둘신 129

필립스, 헨리 141

하
하데스 194
하와이무궁화 243~244
하이브리드 델피니움 163~14
하이브리드 티 188~189, 191
하토르 23
학명 21, 65, 115, 132, 139~140, 171, 182, 195, 242, 272, 303, 310, 316, 319, 336~337
한국 원자력 연구소 240~241
한란 55
한머, 토머스 209, 283
한용운 238
한해살이풀 109, 213, 262, 335
항콜린에스테라아제 323
해당화 190
해독초 13, 319, 321
해바라기 12, 100~111, 339
해변패랭이꽃 170, 177
향기제비꽃 235
향일성 101
허브 13, 41, 251, 261, 263, 265~266, 268, 335
헛꽃 126, 128, 135
헤라 38, 227
헤르메스 81, 321
헤메로칼리스 303
헤이안 시대 129, 255
헤켈, 에른스트 53~54
헤파이스토스 226
헨더슨, 피터 찰스 16
헨리 6세 와 헨리 7세 186
헬레네 243
헬리안투스 111
호노린 조베르 211
호렘헤브 19
호르투스 콘클루수스 42
호메로스 321
호박대상화 211
홀랜드 하우스 72
홀랜드, 레이디 72
홀리요크 140
홀아비바람꽃 211

홀츠베커, 한스 사이먼 26, 90
홍단심계 무궁화 239~240
홍도원추리 306
홍만선 301
홑꽃 60, 65~66, 76, 120~121, 123, 145, 163, 171, 173, 175, 182, 200, 209, 213, 243, 257
화목구등품제 253
화목류 85
화이트워터 98
화이트 피버 325
화피편 304
환생 12, 17, 21
황금비 106~107
황정견 31
회양목 96, 208
후아레스, 베니토 74
후아레지 74
훈화초 237
훔볼트, 알렉산더 폰 71~72
휜인가목 190
휜제비꽃 233
히드코트 매너 가든 190, 202
히비스커스 시리아쿠스 242
히아신스 31, 33, 64, 208, 210
히오스신 323
히폴리타 325
힌두교 291
힐데스하임 대성당 185

꽃을 사랑하는 모든 이들을 위한 새로운 꽃 교과서

어릴 적 꽃은 새롭게 변하는 계절을 알려주는 반가운 신호였습니다. 어떤 꽃은 너무 예뻐서 꺾어 집으로 가져오기도 하고, 어떤 꽃은 너무 슬프고 안타까워 한참을 그 자리에 서서 멍하니 바라보기도 했습니다. 하지만 이 나이가 되니 꽃은 단순히 계절을 장식하는 자연물이 아니라, 시대를 기록하고 문화를 이어 주며, 때로는 인간의 희로애락을 담아내는 거울임을 깨닫게 됩니다. 어떤 꽃은 사랑을 상징하고, 어떤 꽃은 이별과 그리움을 품고 있으며, 어떤 꽃은 한 나라의 역사와 정신을 대변합니다. 이처럼 꽃은 단순한 식물 그 이상으로, 인간의 삶 속에 공존하며 살아가고 있습니다.

"꽃을 공부합니다." 책 제목을 읽는 순간, 어쩌면 너무나 단순한 이 한 문장이 제 마음을 사로잡았습니다. 저 역시 꽃을 알고 싶다는 마음으로 꽃꽂이 클래스를 들으며 꽃과 가까워지려 노력했고, 좋아하는 마음으로 무작정 꽃 이름을 외우기도 했습니다. 하지만 여전히 채워지지 않는 갈증이 남아 있었습니다. 그리고 이 책을 읽고 나서야 제 갈증의 원인도 알게 되었습니다. 꽃을 배우고 안다는 것은 바라보는 단순한 감상이 아니라, 그 속에 담긴 이야기를 읽어 내는 것이었습니다.

책을 읽는 내내 작가님이 얼마나 큰 사랑으로 꽃을 연구하고 탐구했는지 그 애정과 노력을 고스란히 느낄 수 있었습니다. 그 깊은 사랑으로 엮은 책 덕분에 제 속에 담았던 질문도 해결되었습니다. 사랑하는 대상에게는 맹목적인 관심과 더 알고 싶은 욕구가 자연스럽게 따라오는 것처럼, 이 책은 꽃을 사랑하는 독자가 꽃을 더욱 깊이 이해하고 사랑할 수 있도록 이끌어 줍니다. 작가님은 꽃을 단순한 식물이 아니라, 역사와 문화, 예술, 그리고 과학이 어우러진 거대한 이야기로 담아냈습니다. 꽃을 좋아하는 이라면 누구나 한 번쯤 품었을 궁금증들에 대한 해답을, 저처럼 이 책을 통해서 발견하실 수 있을 거라 생각합니다.

늦은 밤, 육아를 마치고 책장을 펼치면 꽃을 통해 다윈을 만나고, 영국과 인도의 왕실을 방문하고 고대 신화와 건축, 세계사의 흐름 속으로 여행을 떠났습니다. 꽃이란 단순히 아름다움의 상징이 아니라, 인류 역사 속에서 중요한 역할을 해왔음을 새롭게 알게 되었습니다. 또한, 꽃을 담은 영화와 소설, 그림과 조각 작품들까지……, 책을 읽으며 남긴 메모만으로도 만나고 싶은 작품과 알고 싶은 이야

꽃을 매개로 과학, 예술, 문화를 이어 주는 책

물건을 구매할 때 상품의 상세한 정보는 구매자로 하여금 상품을 충분히 이해하고, 구매를 결정하는 데 필요한 신뢰감을 제공합니다. 정원에 심는 꽃들 하나하나를 정원가의 상품으로 본다면 왜 우리가 꽃에 대해 공부해야 하는지에 대한 이유를 쉽게 이해할 수 있습니다. 대학에서 생활 원예를 주제로 교양 강의를 진행하며, '정원은 조성하고 향유하는 사람의 취향과 가치관이 반영되는 공간'임을 강조하고 있습니다. 결국 정원가가 본인의 취향과 가치관을 드러내기 위해서는 꽃을 충분히 이해하고 알고 있어야 한다는 것이지요.

꽃을 연구하다 보면 꽃의 그 특별함을 설명해야 할 때가 자주 있습니다. 꽃의 생태적 중요성, 농업에서의 역할, 의약적 활용, 미적, 문화적 가치 등등 참 다양하게도 꽃만이 주는 그 특별함이 있지만 연구자로서 그것을 표현하는 것이 어려울 때가 많지요. 저자는 이 책의 키워드로 '꽃', '문화', 그리고 '과학'을 제시하고 있습니다. 이미 많은 책에서 과학과 인문학의 만남을 설명하고 있는 와중에 이 책은 더 나아가 꽃을 매개로 과학, 예술, 문화를 이어 주고 있습니다.

저자는 스물아홉 가지 식물 저마다의 특징을 문화적, 과학적 시각으로 풀어내고 있으며, 이를 바탕으로 독자들에게 꽃과 정원의 의미를 깊이 고찰해 보길 제안하고 있습니다. 이러한 점에서 이 책은 저에게 큰 해답 같은 존재이며, 꽃을 공부하는 전공생들에게도 꼭 한 번 읽어 봐야 하는 필독서가 되리라고 봅니다.

꽃의 가치는 꽃을 즐기다 보면 자연스레 알게 됩니다. 이 책은 꽃을 즐기는 방법을 여러 측면에서 보여 주고 있습니다. 저자는 이 책에서 꽃을 공부하자고 말하지만, 사실 이 책의 집필 의도는 본인의 경험을 통해 '꽃을 느끼는 재미'를 독자들에게 전달하는 데 있지 않나 추측해 봅니다. 제 추측이 맞는다면 이 책은 그 의도에 가장 충실한 책일 것입니다. ─이효범 | 서울 대학교 원예 생명 공학 전공 교수